叶知年等 ——————— 著

生态文明建设与自然资源法制创新

中国法制出版社
CHINA LEGAL PUBLISHING HOUSE

目　录

导　论

一、本课题研究的价值和意义

随着现代社会经济的快速发展，自然资源稀缺的现象越来越突出。人们越来越关注自然资源的可持续利用，也相应地带来物权观念的转变。随着这一转变的到来，一些国家关于自然资源有偿使用、生态补偿和损害法律责任制度的研究形成了比较成熟的理论，并建立了较为完备的自然资源法制。从目前国外的一些研究成果和改革趋势来看，正逐步以政府和市场的结合作为解决自然资源问题的有效途径，即在加强政府对自然资源保护和管理的同时，尽可能将自然资源纳入市场配置的轨道，建立合理的生态补偿机制和损害法律责任制度，以便充分利用市场手段，促成环境问题的解决。

比较而言，我国学界对于自然资源法制理论的研究还存在不足。民法学者主要从私法角度进行研究，环境资源法学者多从公法角度进行探讨。但就自然资源物权行使及其限制、自然资源物权受限下的生态补偿和损害法律责任制度等一些理论问题以及具体的制度设计方面，学者之间的认识并不一致。已有研究成果在自然资源法制理论方面取得了一定的成就，是本课题研究不可或缺的前提和基础，但是亦存在以下不足：1. 学理研究的广度和深度不够。就研究广度而言，主要局限于对现行法律进行检讨的层面上；就研究深度而言，没有阐明其理论基础等问题。2. 研究方法较为单一。已有研究成果比较注重规范分析，而自然资源物权行使及其限制、自然资源物权受限下的生态补偿和损害法律责任的法律规制则是理论性、实践性和可操作性都比较强的课题，单一的研究方法难以承受其之重。不进行比较研究，就无法参考和借鉴国外法律规制的一些先进经验；不注重实证调查，就无法了解不同地区的不同制度需求。3. 研究视野较为狭窄。已有研究成果主要集中在民法学和环境资源法学，而这两个学科的研究并没有进行良好的沟通和交流。

《中共中央关于坚持和完善中国特色社会主义制度 推进国家治理体系和治理能力现代化若干重大问题的决定》提到："生态文明建设是关系中华民族永续发展的千年大计。必须践行绿水青山就是金山银山的理念，坚持节约资源和保护环境的基本国策，坚持节约优先、保护优先、自然恢复为主的方针，坚定走生产发展、生活富裕、生态良好的文明发展道路，建设美丽中国。"

《中共中央关于全面推进依法治国若干重大问题的决定》指出："用严格的法律制度保护生态环境，加快建立有效约束开发行为和促进绿色发展、循环发展、低碳发展的生态文明法律制度，强化生产者环境保护的法律责任，大幅度提高违法成本。建立健全自然资源产权法律制度，完善国土空间开发保护方面的法律制度，制定完善生态补偿和土壤、水、大气污染防治及海洋生态环境保护等法律法规，促进生态文明建设。"本课题在总结以往研究的基础上，结合当前我国所处的历史环境，以生态文明建设为契机，以科学发展观为指导，以自然资源的可持续利用为出发点，以环境保护为视角，提出自己的研究点，即从宏观上指出设置我国自然资源法制应遵循特定的原则和我国自然资源物权的行使及其限制、自然资源物权受限下的生态补偿和损害法律责任制度在我国法律体系中的具体设计。本课题研究具有对已有研究的独到价值和意义：1. 从理论层面上看，环境保护问题既是公法问题，也是私法问题，而且其核心理论架构源于私法理论。环境保护问题从其起源、治理、权利义务分配、责任落实到监督等一系列问题，离开私法调控，都是难以理解和想象的。针对环境保护问题，需要创设科学的理论与实务权义结构，以应对日益严重的生态危机。如何从私法角度将环境问题进行有效调控，尝试从理论上实现构建和完善我国自然资源物权行使及其限制、自然资源物权受限下的生态补偿和损害法律责任制度，这是本课题研究的理论价值所在。2. 从实践层面上看，一是能够有利于尊重人的生存尊严和保护人居环境，是"以人为本"的科学发展观的指导思想在私法领域的有力体现，具有一定的时代性；二是为司法实践中存在的环境污染与生态危机的解决提供切实的法律依据；三是有利于真正实现人与人的和谐、人与社会的和谐，具有一定的现实性。

二、本课题研究的主要内容

本课题的总体研究框架是：以生态文明建设为契机，以科学发展观为指导，秉持可持续发展理念，充分研究国外一些相关学说、判例和立法例，借鉴其有益成分，并结合我国自然资源开发、利用和保护的具体实际，探讨我国自然资源物权的行使及其限制、自然资源物权受限下的生态补偿和损害法律责任的立法。

研究的主要内容包括：

1. 自然资源法制创新的理论基础。自然资源的价值是双重的，包括经济价值和生态价值。传统民法保护的主要是其经济价值，较少关注其生态价值。而可持续发展是人类的必然选择，作为一种基本理念和一项基本原则，应贯彻到自然资源的立法与司法实践中去。一是由于自然资源具有生态属性，对于一种自然资源的开发、利用，必然产生相关环境的整体生态效应。这种环境要素之间的连锁式的生态反应，要求自然资源物权的行使及其限制、自然资源物权受限下的生态补偿和损害法律责任制度的设计应当符合可持续开发利用的原则，物权人在行使自然资源物权时必须承担相应的环境保护义务，以适应生态文明建设的需要。二是各种自然资源在地理上基本以土地为依托而存在，在地理位置上具有相互关联性和依赖性，这就使得在开发、利用某种自然资源时，很可能影响到其他自然资源的相关权益。

2. 自然资源物权的行使及其限制制度。由于自然资源物权与民法上的一般物权不同，其行使具有特殊性。从法律的层面看，环境问题的产生和控制与自然资源的配置方式和主体的权利义务运行模式直接相关。因此，应以科学发展观为指导，以自然资源的可持续利用和环境保护为出发点，坚持保护、节约与合理利用并重、保护优先的原则，通过完善立法，对自然资源物权的行使及其限制进行规范，规定比民法上的一般物权更为严格的行使条件和程序，设置符合环境保护需要的自然资源物权限制制度。

3. 自然资源物权受限下的生态补偿机制。自然资源的稀缺性和价值性，决定了作为个体私益代表的自然资源物权人会以追求经济收益最大化为终极目的；同时，自然资源的自然性和生态性，决定了自然资源物权的社会公益载体的属性。对自然资源的利用，必然影响到非物权人正常的生活生产秩序。为此，需要建立科学的、可行的自然资源物权受限下的生态补偿制度，从而协调好自然资源物权人利益保护与环境保护之间的关系。

4. 自然资源损害法律责任制度。我国自然资源损害法律责任制度还不够完善。因而我们亟须加强研究，构建完善的自然资源损害法律责任制度，利用法律责任体系来保障自然资源的合理开发、利用，进而推动经济与社会的可持续发展。

三、本课题研究的主要方法

鉴于促进自然资源的可持续利用和环境保护已成为生态文明时代的呼唤与迫切需要，世界环境保护立法的基本趋势，本课题以生态文明建设为契机，以科学发展观为指导，秉持可持续发展理念，充分研究国外相关学说、判例和立法例，借鉴其有益成分，并结合我国自然资源物权的行使及其限制、自然资源物权受限下的生态补偿和损害法律责任的具体实际，探讨我国的立法，使我国立法既能反映时代潮流，又能切合我国实际。为此，本课题采用理论和实证相结合的思路，借鉴国外立法的经验，分析我国的法制现状，进而推论我国应当采用的立法模式，提出我国自然资源物权的行使及其限制、自然资源物权受限下的生态补偿和损害法律责任的具体制度设计方案，以适应我国生态文明建设的需要。主要研究方法包括：

1. 价值分析方法。自然资源物权的行使及其限制、自然资源物权受限下的生态补偿和损害法律责任的价值取向是什么，它与环境保护之间的关系如何？这是自然资源法制理论首先必须回答的问题。同时，为什么要设置该制度以及如何设置，都离不开价值分析方法。

2. 历史分析方法。自然资源物权的行使及其限制、自然资源物权受限下的生态补偿和损害法律责任制度在不同历史时期是如何规定的？为什么会有这些规定？它们之间是否有一定的联系，这些联系是否有一定的规律性？是否与一定的经济条件联系在一起，与环境保护之间的关系如何？在每个特定的历史时期的特点是什么？采用历史分析方法，不仅可以找到这些问题的答案，而且可以得出发展以及与环境保护之间关系的规律性结论。

3. 比较研究方法。自然资源物权的行使及其限制、自然资源物权受限下的生态补偿和损害法律责任制度是一个普遍性的问题，各个国家和地区在不同程度和不同范围规范了这一问题。因此，本课题的研究将注重对部分主要国家和地区进行比较分析。

4. 实证分析方法。自然资源物权的行使及其限制、自然资源物权受限下的生态补偿和损害法律责任制度是一个实践性极强的问题。因此，本课题的研究将特别注重调查研究的实证分析方法。在研究过程中，将采取个别方法与一般方法相结合、实地调查与座谈调查相结合、一般调查和重点调查相结合的研究方式，力求科学而全面地得出规律性的研究结论。

5. 案例分析方法。在实践中，已出现了为数不少的纠纷和诉讼。课题计划选取典型案例作为分析对象，以了解纠纷和诉讼的发生原因，为其制度的完善提供经验。

四、本课题研究的突破和创新

本课题综合运用民法和环境资源法分析工具，将民法与环境资源法知识相融合，促进不同学科研究相结合，在我国具体法律部门开拓一个新的研究领域；运用实证方法，根据我国的法律现实，根据实践和经验现象，构建一个可以解释环境保护的市场调节这个现象的新理论。这正是对我国民法学和环境资源法学理论发展作出的贡献。本课题不仅选了一个近年来为大家关注的、敏感的，也非常复杂的问题，即环境保护问题，而且对这个问题作了广泛而系统的研究；更可贵的是，本课题不仅从民法和环境资源法的结合上思考了这一问题，寻求解决的办法，而且使用民法和环境资源法的许多新理论、新概念来分析我国的环境保护问题，对自然资源、环境保护作深刻的分析，以为我国生态文明建设提供法学理论支持。

本课题研究的突破和创新之处主要在于：

1. 就理论研究角度而言，以利益衡平理论为基础，综合运用民法学和环境资源法学的研究方法，克服民法学和环境资源法学在自然资源法制研究倾向上的局限，促进和提高各自研究领域理论发展的积极性和内在合理性。

2. 就具体立法角度而言，以生态文明建设为契机，以科学发展观为指导，以自然资源的可持续利用为出发点，以环境保护为视角，从宏观上指出设置自然资源物权的行使及其限制、自然资源物权受限下的生态补偿和损害法律责任制度应遵循特定的原则，试图回答未来立法中设置该制度的应有原则和有关设计。

第一章　自然资源概述

第一节　自然资源的概念和特征

一、资源的概念

自然资源既是生态系统的构成要素，又是人类生产和生活的基本物质资料，是社会发展的基础、经济发展的保障，具有保障基本人权、社会稳定、生态安全等重要功能，是社会生活共同的重要物质基础。[①]

界定自然资源，首先需要明确"资源"的概念。从词源和词义上讲，《说文解字》对"资"的解释是"货也"[②]。即财物、货物的意思。现代汉语对"资"的解释沿用了其历史含义，为"钱财、费用"[③]。"源"的本义为"水流起头的地方"，引申为事物的根由、来源。[④] 顾名思义，"资源"就是指财产的来源。《辞海》对资源的解释是："资财的来源，一般指天然的财源。一国或一定地区拥有的物力、

---

① 董金明：《论自然资源产权的效率与公平——以自然资源国家所有权的运行为分析基础》，《经济纵横》2013 年第 4 期。

② （汉）许慎：《说文解字》（第 6 卷），中华书局 2012 年版，第 3922 字。

③ 中国社会科学院语言研究所词典编辑室：《现代汉语词典》（第 5 版），商务印书馆 2005 年版，第 1801 页。

④ 中国社会科学院语言研究所词典编辑室：《现代汉语词典》（第 5 版），商务印书馆 2005 年版，第 1801 页。

财力等物质要素的总称。"① 另外，还有词典将"资源"解释为物资、动力的天然来源，或者生产资料与生活资料的天然来源。②

国外有学者认为，资源是"由人发现的有用途和有价值的物质"，并进而提出："自然状态的未加工过的资源可被输入生产过程，变成有价值的物质，或者也可以直接进入消费过程给人们以舒适而产生价值。"③

我国学界比较流行的资源定义是：自然资源是指人类可以利用的天然形成的物质和能量，它是人类生存的物质基础、生产资料和劳动对象。④

二、自然资源的概念

（一）一般学科意义上的自然资源的概念

自然资源并非十分准确的概念，至今也没有形成统一的认识。从不同的角度出发，可以作出具有不同内涵和外延的定义。⑤

资源经济学家阿兰·兰德尔认为，自然资源是由人发现的有用途和有价值的物质。⑥

地理学家金梅曼（Zimmermann）在《世界资源与产业》一书中认为："无论是整个环境还是其某个部分，只要它们能或被认为能满足人类的需要，就是自然资源。"⑦

《大英百科全书》则将自然资源定义为：人类可以利用的自然生成物，以及生成这些成分的环境功能。前者包括土地、水、大气、岩

---

① 夏征农等：《辞海》，上海辞书出版社 1999 年版，第 2273 页。

② 商务印书馆辞书研究中心：《新华词典》，商务印书馆 1981 年版，第 1003 页。

③ [美] 阿兰·兰德尔：《资源经济学》，施以正译，商务印书馆 1986 年版，第 6 页。

④ 陈英旭：《环境学》，中国环境科学出版社 2001 年版，第 50 页。

⑤ 叶知年主编：《生态文明构建与物权制度变革》，知识产权出版社 2009 年版，第 124 页。

⑥ [美] 阿兰·兰德尔：《资源经济学——从经济角度对自然资源和环境政策的探讨》，施以正译，商务印书馆 1989 年版，第 12 页。

⑦ 转引自陈星：《自然资源价格论》，中共中央党校 2007 年博士学位论文，第 18 页。

石、矿物、生物及其积聚的森林、草场、矿床、陆地和海洋等；后者为太阳能、地球物理的循环机能（气象、海洋现象、水文、地理现象）、生态学的循环机能（植物的光合作用、生物的食物链、微生物的腐败分解作用等）、地球化学的循环机能（地热现象、化石燃料、非燃料矿物生成作用等）。①

联合国环境规划署（UNEP）将自然资源定义为：在一定的时间和技术条件下，能够产生经济价值，提高人类当前和未来福利的自然环境因素的总称。

联合国出版的文献中将自然资源解释为："人在其自然环境中发现的各种成分，只要它能以任何方式为人类提供福利的都属于自然资源。从广义来说，自然资源包括全球范围内的一切要素，它既包括过去进化阶段中无生命的物理成分，如矿物，又包括地球演化过程中的产物，如植物、动物、景观要素、地形、水、空气、土壤和化石资源等。"②

《辞海》将自然资源定义为："天然存在的自然物，不包括人类加工制造的原料，如土地资源、水利资源、生物资源和海洋资源等，是生产的原料来源和布局场所。"③

国内的环境学者认为，自然资源是指一切能为人类提供生存、发展、享受的自然物质与自然条件，以及其相互作用而形成的自然生态环境和人工环境。④

"自然资源"一般是指人类生存发展必不可少的天然的生产资料

---

① 转引自陈丽萍等：《国外自然资源登记制度及对我国启示》，《国土资源情报》2016年第5期。
② 转引自姜文来：《关于自然资源资产化管理的几个问题》，《资源科学》2000年第1期。
③ 夏征农等：《辞海》，上海辞书出版社1999年版，第2273页。
④ 转引自刘文等：《资源价格》，商务印书馆1996年版，第4页。

和生活资料，其典型特征亦正在于其"天然"。①

就自然资源的学术定位来看，学界一般认为是对具有社会有效性和相对稀缺性的自然物质或自然环境的总称。②

上述对自然资源的划分，多是从自然资源的物理形态以及满足人类何种需要等角度进行划分，从自然资源的有用性突出对于人类的重要性。

(二) 法学意义上的自然资源的概念

在法学理论上，对自然资源亦有不同的界定。有的学者认为，自然资源是在一定的技术条件下，自然界中对人类有用的一切自然要素。③ 有的学者认为，自然资源是指自然界中一切能够为人类所利用的物质和能量。包括土地、水、森林、草原、野生动植物、矿产等自然要素，以及阳光、风力、地热、潮汐等能量。④ 有的学者认为，自然资源，通常是指"存在于大自然中的，在一定经济技术条件下可以被人类用来改善生产和生活状态的物质和能量"⑤，包括土地、水、矿藏、森林、草原、野生动植物、阳光、空气等。⑥ 也有学者认为，自然资源由"自然"和"资源"两部分组成。从语义上分析，资源的基本含义是资财的来源，根据这一基本含义，自然资源是指自然界中资财的来源，主要是指在自然界中可以为人类带来财富的自然条件和自然要素，如土地、水、矿藏、森林、草原、野生动植物、阳光、空气等。但资源又是一个具有向度的概念，一种物质被称为资源是有时

---

① 王彦：《自然资源财产权的制度构建》，西南财经大学 2016 年博士学位论文，第 14 页。

② 赵红梅：《促进我国铝产业可持续发展的财税政策研究》，财政部财政科学研究所 2013 年博士学位论文，第 12 页。

③ 肖乾刚：《自然资源法》，法律出版社 1992 年版，第 1 页。

④ 曹明德：《生态法原理》，人民出版社 2002 年版，第 419 页。

⑤ 戚道孟主编：《自然资源法》，中国方正出版社 2005 年版，第 1 页。

⑥ 王克稳：《论自然资源国家所有权的法律创设》，《苏州大学学报（法学版）》 2014 年第 3 期。

间、社会制度、目的与手段设计及技术的向度的。① 还有的学者认为，自然资源是在一定时间和技术条件下，能够产生经济价值，提高人类当前和未来福利的自然环境因素的总称。② 其存在形态既可以是具有实物形态的自然物质，也可以是非实物形态存在的能量和条件。③

在法学学科角度上，上述对于自然资源的认识主要注重其自然性和有用性，且认识受到时代发展、科技水平等因素影响，自然资源内涵也呈现外延扩大趋势。自然资源不仅具有经济价值，同时生态价值对于人类发展影响重大。

自然资源在具备什么样的条件下才能成为法律规范对象？从法学意义上自然资源概念的发展变迁来看，以下三个问题值得探讨。

1. 自然资源概念范围的扩张。自然资源是人类社会发展必不可少的物质条件，亦是较早受法律规范的客体之一。就法律意义而言，自然资源既包含自身的自然属性，亦包含以法律手段而使其在后天而产生的法律属性。一般学科上自然资源概念的发展，推动着法学意义上自然资源概念的发展。法学属于社会学科法学的活动，是以人的行为所能触及的外延为边界的。法学意义上的自然资源亦不例外。在仅可掌握有体物利用方法的时代法学意义上的自然资源，仅包含金、银、铜、铁等有体物。罗马法中对自然资源的分类，体现在"物"的概念上。物分为不可作为个人财产所有权的客体的非财产物和可以作为个人财产构成部分的财产物。非财产物包括神法物与人法物两种，它们满足社会及公众需求，不能成为契约的标的，不得买卖让与。人法物是供公众使用的物，包括共用物、公有物和公法人物。④ 当然，在当

① 张梓太：《自然资源法学》，北京大学出版社 2007 年版，第 1 页。
② 马永欢等：《自然资源资产管理的国际进展及主要建议》，《国土资源情报》2014 年第 12 期。
③ 郑云瑞：《论西方物权法理念与我国物权法的制定》，《上海财经大学学报》2006 年第 3 期。
④ 周枏：《罗马法原论》（上册），商务印书馆 1994 年版，第 299 页。

时的历史条件下，只有很少一部分能利用的自然资源即实体的资源作为物权的客体而存在，一般为动物性动产和土地及其附着物等不动产。① 行至晚近，《德国民法典》以"物权法"作为其第三编的编名，系统地规定了物权制度，并以"金钱价值"来衡量物权的客体。因此，能够纳入民法调整的自然资源实际上被作出了极大的限制。此后随着科学技术的越发进步，声、电、气等无体物被纳入法律调整的范围之内。自然资源的类型逐渐扩张至微生物、遗传基因、无线电频谱②及宇宙空间等上。

2. 不同部门法对自然资源理解的侧重点不同。在我国，《中华人民共和国刑法》（2020 修正）（以下简称《刑法》）第二编分则第六章"妨害社会管理秩序罪"专门用一节"破坏环境资源保护罪"来对危害自然资源和环境的犯罪行为作出规定。从《刑法》的编排体例可以看出，"破坏环境资源保护罪"作为"妨害社会管理秩序罪"下的一节，自然资源在《刑法》中是被作为财产来看待的，且更重要的是，其是一种社会公有财产。③ 从民法角度来看，传统民法虽将自然资源视作物权客体，但更为强调的是在"可特定化"情形下的自然资源，而非"观念"中作为整体的自然资源。但在环境保护更被强调的今天，结合"自然资源法"为了更好地保护和利用自然环境的立法目的，自然资源整体性的特点越来越被人所认识和重视。

3. 法学层面上的自然资源有以下特点：（1）自然资源是天然形成的。自然资源是自然生成之物，是一个与人工资源相对应的概念。④天然是指其产生即使受到人类活动的影响，但人类活动并未对其存在形态产生根本影响。（2）自然资源是能为人类所利用的。有用性是自然资源得以成为物权客体的重要条件。（3）自然资源是稀缺的。不具

---

① 黄锡生：《自然资源物权法律制度研究》，重庆大学出版社 2012 年版，第 29 页。

② 《中华人民共和国民法典》第 252 条规定："无线电频谱资源属于国家所有。"

③ 黄锡生：《自然资源物权法律制度研究》，重庆大学出版社 2012 年版，第 27 页。

④ 黄锡生：《自然资源物权法律制度研究》，重庆大学出版社 2012 年版，第 28 页。

有稀缺性的物为公用物，不应成为法律所调整的对象。（4）自然资源能够产生经济价值，以提高人类当前和未来福利。[①]

为了适应自然资源概念发展，更好保护自然资源，对其概念应从广义及狭义进行区分。广义的自然资源包括实体性自然资源和环境资源，即指在一定的时间条件下，具有某种功能以提高人类当前和未来福利的自然环境因素的总称。[②] 狭义的自然资源是指存在于自然界中的实体性资源，表现为在一定社会经济技术条件下，能够产生生态价值或者经济价值，从而提高人们当前或者可预见未来生存质量的天然物质和自然能量的总和。[③]

2013 年 11 月公布的《中共中央关于全面深化改革若干重大问题的决定》（以下简称《决定》）中对自然资源规定的范畴予以扩大，一方面包括传统意义上可以直接作为生产资料的自然资源，比如矿产、森林等；另一方面环境资源作为生态系统的组成部分也被纳入其中，比如空气、水体。该文件规定是将自然资源的范畴扩大为整个自然生态空间。而所谓自然资源生态空间，即一个一定地域范围内受到法律和规划严格限制的具有较强的生态属性的自然资源组合或者集合。[④] 由此可见，我国自然资源的内容十分丰富，其涵盖的范围亦非常广。

三、自然资源的特征

自然资源具有以下特征：

1. 自然资源的自然性。按照本质来说，自然资源是指不依赖于人类主观意识而客观存在的自然要素和自然条件。自然资源并不凝结人

---

① 叶知年主编：《生态文明构建与物权制度变革》，知识产权出版社 2009 年版，第126 页。

② 崔万安等：《自然资源的价值确定与实现》，《科技进步与对策》2002 年第 7 期。

③ 转引自陈星：《自然资源价格论》，中共中央党校 2007 年博士学位论文，第 18 页。

④ 李丽莉：《生态文明体制下自然资源产权登记制度的思考》，《国土资源》2018 年第 3 期。

类的社会劳动，"人类在一个把资源、资本、技术和劳动结合的过程中生产出来的物质，虽然其中含有资源的成分，但也不能称之为资源"①。尽管在当前科技水平大幅度提升的情形下，人类已经研究出大量人工合成品用以代替自然资源，但是这些人工合成品的原材料基本上是来源于自然资源或者其衍生物。同时，还存在一些自然资源由于技术或者资源本身特性等原因无法用人工合成品替代。

2. 自然资源对于人类的有用性。从自然资源的价值属性来看，并非自然界中所有物质和能量都是自然资源，只有对于人类社会发展有利用价值且能够为人类所利用的物质及能量才能归属于自然资源。如大雾、沙漠、地震、台风等物质及能量，不仅无法被利用，同时还会对经济社会的发展造成损害，因此在当前科技条件下人类还不具备对其利用的能力，无法将它们称为自然资源。其价值属性包括财产价值属性和非财产价值属性。

（1）自然资源的财产价值属性。自然资源作为自然界资财的来源，财产性是其第一属性。基于自然资源的利用价值，各类自然资源通过市场交易得以用物质利益衡量，从该角度来看，自然资源与传统物权客体的物一样具有财产价值属性，能够产生经济价值。土地是重要的自然资源，是人类"一切生产和一切存在的源泉"②。人类的生活与土地息息相关，然而土地资源有限性与人类需求无限性产生矛盾，从而建立土地用途管制、确权等一系列制度。传统民法围绕土地建立所有权制度、他物权制度，同时根据社会发展需求对土地用途管制予以调整。伴随人类对自然资源利用能力及认识水平的提升，土地资源以外的其他自然资源的作用及经济价值也逐渐凸显。水面积约占地球总面积的71%，但其中97.5%的水是海洋中的咸水，参与全球水循环，在陆地上逐年可以得到恢复和更新的淡水资源，可直接利用的

---

① ［美］阿兰·兰德尔：《资源经济学——从经济角度对自然资源和环境政策的探讨》，施以正译，商务印书馆1989年版，第12页。

② 《马克思恩格斯选集》（第2卷），人民出版社1974年版，第109页。

数量不到总水量的 1%。这部分淡水资源与人类关系密切，在目前经济技术下，具有实际利用价值，在环境科学中被称为水资源。[①] 水资源在生活、灌溉、航运、发电等方面具有利用价值，可以产生重大经济效益。森林资源可以提供木材，矿产资源作为不可再生资源，我国经济建设中 95% 的能源、80% 的工业原料、70% 以上的农业生产资源都依赖于矿产资源供应。海洋资源、草原资源、动植物资源等均具有重大经济价值。

（2）自然资源的非财产价值属性。自然资源兼具多种价值属性，部分自然资源不单单具有经济价值，同时在生态、文化、医学等方面价值重大。自然资源的多元价值对于人类社会发展、生活水平提高都是不可或缺的，随着社会经济水平提升，自然资源的非财产价值对于人类生活追求提升越来越重要，比如对于森林资源能够净化空气、改善生态环境。如果不重视、挖掘自然资源的非财产价值，一方面会造成自然资源的浪费，另一方面可能加速自然资源消耗，不利于人类社会的可持续发展。在某种程度上，自然资源的非财产价值属性可以通过市场活动转化为财产价值，比如工业化进程推进对生态环境造成破坏，人类对于高品质生活追求首先体现在生存环境上，对于拥有山岭、湖泊、草地等场所更为青睐，在此情况下非财产价值可以转化为经济价值。自然资源的生态价值等非财产价值转化为经济价值是有条件限制的，需要一定的载体进行价值量的赋值。在环境科学角度，环境容量是一种非实物化的自然资源。自然界作为一个生态整体，对于外界污染物具有自净功能，但自然界的自净功能因为规模及各环境因素影响作用情况会有承载限度，外界污染物如果在一定规模内，自然界的净化功能可以正常运作，实现循环持续净化，但一旦外界污染物的规模超出自然界承载限度，其净化功能就会减弱甚至失效。这个自然界自净功能的承载限度就是环境容量，即在一定区

---

① 张梓太：《自然资源法学》，北京大学出版社 2007 年版，第 112 页。

域范围内，根据该区域自然环境自我净化限度，在合理环境目标值范围内，所能承载的污染物最大排放量。环境容量在对外界污染物发挥效用时，其是依托整个自然界的协调净化功能，充分运用自然界中各种要素的净化作用。当前，部分国家认识到环境容量的重要性，已经将环境容量当作使用权的客体，并依据市场交易规则及环境容量特性建立了环境容量交易制度（又称为排污权制度），这亦充分说明自然资源的财产价值与非财产价值并非矛盾对立的，在一定情形下二者可以兼容。

3. 自然资源的多用途性。自然资源的多种用途充分体现在可以满足人类社会发展中各种行业与用途的需求，比如煤炭资源既能用于燃料也能制成化工产品，土地不仅能用于农作物种植、畜牧养殖，同时也是建筑业、交通业发展不可缺少的要素。正是自然资源的多用途性，资源的储量有限与行业发展需求量无限产生矛盾，极易引发各行业对自然资源的无序竞争，这也成为产业结构调整的重要原因。

4. 自然资源价值的多元性。任何一种自然资源的功能和用途都是多方面的。同种自然资源在不同行业可能发挥不同的作用，在同一行业的同类产品中对某同类自然资源的需求及投放量可能存在不同，即便是在同一个生产部门，对于同类自然资源的利用方式也会存在区别。比如，森林资源不仅可以提供木材，同时作为一个相对独立的自然生态系统，对于环境净化、调节区域气候、其他生物资源生存都具有重大作用。水资源不仅能够满足工业与生活需求，同时在航运、发电等方面也有独特用处。

5. 自然资源在生态系统中的整体性。在整个生态系统中，自然资源之间并不是作为独立存在、运作的个体，而是相互作用、相互依存的有机整体。它们在时空上往往交互重叠、互相依存，按不同的比例、不同的关系联系在一起，共同构成完整的资源系统，触动其中一个要素，可能引起一连串的连锁反应，对任何一种资源的开发、利用，亦必然对其他资源产生影响，并进而导致整个资源系统的变化。[1] "系统中的每一种资源都是生态系统中的一个链条，每个链条的缺损或破坏，都可能导致整个生态系统平衡扰动甚至崩溃，这是资源开发过程中必须关注的问题。"[2] 对于自然资源的非财产价值的认知不能仅从该资源表面或者仅仅从该单一资源着手，而是要置于整个生态系统宏观角度考察，从自然资源的相互性予以评价。"在自然界，气候资源、水资源、生物资源、土地资源、矿产资源等是相互联系、相互制约的一个整体，它们在垂直空间上是共生的。它们有机地组合在一起，彼此间不断地进行物质和能量交换。人们对某一类资源的合理利用或破坏，都会对其他资源产生有利或者不利的影响，因此，资源的存在和发展表现出明显的整体性。资源的这一特性决定了对资源合理利用管理的综合性。"[3] 以森林资源为例，其能提供大量木材，但是如果该资源被过度砍伐，会影响该区域的空气质量以及生物生存，如果该森林规模大，而一旦遭到严重破坏，就会导致区域气候恶化、森林固土能力减弱、河流泥沙含量增加、土壤肥力下降等副作用。同时，不少自然资源从物质形态上亦是不可割裂的，如巨大的水体、奔腾的江河、广阔的海洋、无法固定的环流大气等。[4]

6. 自然资源的稀缺性。在人类生产力水平快速提升、社会需求多样的今天，对于自然资源的需求及消耗越来越大，导致自然资源储量的下降远超预期，甚至部分不可再生资源濒临枯竭，人类对自然资源的稀缺性有了更为清晰的认识。自然资源的有限性是一种客观情形，然而自然资源的稀缺性很大程度上是人为的。只有当人类的需求超过该自然资源的限度时，有限的自然资源无法满足人类日益增长的需

---

① 陈星：《自然资源价格论》，中共中央党校 2007 年博士学位论文，第 22 页。

② 姜文来、杨瑞珍：《资源资产论》，科学出版社 2003 年版，第 1 页。

③ 李丽华：《中国自然资源权属新探》，载王树义主编：《环境法系列专题研究》，科学出版社 2005 年版，第 170 页。

④ 陈星：《自然资源价格论》，中共中央党校 2007 年博士学位论文，第 22 页。

求，自然资源的稀缺性才会显现出来。其主要表现为：不可再生自然资源因其储量有限，开发利用过快加速资源枯竭；可再生资源由于开发利用速度远远超过资源的再生能力；无限自然资源在一定条件下也会变成较为稀缺资源，比如太阳能的利用方式存在局限性。因此，也有人说，"稀缺性"是自然资源的固有特性，其源于自然资源是有限的、人类对它们的开发保护成本不断递增、同时人类的需求没有止境等因素。① 同时，受空间、时间或者科技能力的限制，基本上自然资源都可能呈现稀缺状况。

7. 自然资源空间分布的不均衡性。多数自然资源的形成是地球自身演变的产物，例如煤是大量植物埋藏于地下上亿年形成的。由于地质结构、太阳辐射、地形状态等原因，自然资源形成之初在空间分布上就已经存在不均衡状况，即便是同种自然资源，不同空间中其具体的类型品种、储量、质量均可能存在较大差别。同时，自然资源的形成因素又是大致相同的，在自然资源形成时期拥有相同的地质条件、气候环境等地域，一般会集中出现同种自然资源，呈现自然资源形成分布一定的规律性。例如，我国水资源南多北少，华北地区分布有我国十一大煤矿。自然资源形成的特殊条件，也使不同国家和地区分布有不同的自然资源，但在储量、质量等方面存在较大差别，需要在全球范围内通过市场进行自然资源贸易以及优势互补，但这也加剧了自然资源的消耗，导致稀缺资源更容易枯竭。

8. 自然资源的两重性。对于人类社会发展而言，自然资源一方面是生产资料和劳动对象，另一方面构成整个生态环境。例如，森林资源、水资源、土地资源，不单单是用以满足人类发展需求，同时生物的生存都无法离开上述资源。自然资源的两重性决定了对于自然资源既要开发利用也要重视保护。自然资源的财产价值与非财产价值都是紧密联系的，同时不同自然资源的非财产价值是相互作用的，在开发

---

① 陈星：《自然资源价格论》，中共中央党校 2007 年博士学位论文，第 22 页。

利用时应从宏观价值影响着手。

9. 社会动态性。自然资源与人类整体形成"人类—资源生态系统"，该系统时刻在进行运动变化，不同时代背景下由于科技水平不同，对于自然资源的开发利用质量、效率都存在差异。地理学家卡尔·苏尔认为"自然资源是文化的一个函数"，即自然资源附加了人类劳动而或多或少都有人类劳动的印记，表现出社会性与变动性。[①]这种变动可表现为正负两个方面。正的方面如退耕还林、植树造林等，人类为动植物的生存营造良好环境，促进人类发展与自然资源利用实现良性循环状态。负的方面如滥砍滥伐、围湖造田，使得该区域自然生态环境造成破坏、自然资源退化衰竭。

10. 相对性或者变动性。在不同时期背景下，对于自然资源的认识以及开发利用方式均存在不同，伴随人类科技进步而不断加强对自然资源的认知，例如对于稀土的认识与运用，人类社会"迄今的资源利用史一直是不断发现的历史，对资源基础的定义在不断拓展"[②]。同时，即便在同一个时期，不同的国家科技水平、社会条件也存在差异，一个国家认为是宝贵自然资源而在另一个国家只能视为自然界物质，"即使在今天，评价资源的方式在空间上也是千差万别的"[③]。因此，自然资源的概念范围是相对稳定与动态变化的结合。

11. 自然资源的公共物品属性。美国经济学家保罗·萨缪尔森（P. A. Samuelson）在其《公共支出的纯理论》一文中指出，纯粹的公共物品是指这样的物品或者劳务，即每个人消费这种物品或者劳务不会导致别人对该种物品或者劳务的减少。[④] 公共物品具有两个最基

① 转引自陈星：《自然资源价格论》，中共中央党校 2007 年博士学位论文，第 23 页。

② ［英］朱迪·丽丝：《自然资源：分配、经济学与政策》，蔡运龙等译，商务印书馆 2002 年版，第 12 页。

③ ［英］朱迪·丽丝：《自然资源：分配、经济学与政策》，蔡运龙等译，商务印书馆 2002 年版，第 22 页。

④ Paul A. Samuelson. The Pure Theory of Public Expenditure. The Review of Economic and Statistics，Volum 36，Issue 4，The MIT Press（Nov. 1954），p. 387.

本的特性：非竞争性和非排他性。非竞争性是指某人对该物的消费不影响对他人的供应，非排他性是指该物品一经产生便无法将某些人排除在外。正是由于公共物品的特性，每个人均有使用权利且无法排除他人使用，造成部分人对其过度使用，引发"公地悲剧"。从目前"公地悲剧"解决措施来看，主要是通过制度建设明晰产权，运用市场配置自然资源，促进自然资源合理开发、利用。在自然资源所有权制度类型上，存在公有制、私有制、混合制等多种类型，无论采用何种制度，都应充分考虑自然资源的公共物品属性，立足自然资源保护，对于人类生产必不可少的自然资源，如水、空气、土地等，在产权制度设计时必须区分自然资源的生存性需要和经营性需要而有所不同。①

四、自然资源的分类

自然资源种类、特性、储量、稀缺程度均存在区别。按照分类依据不同，自然资源类型也不同。

（一）一般学科上的自然资源的分类

总体来说，根据人类社会需求及资源自身特性因素，自然资源可作多种分类。

1. 从自然资源与人类的经济关系以及资源的性质，可以分为环境资源，如太阳光、地热、空气和天然水等；生物资源，如动物、森林、草场等；土地资源，包括农用土地、城市土地等；矿产资源，包括能源、各种矿物等。矿产资源基本上是已经亿万年地球地质演变形成的，其储量根据类型不同有所区别，但由于是不可再生资源，部分资源由于前期无节制开发利用已濒临枯竭。

2. 从自然资源数量变化的角度分类，可以分为耗竭性自然资源和非耗竭性自然资源（又称为不可再生资源和可再生资源）。耗竭性自

---

① 黄萍：《自然资源使用权制度研究》，上海社会科学院出版社2013年版，第42页。

然资源是指其储量有限，随着人类开发使用减少直至枯竭。矿产资源就是耗竭性自然资源，对于该类资源应从可持续开发利用角度考虑，提升资源开发利用效率、效益，最大限度延长该资源可供开采利用时间。非耗竭性自然资源是指凭借生态系统及其自身功能可以恢复或再生的自然资源，例如阳光、风力和土地资源、生物资源等。非耗竭性自然资源中的阳光、风力等受其自身自然规律影响，基本不会受到人类影响干扰，属于恒定性资源；而土地、生物和环境资源，极易受到人类社会活动影响，如果盲目开发、利用，会阻碍该资源自身更新、再生，直至出现衰竭状况。

3. 按自然资源在地球层面存在位置的不同可分为地表资源和地下资源。顾名思义，地表资源是指存在于地球表面的资源，如土地、气候等。地下资源是指存在于地球表面以下的资源，如地热、地下水等。

4. 按自然资源数量及质量的稳定程度，可分为恒定资源和亚恒定资源。前者是指数量和质量在一定期间内基本稳定的气候等资源，后者是指数量和质量经常变化的矿产等资源。

5. 按自然资源的用途，可分为生产性自然资源和生活性自然资源。前者是生产和劳动的对象，如土地、矿产和林木；后者是人类生活资料，主要是指食用性动植物。

6. 从自然资源能否进行市场交易看，可分为具有交易价值的自然资源和不具有交易价值的自然资源。土地是天然的财富，围绕土地设置的用益物权均具有较大经济价值，因此土地是具有交易价值的自然资源。同理，围绕矿产资源和水资源设置的开采权、取水权等均可通过市场交易实现较高的经济价值，二者也是具有交易价值的自然资源。自然资源参与到市场交易中，实质是资源权利的交易，在具备交易价值的自然资源上设置的相关权利通常具备财产权性质。如阳光、空气、风力等自然资源，尚不具备交易价值。原因在于：一是这些资源人力尚不能有效控制；二是这类资源属于自然给人类的公共福利，谁都有权平等地享用且不能排除他人的平等使用权。① 但是，这些不具有交易价值的自然资源与其他环境要素整体构成良好的自然生态环境，可以通过旅游、风电等方面产生经济价值。

7. 从自然资源的客体类型来看，可以分为土地资源、矿产资源、能源资源、气候资源、水资源、生物资源、海洋资源、旅游资源等。② 土地是人类赖以生存的基本场所，土地资源不仅在于地球特定的陆地表面，更在于由土壤、植被、岩石及独特的水文、地质、气候等条件共同作用之下形成的，涵盖地表及其之上和之下一定范围的地质资源。矿产资源是在地质过程中形成并赋存于地表或者地下的、能够满足人类工业利用的固态、液体及气态物质。能源资源是指能够为人类提供某种形式能量的物质及其物质运动。例如，太阳能、风能、潮汐能、地热等资源。能源资源与矿产资源存在一定的交叉，如石油、煤炭等资源，既是矿产资源又是能源资源。气候资源是人类生存必不可少的环境要素，包括光照、降水、空气、热量及其运动形式。水资源主要是指能够被人类有效利用的淡水资源，海水淡化技术的发展亦会使海水成为水资源的重要组成部分。生物资源是地球生物圈系统内的动植物、微生物及由动植物和微生物形成的生物循环系统。海洋资源是指与海洋有关的渔业、生物、矿产及动力资源等。旅游资源是指能够为旅游者提供观光游览和娱乐享受的自然风光和人文景观。

8. 根据自然资源的属性进行划分，可分为物质资源、自维持性资源、环境容量资源、舒适性资源。

（二）法学层面的自然资源的分类

以权利主体作为区分标准，可以分为国家所有的自然资源和集体所有的自然资源。

---

① 王磊、肖安宝：《中国特色社会主义生态文明建设思想研究综述》，《理论导刊》2016 年第 5 期。

② 刘灿等：《我国自然资源产权制度构建研究》，西南财经大学出版社 2009 年版，第 29—32 页。

第二节　自然资源可以成为民法上的"物"

一、物权客体的历史沿革[1]

伴随时代发展及法律技术水平的变化，物的概念也会变化发展。古罗马时物的涵盖范围比现今还要广，除了自然人，自然界存在的任何东西包括奴隶均在物的涵盖范围内。之后，在罗马社会观念不断进步及法学家总结整理下，罗马法开始将物规定为对人有用处、可为人所支配，并可作为财产组成部分的事物，在查士丁尼《学说汇纂》中，"物"包括有体物、权利和诉权，又称"财物"（bona）。据考证，事实上罗马法上的物的概念是泛指财物，它包括现代民法的物权、继承权和债权等，含义广泛[2]。"物权"一词的出现，其实是对罗马法中的"对物之诉"加以概括和引申的结果。直到中世纪，注释法学派才正式提出了"物权"一词，但作为近代民法发展里程碑标志的《法国民法典》仍没有提出明确的"物权"概念，该法典以"财产"一词来代替罗马法中的"物"，而且财产的概念因袭了罗马法中"物"的广义概念。1811 年《奥地利民法典》第一次在实定法中出现了物权的定义，1896 年《德国民法典》将物的概念发展到了极致，其对物债进行了严格的划分，这一做法开创了潘德克吞法典编纂模式的先河。从此以后，物债严格二分的做法随着《德国民法典》的向外传播，逐步走向世界，并为很多国家和地区的立法所借鉴、采纳。

关于物的定义，各个国家和地区民法一般将其规定为有体物。如《德国民法典》第 90 条规定："（物的概念）法律意义上的物，仅为

---

[1]　本部分引自叶知年等：《环境民法要论》，法律出版社 2014 年版，第 119—121 页。

[2]　周枏：《罗马法原论》（上册），商务印书馆 1994 年版，第 298—299 页。

有体的标的。"①《日本民法典》第85条规定："（定义）本法所称'物'为有体物。"②《意大利民法典》第810条规定："（定义）所有能够成为权利客体的东西均是物。"③ 可以认为，其所指的物亦是有体物。

根据我国学界通说，物是指除人的身体外，凡能为人力所支配，具有独立性，能满足人类社会生活需要的有体物。如有学者指出："物必须是客观存在的物质实体或者自然力。"④ 在这个意义上，财产权利不能认为是物。还有学者认为，物是指"存在于人身之外，能满足权利主体的利益需要，并能为权利主体所支配和利用的物质实体"⑤。综合上述观点可知，我国物权法理论通常认为，物至少需要具备以下特点：（一）外在性，即物是存在于人体之外，将人体排除在物的范围之外；（二）独立性，即物在观念上或者形体上能够独立存在；（三）有用性，即物要能够满足人类某种需要；（四）物原则上为有体物。必须明确的是，上述物的第二个特点中物在观念上的独立性必须符合社会习惯和交易规则。以土地为例，地球表面的土地原本呈现为绵延一体状，从纯粹的客观角度上分析应为一物，但是人们根据生产生活的需要对土地进行了一种由主观需要而决定的分割。这种分割不仅从土地的表面划分为不同地表面积的区域，而且在土地所处的空间范围上进行了进一步细化的分割，这样就出现了民法中的土地空间化的问题。⑥ 同样，建筑物区分所有权的问题亦是这一方面的例证。

---

① 陈卫佐译注：《德国民法典》（第4版），法律出版社2015年版，第30页。

② 渠涛编译：《最新日本民法》，法律出版社2006年版，第23页。

③ 费安玲等译：《意大利民法典》（2004年），中国政法大学出版社2004年版，第203页。

④ 张俊浩主编：《民法学原理》，中国政法大学出版社2000年版，第299页。

⑤ 马俊驹、余延满：《民法原论》（上），法律出版社1998年版，第89页。

⑥ 杨利雅：《自然资源的"物"性分析——对自然资源保护物权立法客体的分析》，《经济与社会发展》2005年第2期。

可见，大陆法系传统民法理论将物权法的客体界定为有体物，《中华人民共和国民法典》（以下简称《民法典》）虽然没有对物下一个确切的定义，但理论上和实务上都采纳物的狭义概念，即物为有体物。[①] 可以说，在近代法典化运动中，"物即有体"的思想对各国民法思想丰富发展产生重要影响。伴随人类认知能力以及科技水平的提升，电、气等物开始能为人类所控制、支配，对于物的概念也开始有所发展，将电、气等无体有形物归入民法中物的范畴。根据《民法典》第115条的规定，"物包括不动产和动产。法律规定权利作为物权客体的，依照其规定"。

二、传统物权客体理论的局限性及修正[②]

在传统民法观念中，物权客体只能是有体物及少数无形物，而在建设生态文明的今天，生态环境危机开始成为人类发展的潜在威胁，传统民法中物权客体观念是否应坚守？是否因时制宜修正？

（一）环境危机对传统物权客体观念的挑战

在生态环境危机越来越严重的情况下，传统民法中关于物权客体的观念已经无法适应时代发展需求，其面临的挑战也逐渐增多，主要体现在以下三个方面：

1. 在市场经济时代，环境和自然资源已经展现出其稀缺性、期限性，能够与一般的财物在市场上进行交易。例如，环境容量作为在自然界自我净化能力范围下污染物的排放承载限度，已经构建"排污权交易"机制，企业可以将自身所剩排污权"储存"起来或直接在市场上交易，并且"排污权"交易机制早在十多年前就已经在我国建立起来，并不断发展完善。2007年11月浙江嘉兴成立了全国首家排污权交易中心——嘉兴排污权储备交易中心，其储存交易的有二氧化硫和

---

①　梁慧星：《民法总论》，法律出版社1996年版，第88页；钱明星：《物权法原理》，北京大学出版社1994年版，第24—25页。

②　本部分引自叶知年等：《环境民法要论》，法律出版社2014年版，第124—129页。

化学需氧量（COD）两项排放指标，至 2008 年 1 月，该排污权交易中心已成功达成 13 笔交易，总交易额 1220 万元。2008 年 8 月 5 日，我国首家环境权益交易平台——北京环境交易所成立，间隔半个小时后上海成立了环境交易所。北京环境交易所的业务范围包括：节能减排和环保技术交易、节能量指标交易、二氧化硫、COD 等排污权益交易。上海环境交易所的业务范围与北京的几近相同，在该所揭牌首日，就有 55 个项目正式挂牌，挂牌项目总额超过 10.72 亿元。再如，现今环境污染问题不断加重，人们在购置房产时多选择环境优美、空气清新地段，位于风景名胜区或者拥有良好山水环境的地区房价一般较高，而这充分说明环境资源的经济价值。

2. 部分不符合传统物权客体标准要求的环境要素已经成为物权客体或者准物权客体，如水权的确立和变革以及水权交易。2005 年 1 月 6 日，我国首例水权交易在浙江完成，义乌市出资 2 亿元向东阳市购买横锦水库每年 4999.9 万立方米水的使用权。在出售横锦水库的用水权后水库所有权不变，水库运行、工程维护仍由东阳负责，义乌根据当年实际供水量按每立方米 0.1 元标准支付综合管理费。[①] 按照传统民法物权理论，无法对这种跨区域购置水库用水而水库所有权不发生变动的行为进行解释。

3. 更为重要的是，长期以来人类对环境保护的漠视导致环境遭受严重破坏，大量生物资源濒临灭绝，而自然环境也是人类得以繁衍生息的前提条件，人为原因造成的环境污染、破坏已经开始威胁整个人类的生存空间，仅大气污染一项就导致众多疾病的发生。原本的蓝天白云出现了雾霾，早期清澈见底的河流也成为工厂排水沟，干净纯洁的生态环境开始离我们而去。因此，需要通过法律制度完善加强环境污染治理，如果坚持原先的"自然资源无价值"的错误观念，只会不

---

① 罗兆军、刁新建：《中国水权交易破题 初始水权分配发轫》，《辽宁日报》2005 年 2 月 2 日第 2 版；姚润丰：《我国第一次明确规定水权转让费必须由受让方承担》，http://news.sohu.com/20050212/n224287508.shtml，2019 年 4 月 15 日访问。

断加深对环境的破坏，对于改善、保护整体生态环境没有任何助力。经济优先的观念已经被生态优先观念取代，对于物的认识不再偏重于经济价值，而是寻求生存与生态平衡的可持续发展理念为社会发展主流理念，生态本位思想对于传统物权客体理论提出修正要求。

（二）传统物权客体特定性理论的修正

按照传统的物权客体观念理解，特定性是物权客体的必备要件，而特定性主要表现在：一是该物权客体原则上应该能被人类所感知，即为有体物；二是该物权客体应为特定物，即有具体的物理形态；三是该物权客体应能与其他物明确区分，独立存在，即为独立物。通过特定性原则明确物权边界，是传统物权中权利人对物进行支配的应然要求，也符合一物一权原则要求。如果物权的客体不特定，物权人行使自己权利的自由领域就会失去边界限制，没有定律可循，其他人难以知悉自己尊重物权的义务界限存于何处，难免会因信息不对称而遭受被物权排斥的不测风险，而这个风险在物权客体特定的情形下不会发生①。

从传统经济学角度看，财货分为经济财和自由财。经济财是指该财物的取得及使用必须支付对价。自由财是指该财物的取得及使用无须支付对价。"它说到底是空洞的，因为那些不易被获取的物（如星球、空气等）既无经济价值，也无法律价值，而且在其用途上也是不明确和含混的。"② 从对自由财的理解看，其一般不具备具体的物理形态，无法准确划分边界，每个人对其均可平等使用，比如空气、阳光。而经济财因为具备明确的边界范围及物理形态，因此可以作为传统物权客体。

故有学者将上述传统物权客体的特定性理论概括为：客体的特定性即客体的同一性。同时指出，这一结论来自对所有权人、一般用益

---

① 常鹏翱：《民法中的物》，《法学研究》2008 年第 2 期。

② ［意］彼得罗·彭梵得：《罗马法教科书》，黄风译，中国政法大学出版社 1992 年版，第 186 页。

物权人支配客体现象的直观归结，但这一结论显然不能适用于一些新型的担保物权，更不能适用于水权、矿业权等准物权，因而须进行修正。①

以我国《民法典》第 329 条规定的取水权为例，其客体与水资源所有权的客体常常是一体的，从外观、表象看，其独立性难以被识别，同时在现实生活中存在多个民事主体对于某区域范围内的水资源享有取水权，而这些民事主体应该怎样对区域范围内的水资源进行特定化？在探矿权中，其客体在权利设定之初无法进行准确识别，更谈不上特定化；浮动抵押权中的权利客体也很难用特定性理论解释。因此，传统的物权客体对于特定性的定义旨在实现权利主体对于物权客体的支配以及物权变动公示需要，但就目前运用来看过于僵化，难以服务于时代发展需求，故应对该理论进行修正使之符合时代需求。

在力求加强环境问题治理的今天，假如仅仅让新的权利现象勉强栖身在旧的权利框架之中，其势必会对环境保护理念产生一定的歪曲，应该对物权客体理论进行因时制宜的适当改良，不再以传统物权中特定性标准作为界定标准，只要物权客体符合一项标准以上时，就认定符合"特定性"标准要求：一是该客体具备明显界限范围，且在存续上具备同一性；二是该客体可以定量化，例如在同一水库中存在多家公司均拥有取水权，甲、乙两家公司的取水权客体均为定量的水资源，但对于两个公司平等行使取水权并无矛盾，对于环境容量的测定由于科技水平的提升也能进行精准评估；三是该客体能够以具体地域范围界定，如探矿权的客体为权利人在某区域范围内进行自然资源勘察成果；四是该客体能以特定期限进行界定，例如浮动抵押权。因此，对于"物"的概念或种类的划分，一方面我们要从客观定义标准判断，另一方面要从人的主观认识角度分析，但分析结果应该以量化或可视化等形式表现，方便别人分辨权利的真实状态，这也符合物权

① 崔建远：《水权与民法理论及物权法典的制定》，《法学研究》2002 年第 3 期。

公示公信原则的要求。以土地资源为例，土地相关权利人以土地产权证书作为其享有权利的凭证。当然，对于物权客体的特定性理论的具体标准应该结合实际需要及发展趋势不断商榷，但是进行扩大理解的趋势以及必要性毫无疑义。

（三）传统物权客体排他性理论的修正

根据传统的物权理论，针对同一客体的所有权和所有权之间以及针对同一客体的用益物权之间，具有排他性。但是这一理论无法用来解释排污权、取水权。以取水权为例，在某一区域范围内存在数个权利人有权使用水资源，如果因为水资源有限而数个权利人之间发生冲突，无法适用排他性理论解决该问题，此时，须运用优先权制度来协调解决各权利人之间的矛盾，优先满足享有优先权的权利人用水需求。如同上文所提浙江东阳、义乌之间的水权交易，东阳出售用水权后水库所有权并未发生改变，东阳人民的用水需求依旧得到充分保障，义乌只用根据实际供水量向东阳市支付综合管理费。这一排他性规则和优先性规则共同用于调整用益物权人之间的利益冲突的规则，在物权法的制定中必须加以注意。[1] 通过取水权所取出的水资源，在离开原先的存在区域后就不能归属为原先取水权的客体了。

除此之外，假使在物权法中能够确定环境亦是公共财产理念，那么即可将环境认为是国家所有权的客体，此时可以在环境侵权案件中适用不当得利的相关理论，只要民事主体的行为对环境要素造成破坏就都属于使公共财受损而自己获益的行为（减少了采取措施以避免损害环境要素的成本，亦为获益），此即无法律上之原因而受利益，致他人以损害，受害人得行使不当得利返还请求权。[2] 这样当环境受到人为损害时，环境保护人士及团体可通过公益诉讼方式打击破坏环境行为，推动环境持续改善，有效缓解生态环境危机。

---

[1] 崔建远：《水权与民法理论及物权法典的制定》，《法学研究》2002 年第 3 期。
[2] 邱聪智：《民法研究》（一），中国人民大学出版社 2002 年版，第 335 页。

三、自然资源与民法上"物"比较①

（一）自然资源与民法上的物的范围相互交叉

民法上的物存在于人身之外，能满足人们的社会需要，能为人所实际控制或者支配，且以有体物为限。② 土地、森林等无疑满足上述条件，而对空气、阳光等无形物用以上标准去衡量就显得牵强，它们只能直接满足人们的生理需要，却不能给人带来可以以金钱计算的经济上的利益，不能为人所实际控制或支配，无法使民事主体以其为物质客体成立民事法律关系、设定彼此的民事权利义务，如以阳光为标的设定一个买卖法律关系就无实际意义，③ 因而，这些无形物不可能成为民法上的物，部分自然资源因无法直接满足人类任何一项需求，也不能成为民法上的物。如任何人都可能永远不会利用的、与其他水体不相连接的地下蓄水层，以及目前几乎可以断定的对人类或者生态系统永远不可能有任何实用价值的某一濒危物种，不能成为民法上的物，但它们仍被作为自然资源受到保护。④

（二）自然资源与传统物权法中的物存在区别⑤

从理论上看，某些自然资源与传统物权法中物的界定还有区别，但随着时代发展，人类认知能力、科技水平、法律技术等方面均有大幅度提高，在这种背景下将一定条件范围内的自然资源归纳到物权客体具有可行性。

在人类发展过程中，除土地外的多数自然资源被认为是公共物，例如水、空气、阳光、野生动植物等，这些自然资源无法归属于权

---

① 本部分引自吴真：《自然资源法基本概念剖析》，《中州学刊》2009 年第 6 期。

② 魏振瀛主编：《民法》，北京大学出版社 2000 年版，第 118—119 页。

③ 魏振瀛主编：《民法》，北京大学出版社 2000 年版，第 119 页。

④ Zigmunt J. B. Plater, Robert H. Abrams. William Goldfarb, Robert L. Graham, Environmental Law and Policy: Nature, Law, and Society (Second Edition), West Group (1998), p. 90.

⑤ 本部分引自黄萍：《自然资源使用权制度研究》，上海社会科学院出版社 2013 年版，第 49—51 页。

利客体，对其使用也无限制，任何人都有资格自由使用。但是，在这些自然资源中，一部分属于不可再生资源，由于前期的无节制开发利用，造成该类自然资源储量越来越少，更显稀缺；还有一部分可再生自然资源，由于开发利用过度且方式不当，消耗量远远超过资源再生量，致使该类自然资源储量、质量下降，在一定期间内呈现稀缺性。从实现自然资源保护以及可持续开发、利用角度考虑，各个国家和地区开始通过立法方式将部分自然资源归入法律调整范围。除制定自然资源管理法来加强对资源的保护、开发、利用外，为明晰权利界限，减少权利纠纷，将自然资源归入财产权保护对象，这是将来自然资源相关法律发展的重要方向。当代大陆法系国家或地区分别以修法、单独立法等方式，在法律规定中对自然资源归属、开发、利用予以明确。较多国家或地区的法律条文对自然资源是否为公有物或私有物予以明确界定，即便自然资源作为公共财产，也对其开发、利用有条件限制。如《意大利民法典》第 822 条第 1 款规定："海岸、沙滩、海湾停泊处和港口；江河、流水、湖泊以及其他依据法律规定属于公共的水域，用于国家防务的建筑物，均属于国家所有，是国有公共财产。"第 823 条规定："（国有公共财产的法律地位）除在有关法律规定范围内并依法律规定的方式进行操作以外，国有公共财产不得转让，不得为第三人的利益在国有公共财产上设定负担。保护国有公共财产的权利属于行政机关。行政机关可以采用行政手段或者本法典规定的一般手段保护国家的所有权和占有权。"第 826 条第 2 款规定："（国有财产、省有财产、市有财产）依有关法律规定属于国家森林资源的林木，矿藏所在地的土地所有人不享有开采权的金属矿、石矿、石灰矿……均属于不可处分的国有财产。"第 828 条规定："（国家财产的法律地位）国有财产、省有财产和市有财产，受有关特别规则调整；没有其他规定的，受本法典的调整。未依有关法律规定的方式，不得将国有财产、省有财产和市有财产挪作他用。"① 20 世纪以来，电等开始在民法中被界定为物。但是鉴于自然资源具有多元价值属性以及赋存的特殊性、利用方式的多样化，部分自然资源作为物权客体与传统民法下的物权客体存在一定差异。

1. 在传统物权观念中，经济价值是判断某物可否作为物权客体的标准，即该物能否作为生产资料或生活资料用以满足人类需求。自然资源具备多元属性，只是经济价值与生态价值、美术价值等非财产价值在不同自然资源所体现的重要程度不同，从人类社会可持续发展等角度看，部分自然资源具有极高的生态价值、艺术价值，这些非经济价值要远远大于其经济价值。如果将自然资源全部由物权法进行规范，当出现非经济价值与经济价值的矛盾时，法律需要对二者进行平衡。但是，物权法作为私法，在物上设立相关权利其本意就在于维护实现权利人的经济利益，此时物上的非经济价值由于难以转化为经济价值，难以满足权利人的利益诉求。因此，如果在传统民法视角下，难以将物的非经济价值一同归属到物权法的规范范围内，经济价值与非经济价值的冲突不可避免，容易造成权利人过度追求经济价值而对自然资源盲目开发利用，漠视自然资源非经济价值对于人类社会发展的潜在作用。

2. 在传统物权观念中，特定性是物权客体的必备要件。特定性即指该物具有明显的物理状态或者边界范围，能够独立存在，与其他物有效区别开来。部分自然资源由于自身的流动性等特性并不存在固定物理形态或者精确的边界范围，例如空气、水等，其流动性强，不具备固定物流形态，无法精确识别界限，这就不符合传统物的特定性定义标准。部分自然资源的规模数量会随时发生变化，如某河中的鱼游动规律不定，渔业资源种类及数量也难以精确。捕鱼权客体由于鱼的

---

① 费安玲等译：《意大利民法典》（2004 年），中国政法大学出版社 2004 年版，第 205—207 页。

数量、种类会随时变化故难以特定；陆生野生动物处在不断活动或迁徙状态下，狩猎权的客体亦难以特定。从环境科学角度来看，环境容量是一种不具备实物形态的自然资源。环境容量在发挥对外界污染的自我净化作用时，其是在整个自然环境下各环境要素充分相互协调、相互作用下运行的，而不是以一个独立物来运行。环境容量的效用是整个自然环境系统各组成要素相互协调、作用的产物，但不能脱离整体环境独立运行。以传统民法观念看，环境容量也无法进行特定。环境容量既无法直接与其他物独立区分，也无法由权利人直接占用支配排除他人干涉，而是通过公权力拟制相关权利从而实现相对独立。

3. 传统物权法理论认为，物权客体应为独立物。所谓独立物，是指不依附于他物而可以独立存在的，且社会一般观念尤其是交易观念，亦把它作为一个单独的物加以对待、处理的物。[①] 集合物因是数个独立之物的集合而成，其本身不能作为物权之标的物，所有权仅得存在于各个独立之物之上。[②] 然而由于自然环境整体运行的复杂性等因素，自然资源之间相互依附普遍存在，因而以集合物状态呈现出来。比如，水资源要依附于土地资源上，山岭包括森林、草地、生物资源等，这些以集合物状态呈现的自然资源，也不符合传统物权法中对物的独立性标准要求。

4. 传统物权法理论认为，物权客体原则性应为有体物。有体物，是指具有一定的物质形态，能够为人们所感觉的物。[③] 罗马法中规定权利等无体物也能够作为物权客体，这在法国、意大利的民法中也予以继承体现。《德国民法典》首创物权客体为有体物的规定，《日本民法典》也深受此观点影响。日本学者认为，所谓有体，是指物质上占有一定空间而有形的存在物。所谓有形，是指物理上的有形，因此，

① 梁慧星、陈华彬：《物权法》，法律出版社 2007 年版，第 8—9 页。
② 王泽鉴：《民法物权》，北京大学出版社 2009 年版，第 40 页。
③ 王利明等：《中国物权法教程》，人民法院出版社 2007 年版，第 13 页。

固体、气体、液体皆为物，而电、热、声、光则非物。① 我国台湾地区的理论深受德国和日本立法和理论的影响，亦有学者将物权客体解释为有体物。"物者，环绕人类一切具有确定限界之有体物也。""不占据特定空间之无容体之标的物，非物也，音波、热力、电流等是"，"占据漫无边际之空间之无体，非物也，例如，江上清风（气体），山间流水（液体）是"②。改革开放后，我国民法理论多受上述国家民法思想的影响，学者普遍认为，物权客体限于有体物，尽管我国《民法典》规定"法律规定权利作为物权客体的，依照其规定"，但在我国物权法理论上，学者仍坚持物权客体为有体物的观点，并将无体物解释为不能触觉之物③，扩大解释无体物的范围，已与罗马法、法国民法等法律上的无体物有异。若按照这种对有体物的理解，一些自然力是不能成为物权客体的。

5. 我国物权法理论认为，用益物权的客体应该是不可消耗物。用益物权是以使用他人之物为目的的物权，该物的所有权归属他人，如果用益物权不存在，该物应返还给所有权者。而只有当物是不可消耗物时，才能够在用益物权消灭时得以向所有权者返还原物。但是部分资源是消耗物，例如矿产资源，对于这些资源的开发、利用就是消耗资源，自然资源只会越来越少甚至衰竭。

6. 传统民法中的物体现私人利益。部分自然资源具有典型的公共物品属性，例如空气，对于人类的生存是必不可少的，属公共利益，明显区别于私人财产。

上述自然资源的典型特点以及时代发展需求，对传统民法中物权客体观念提出改革要求，对于自然资源的综合利用需要对传统民法理论因时制宜地做出有益改变，从而服务人类社会发展需求。

---

① 梁慧星：《民法总论》，法律出版社 2001 年版，第 89 页。
② 梅仲协：《民法要义》，中国政法大学出版社 2004 年版，第 78 页。
③ 梁慧星：《民法总论》，法律出版社 2001 年版，第 88 页。

四、自然资源成为民法上"物"的理论证成

民法中物的概念会伴随时代发展、人类认知能力提升而做出相应调整，其内涵、范畴在动态变化中逐渐丰富。当社会发展出现成熟的新型物权时，在不违背民法制度基本精神的前提下，物权法定原则将发挥其弹性，将其囊括其中。正如谢在全先生指出的那样，"盖有无直接支配之实益以及公示之可能，均系随着社会经济之需要与科技进步而变异也"①。鉴于自然资源权属界定需求，应对传统物权客体理论总结反思。

（一）物的特定性

物的特定性要求该物具有具体形态及明显边界，能够独立存在并与其他物有所区分。对于物的特定性认识在民法中也是根据时代变化逐渐探索、发展的，在人类社会前期，由于物质缺乏以及人类认知能力受时代局限，人们对于物的认识主要是从该物物理形态着手，其在物理上要满足有形、独立、特定三个要求。早期民法中对于物的特定性定义，主要就是立足于物的物理上的特定性，即物的实体状态能够被明确界定。对于物的特定性的理解，也是从人的观念对物的判断着手。伴随时代发展，人类认知水平、社会需求、科技水平、法律技术均有较大提升，一方面更多的物能够符合民法中所定义的物权客体要求，另一方面原先民法中对物的相关固有观念开始打破，原先不符合物权客体定义的物质，经过技术处理后，也能够成为物权客体。对于物的特定性认识也不单单局限在物的物理性上，开始加入人的观念。德国学者弗里德里希·克瓦克认为在理解物权客体特定化时，必须将其理解为思想性概念，是观念上的确定，而不是一种物质上的、空间上的特定。② 部分物质或空间尽管界限范围不清晰，但可以通过技术

---

① 谢在全：《民法物权论》（上册），中国政法大学出版社1999年版，第18页。
② ［德］弗里德里希·克瓦克：《德国物权法的结构及其原则》，孙宪忠译，载梁慧星主编：《民商法论丛》（第12卷），法律出版社1999年版，第513页。

手段识别或者人的观念将其拟制成相对独立从而特定化。总之，物权特定原则是以确保物权的支配内容得以实现与社会上之观念为其存在的基础，则其发展，也必将随社会之进步，经济之变迁，与时推移，怠属必然。①

因此，在解决自然资源是否特定化、能否特定化的问题上，不能仅仅将认识局限于自然资源的物理形态。由于自然资源具有一定实体状态、能够明显发现与其他物的区别，该自然资源自然符合特性化的标准。但如果某种自然资源其表面的物理形态不清，无法明确与其他物的区别、界限，亦可以通过与其他产生的联系或者技术处理，或通过法律运用公权力拟制该物能够相对独立，从而将该自然资源特定化。比如，在土地资源的特定化问题上，可以通过划界加以技术辅助予以特定；海域资源的特定化，也可以参照对土地资源特定化方法，通过人为划界及相应技术手段将其特定；水体的特定化，以水的具体用途、使用目的进行区分，通过对该水体所处经纬度、水质或水依附的土地资源等因素将其特定化；养殖权的客体是某区域范围内的水域，该范围可以通过划界特定；捕鱼权、狩猎权在于对某区域范围的动物享有相关权利，但该动物是泛指而不是指向单一动物，因此，可以通过对区域位置、范围来对相关权利客体特定化。大气环境容量是由空气及其他环境要素组成的环境空间，而空气等环境因素无法通过肉眼识别且处于动态变化过程中，对其特定化必须通过科技手段以及人为观念、法律技术进行。通常而言，环境容量指的是某区域范围内的环境自净能力，因而在社会实践中，对环境容量的大小测定以对该区域范围排污所引起的环境变化为标准。正如学者指出的："'一物'不是自然状态的实体或一般意义的存在，而是特定场合下的物。""'一物'的确定与物本身是否为单一物、独立物无关，完全取决于当

---

① 谢在全：《民法物权论》（上册），中国政法大学出版社1999年版，第19页。

事人和法律的意志。"① 在民法领域中，之所以对物权客体的特定化多
以重视，是因为要对权利的界限范围进行明确界定，使之与其他物权
客体明显区分开，减少权属纠纷，也有利于物权的相关权利人对其支
配而不会受到他人干涉。一旦物无法真正确定下来，其界限范围也无
法确定，物权支配对象亦无法明确，最终导致该物权无法真正存在或
者名存实亡。

特别要注意的是，我国部分专家学者在进行物的特定性解释时，
经常用特定物概念替代。实际上，二者存在明显差别，不能混同，物
的特定性就是指该物能够明显与其他物区分开，而特定物的概念是指
该物具有独一无二的属性，无法用其他物品代替，这是与种类物相区
分的概念。但是，无论是特定物还是种类物，只要能够特定化，就可
以成为物权客体。

（二）物的价值性

传统民法中对物的价值属性理解偏重于强调经济价值，因此物就
当然具备经济价值，用以满足人类社会生存发展需要。人也是生命体
的一种，生存是人类发展首要考虑的问题，因而人类社会发展过程中
始终贯穿着对物质经济价值的追求。但伴随时代发展，人类对于物的
需求也不再局限于经济价值，有时人们对于某物更注重其非财产性价
值，如精神价值、文化价值。自然资源的多元价值开始为人类社会普
遍接受，甚至部分非财产价值对于人类社会可持续发展更为重要，如
对于宜居环境、清新空气的需求。要注重自然资源的多元价值，不能
仅仅把思维局限在自然资源的经济价值，忽视资源的其他价值，否则
将会加速自然资源消耗，以致部分自然资源枯竭，也不利于人类社会
可持续发展。在某种程度上，自然资源的非财产价值属性可以通过一
定载体参与到市场活动转化为财产价值，比如工业化进程推进对生态

---

① 孟勤国：《论一物》，载［意］S. 斯奇巴尼等主编：《罗马法、中国法与民法法典
化》，中国政法大学出版社 2008 年版，第 45 页。

环境造成破坏，人类对于高品质生活追求首先体现在生存环境上，对于拥有山岭、湖泊、草地等休闲度假场所更为青睐，在此情况下非财产价值可以转化为经济价值。这充分说明，自然资源的经济价值与其他价值在一定条件下是可以和谐兼容的，并非绝对矛盾对立，而要达到这种效果，首先需要转变对自然资源价值属性的观念，由原先的单一经济价值观念向多元价值观念转变。人类认识能力、科技水平不断进步，人们对于自然资源的生态价值、艺术价值等非财产性价值的重视程度逐渐提高，而相对应经济价值自然而然也会提升。

（三）物的可支配性

传统民法认为物权是支配权，物应具有可支配性，从整个人类发展演变过程看，当时人类所掌握的科技能力与其是否能准确认识自然资源并支配紧密关联，对于物的支配，主要在于物理状态的支配，原先无法为人类所认识、支配的自然力如电、气，现今已为人类所认识并支配，用以满足人类需求。传统民法中，由于空气是流动的、无实体状态、无控制必要性，因此无法作为物权客体。例如，有学者明确指出，"没有必要控制的物，如空气之类，对其主张民法中的权利是没有意义的"①。但是，由于现代社会出现较多大气污染问题，人们对于清新空气的需求也越来越大，空气污染防治成为全球环境治理的重中之重，对空气有必要进行控制。因此，在对物的可支配性的理解上，要从两个方面着手：第一个是对于该物人类能否进行控制、利用；第二个是对于该物人类是否有进行控制、利用的必要性。人类的认知水平以及科技能力影响着其能否对某物进行有效的控制、利用，而这种对于物的控制不仅仅是局限在物理方面。对于某物是否有控制必要性，一方面要从该物的自身属性出发，包括价值属性、稀缺程度等因素；另一方面也与人类社会进一步发展的需求相关。正如谢在全

---

① 梁慧星：《中国物权法草案建议稿——条文、说明、理由及参考立法例》，社会科学文献出版社 2000 年版，第 118 页。

先生指出的那样，"盖有无直接支配之实益以及公示之可能，均系随着社会经济之需要与科技进步而变异也"①。

（四）物权客体应为独立物问题

独立物是指不依附于他物而可以独立存在的，且社会一般观念尤其是交易观念，亦把它作为一个单独的物加以对待、处理的物。② 在传统物权观念中，因为权利人要实现对物权或物的直接支配，所以要求物权客体的物能够与其他物体独立开来。因此，物之一部分或者其构成部分，因无从支配，又难以公示，不能成为物权的客体。③ 如前文所述，众多自然资源为集合物或依附于其他自然资源，按照传统物权法观点，由于集合物不能独立存在，无法有效区分物，因此不能设立物权。然而，伴随时代发展，从缩减交易成本以及提升交易效率角度看，将集合物作为交易观念上的独立物进行交易的现象逐渐增多。通过对各国及地区民法的梳理，并没有特意对物权客体须是独立物进行明文规定，罗马法就在条文中明确所有权的客体包括独立物、合成物及集合物。自然资源的储藏现实状态存在区别，部分资源为独立物，而部分资源为合成物、集合物，例如森林资源、渔业资源。以环境容量为例，其不符合传统民法中对于物理状态独立物的标准，但是在交易观念或法律上具备相对独立性，也由此建立排污权制度、碳排放交易制度。"一物"的确定与人的观念及法律技术有关，将集合物作为"一物"具有现实可行性及可操作性，且存在成功实践事例，比如浮动抵押。而对处于"一物"状态下的自然资源之上设立物权并不存在现实操作、法律及理论层面的障碍。

（五）物权客体原则上应是有体物

并不是所有国家均规定物权客体须为有体物，法国及意大利等国家就无此规定。然而，德国民法思想对我国民法理论形成影响深远，

---

① 谢在全：《民法物权论》（上册），中国政法大学出版社1999年版，第18页。
② 梁慧星、陈华彬：《物权法》，法律出版社2007年版，第8—9页。
③ 谢在全：《民法物权论》（上册），中国政法大学出版社1999年版，第17页。

很多专家学者也认为物权客体为有体物，我国《民法典》第 115 条即如此规定①，我国《民法典》中对于所有权以及用益物权规定一般也只适用于有体物，我国对于无体物如知识产权、股票的权利等保护以单独立法进行规范调整。实际上，德国也没有完全坚持物权客体必须为有体物的理念。在《德国民法典》第 1068 条、第 1273 条中明确规定了无体物（权利）的用益权和质权。在对于有体物的概念解释上，随着时代发展需求以及人的法律观念转变，有体物的概念呈现扩大趋势。近现代物权法中，多个国家或地区的法律规定中允许权利作为物权客体，如用益物权、权利质权、权利抵押权，这在我国《民法典》中也多有体现。有体物与无体物的一个重要区别在于能否被人类感知，例如电、太阳光、气虽然没有实际形态，但是可以为人类所感知，就应该属于有体物。环境空间仅从字面意思以及主观感觉使其范围不可估计，实际而言，能够对人类生产、生活产生影响的空间是有限的，人们也可以感知到该空间的存在，故环境空间应为有体物，而非传统民法中定义的无体物。

（六）用益物权客体应是不可消耗物问题

部分学者认为，用益物权的客体应是不可消耗物。但观念认识不够全面，部分自然资源属于消耗物，如矿产等。从各国的民法规定看，已有在消耗物上设立用益物权的规定。如《法国民法典》第 587 条、《德国民法典》第 1067 条、《意大利民法典》第 995 条等都明确规定在可消耗物上成立用益物权。《法国民法典》第 598 条规定将以矿藏资源为客体的采矿权，定性为用益物权。因此，无论是可消耗物还是不可消耗物，均可在其上设置以用益为目的的物权，只是在消耗物上设置的用益物权在使用过程中就是对自然资源的消耗，如矿产资源的开发，其生成需要亿万年的积累，用益物权人开发完毕，矿产资源也随之被处分。

---

① 《中华人民共和国民法典》第 115 条规定：“物包括不动产和动产。法律规定权利作为物权客体的，依照其规定。”

（七）自然资源的公共物品属性问题

自然资源是人类社会持续发展必不可少的物质条件，带有强烈的公共物品色彩，但是该特点只能说明自然资源应该由国家多加管控，不能任由私人垄断开发利用，并不能成为证明自然资源无法作为物权客体的依据。当前，自然资源的有限性与社会发展需求的无限性产生一定矛盾冲突，这也充分说明绝不能继续按以往竭泽而渔的资源开发利用方式，在推进生态文明建设的今天，更加注重资源的保护以及对整体环境要素的影响，需要对资源的开发、利用进行有效规划。通过在某些自然资源上设立用益物权，既能保障自然资源的有效供应，满足人类社会发展的合理需求，又能有效促进自然资源向有序开发、利用转变。

总而言之，自然资源与传统民法中物权客体的物存在较多共性，在不违背民法制度基本精神的前提下，物权法定原则将发挥其弹性，自然资源亦可以成为物权客体。

第三节 自然资源物权

一、自然资源物权的概念

物权乃特定权利主体直接支配特定物而享受其利益的权利。就权利客体而言，与债权的客体行为不同，物权的客体为物且仅限于物。此处的"物"，既可以动产和不动产作区分标准，亦可以现实与拟制作区分。所谓现实，是指常态可见的"物"，包括固液气态之物，亦含人体无法感受的物；所谓拟制，包括著作、专利、矿业、渔业等。

作为物权客体的物，首先，须满足有用性和稀缺性的特点。有用性包含两个方面：一是指物的某种特性对人类而言具有价值，人可以利用它改善现状，获取财富；二是指人类可以根据现有技术手段对物进行直接或者间接的支配。① 而稀缺性则是由于法律不保护无保护必要的不具有稀缺性的物。其次，无论是何种物，若要成为物权的客体，其均需满足特定性和独立性的要求。物权客体的特定性要求物权的客体必须是现已存在的特定物。② 王泽鉴教授认为，物权客体的特定性原则是指一个物权的客体（标的物）应以一物为原则，一个物权（尤其是所有权）不能存在于两个物之上，故又称一物一权原则。③ 所谓特定物仅需一般社会或经济观念为特定物即可，非必须为物理上之特定物。④ 物权客体的独立性是指物与彼物可依人的观念进行划分而独立存在。⑤

在传统物权法理论下物权法恪守的"一物一权主义"，使得权利主体支配物权客体的外部范围明确化，亦借由对独立性的要求而使得物权易于公示，交易安全得以保障。但随着社会情形的变化，物权的支配在无碍于物权支配内容的实现以及无碍于物权公示并使得交易安全有所保障的前提下，得以获得两个层面的发展：土地物权由垂直物权向水平物权发展；物权客体由单一物走向集合物。⑥

二、自然资源物权的特征

自然资源物权的客体是包括但不限于土地、森林、草原、矿藏、渔业资源、水资源、野生动植物资源、自然保护区（特殊区域）、大

---

① 黄锡生、杨真：《设立自然资源物权之初探》，《重庆大学学报（社会科学版）》2007 年第 2 期。

② 谢在全：《民法物权论》（上册），中国政法大学出版社 1999 年版，第 11 页。

③ 王泽鉴：《民法物权》（第 1 册），中国政法大学出版社 2001 年版，第 53 页。

④ 谢在全：《民法物权论》（上册），中国政法大学出版社 1999 年版，第 12 页。

⑤ 谢在全教授引林更盛的观点认为"至于是否为独立物并非物理上的观念，而是应依社会上一般社会经济观念或法律规定定之"。谢在全：《民法物权论》（上册），中国政法大学出版社 1999 年版，第 12 页。

⑥ 就与土地相关之所有权问题，土地本非独立物，但因依社会观念可各自划分，故仍可将划分后的土地之部分视为一独立物且基于对土地之所有地表上下之空间亦属于土地所有权之范围。

气资源等。① 由于在技术和观念上，人类对自然资源具有排他支配的可能性，因此，学界一般认为自然资源可以成为物权的客体。② 但究竟能否以物权法的制度一般性地规范占用、使用、收益、处分自然资源的行为，在学界则存在争议。这主要是因为与一般物权相比，自然资源物权还存在以下特征：

1. 自然资源物权的公共性和社会性。无论是自然资源所有权还是自然资源用益物权都体现出极强的公共性。首先，对一般物权客体的占有、使用、收益、处分一般均可由当事人自主决定，但无论是以何种方法对自然资源进行分类，人们都无法获得似私产般，令人可完全排他性使用的自然资源。其次，与对物权一般客体的占有、使用、收益、处分主要由民事法律规范不同，对规范自然资源的法律，除民法外还包含大量具有管理性质的行政法律。规范自然资源物权的法律亦通常从社会公共利益出发，以保证自然资源的合理开发、利用。③ 再次，现代民法是具有社会本位特征的权利本位法律。现行法体系下，民法的社会性主要体现在对特殊主体的保护，即对消费者与劳动者的特殊保护。而自然资源物权的社会性则体现在设定自然资源物权的目的在于增进公共福利。④ 具体而言，是指由于传统物权强调人对物的直接支配性和绝对保护性，但自然资源本身所具有的自然属性与社会属性，导致依循传统物权法理论对其进行保护会导致对自然资源的利

① 桑东莉：《可持续发展与中国自然资源物权制度之变革》，科学出版社 2006 年版，第 140 页。

② 参考国外立法可以发现的是在技术上具有支配可能性的自然资源一般是可以成为物权客体的。例如，《瑞士民法典》第 713 条规定："（标的物）动产所有权的标的物，是指可以从一个地方移动到另一个地方的物，以及不动产之外的法律上可支配的自然力。"见于海涌、赵希璇译：《瑞士民法典》，法律出版社 2016 年版，第 260 页。《意大利民法典》第 810 条规定："（定义）所有能够成为权利客体的东西都是物。"第 814 条规定："（能源）有经济价值的自然能源视为动产。"见费安玲等译：《意大利民法典》（2004 年），中国政法大学出版社 2004 年版，第 203、204 页。

③ 施志源：《生态文明背景下的自然资源国家所有权研究》，法律出版社 2015 年版，第 69 页。

④ 黄锡生：《自然资源物权法律制度研究》，重庆大学出版社 2012 年版，第 38 页。

用效率低下。最后，自然资源所有权所具有的不可让性及不可强制执行的特点，使得无法以市场交易的办法实现该物权的变动。

2. 自然资源物权客体的广泛性和整体性。首先，基于对物权客体特定性的要求，传统上物权客体以可分离的独立物为主。而作为物权客体的自然资源，因其价值包含不同自然资源相互配合而得的环境功能，不宜分割处理，具有整体性的特点。其次，自然资源是一个集合概念，包含土地、水、草原、森林、滩涂、海域、野生动植物资源等特点各不相同的资源类型。最后，不同类型之间的自然资源相互结合，形成不同的环境，体现不同的功能。从某种层面来看，可以说自然资源实际上是自然环境的分离物，世界上实际上并不存在完全独立存在的自然资源类型。尽管如此，只要在技术上可被分离，则自然资源独立性仍可成立。

3. 自然资源所有权行使主体的集体性。我国法律上，自然资源所有权的主体仅为国家和集体。自然资源国家所有的本意是"全民所有"。然而很多时候，全体人民难以行使权利，也难以保证其权利不受侵害。鉴于国家和集体为法律上抽象的主体，其本身往往不具备直接开发、利用自然资源的能力，故大多数情形下，对自然资源的管理通常由政府负责，对自然资源的开发、利用则通常由政府委托有能力的企业或者个人进行。

4. 自然资源物权客体的特定性。梁慧星教授认为，民法所调整的自然资源所有权客体应该是有限的，而不应当包含水资源、大气资源等不具有传统民法所有权特征的自然资源。崔建远教授则认为，可以通过扩张解释的方法将水资源、大气资源等无限资源纳入物权客体的范畴。

三、自然资源国家物权的法律特征

1. 自然资源物权是一种对世权。自然资源物权的对世性与自然资源物权的排他效力相对应，体现为除国家或者集体外的其他主体，对国家或者集体所享有的自然资源物权所负有的不作为义务。对世性就是未经国家或者集体的许可或者同意,其他任何主体不能侵害国家或者集体所有的自然资源。①

2. 自然资源物权是一种支配权。支配权对于权利客体具有绝对的直接支配力,可直接依自己的意志实现权利,无须他人协助。② 因此,自然资源物权即体现为国家或者集体对自然资源的直接支配的能力。国家或者集体可依照法律的规定,占用、使用、收益、处分自己享有物权的自然资源。自然资源在具有可支配性特征情况下,国家或集体才能充分行使其所有权。当然,国家行使自然资源的支配权,必须与生态文明建设的旨趣相吻合,必须严格依据法律、法规的规定行使权利。③

3. 自然资源物权是法律明文规定的权利,具有法定性。自然资源物权也要遵循物权法定原则,其权利的设定、取得需遵循法律规定,不得个人私自创设相关权利。《中华人民共和国宪法》(以下简称《宪法》)、《民法典》和各种类型的自然资源单行法对自然资源物权的相关法律规定,是设立自然资源物权的法定根据。因此,自然资源物权不能由政府或者政府职能部门自由创设,其权利来源于法律规定。④

四、自然资源物权的法律效力

(一) 自然资源物权的排他效力

排他效力是指在同一标的物上,但不能同时成立二个以上内容互

---

① 施志源:《生态文明背景下的自然资源国家所有权研究》,法律出版社2015年版,第88页。

② 朱庆育:《民法总论》,北京大学出版社2013年版,第500—501页。

③ 施志源:《生态文明背景下的自然资源国家所有权研究》,法律出版社2015年版,第88页。

④ 施志源:《生态文明背景下的自然资源国家所有权研究》,法律出版社2015年版,第88—89页。

不相容的物权。申言之，即在同一标的物上不能有两个所有权；在用益物权上，因系以物之占有使用为内容，在同一标的物（不动产）上不能成立两个同类型用益物权；不同种类物权得同时并存。① 于自然资源物权而言，主要内涵包括以下几个方面：1. 在一特定的自然资源上，只得设立一个所有权而不得由两个以上主体同时享有。2. 如在一特定地块上不得同时设立两个建设用地使用权或宅基地使用权。3. 如国家所有权的存在，并不排斥国家通过设立用益物权的方式授权其他主体开发利用自然资源。

（二）自然资源物权的优先效力

物权的优先效力，包含以下内涵：物权对债权具有优先效力；不相容物权相互间的效力，于同一标的物不容许有数个同一内容的物权并存其上，先发生者具有优先性；在可相容物权相互间，其他物权在一定范围内支配其物，而具有优先于所有权的效力。数个担保物权并存于同一标的物之上时，成立在先的物权优先于成立在后的物权。用益物权与担保物权并存时，成立在先者，具有优先效力。② 于自然资源而言，主要内涵包括以下两个方面：1. 债权人对自然资源用益物权人所享有的于自然资源上的抵押债权，优先于其他债权人所享有的一般债权。2. 在一特定自然资源上所设立的不同类型用益物权/担保物权，设立在先的具有优先性。

（三）自然资源物权的追及效力

物权的追及效力，是指物权成立后，其标的物不论辗转于何人之手，物权人均得追及物之所在，而直接支配其物的效力。③ 于自然资源物权而言，主要内涵包括以下两个方面：1. 自然资源主体的特定性。即宪法、法律规定为国家或者集体所有的自然资源，其他民事主体不得超越国家或集体私自进行处分。如《中华人民共和国野生动物

① 王泽鉴：《民法物权》（第1册），中国政法大学出版社2001年版，第60—61页。
② 王泽鉴：《民法物权》（第1册），中国政法大学出版社2001年版，第61—62页。
③ 王泽鉴：《民法物权》（第1册），中国政法大学出版社2001年版，第62页。

保护法》(以下简称《野生动物保护法》)第 6 条的规定。2. 自然资源物权的追及效力是针对国家所有的自然资源,而非自然资源产品。如国家所有的林木被非法砍伐,不论该林木转至何人之手,国家除了追究不法砍伐人的法律责任之外,还有权基于自然资源物权的追及效力主张对该林木的支配权。但如果该林木已经被善意第三人加工成家具产品,国家则不得主张对该家具的所有权。①

(四)自然资源物权请求权

物上请求权包括两种请求权,一为基于所有权及其他物权而生的请求权,即物权人于其物权被侵害或有被侵害之虞时,得请求恢复圆满状态的权利;二为占有人的物上请求权。② 以萨维尼为代表的"意志理论"认为:"个人所享有的权力(Macht),即个人意志支配的领域,并且该支配乃是吾等同意之下进行,我们称此权力为该当之人的权利。"③ 而人的意志可支配之对象有二:一则为不自由的自然,二则为他人之人格。以不自由的自然为支配对象的权利为支配权。又有鉴于人人生而平等,人无法支配他人之人格,仅得请求他人之作为或不作为而使权利得以维护,因须请求他人,故谓之请求权。

自温德沙伊德提出实体请求权概念后,权利即成为民法体系之核心。而就请求权,王泽鉴教授曾道:"请求权在权利体系中居于枢纽地位,而任何权利,无论是相对权或绝对权,为发挥其功能,或恢复不受侵害的圆满状态,均须借助于请求权的行使。"④ 温德沙伊德所创设的实体法上的请求权论其意义,朱岩教授认为有二:"其一,填补了权利发生争议之前其在实体法上的真空状态,因为如果只有发生诉讼、权利人才享有诉权(请求权)的话,那么如何

① 施志源:《生态文明背景下的自然资源国家所有权研究》,法律出版社 2015 年版,第 92 页。

② 王泽鉴:《民法物权》(第 1 册),中国政法大学出版社 2001 年版,第 63 页。

③ 朱庆育:《意志抑或利益:权利概念的法学争论》,《法学研究》2009 年第 4 期。

④ 王泽鉴:《民法总则》,北京大学出版社 2014 年版,第 101 页。

在正常情况下要求对方履行将构成实体法上权利构造的漏洞。其二，当 19 世纪法典化运动方兴未艾之时，如何构建抽象的权利体系从而满足体系完备的法典化要求，构成了潘德克吞法学研究的出发点，而温德沙伊德创造性地构建实体性的请求权恰恰满足了法典化的内在需求。"① 自然资源物权的请求权是法律赋予自然资源物权人在自身所享有的自然资源物权受到损害时，进行权利救济的一种方法。且该方法为私力救济方法，有填补公力救济空白，更好地维护自身合法权益的作用。

（五）自然资源物权法律效力的特殊性

1. 我国的自然资源的所有权人以国家和集体为主，由于国家和集体均具有集合性及公共性的特点，因此，自然资源物权法律效力与普通物权法律效力的刚性程度是不同的。普通物权的权利人可以放弃其所享有的物权。但自然资源国家所有的本意是"全民所有"，为了更好地行使权利，国家代替人民直接行使支配、管理权利，因此国家和集体在无正当理由的情形下，必须审慎行使权利，不得随意放弃。

2. 由于不同类型的自然资源公共性不同，其法律效力也不同。如对水资源享有所有权的国家，不得阻碍民众对水资源的生活性利用。但对于国家重点保护的野生动植物，国家不仅享有绝对的排他使用的权利，还对违法占有野生动植物的无权占有人享有追及的权利。

五、自然资源物权的分类

（一）自然资源所有权

自然资源所有权的称谓来源于《宪法》第 9 条第 1 款"矿藏、水流、森林、山岭、草原、荒地、滩涂等自然资源，都属于国家所有，即全民所有；由法律规定属于集体所有的森林和山岭、草原、荒地、

① 朱岩：《论请求权》，《判解研究》2003 年第 3 辑。

滩涂除外"的规定。从自然资源类型的角度看,我国现行法中的自然资源所有权包括矿产资源所有权、水资源所有权、海域所有权、土地所有权、野生动植物资源所有权。自然资源所有权是所有权制度在自然资源领域的使用,是指自然资源的所有权人对自然资源所享有的占有、使用、收益、处分的权利。

1. 对自然资源的占有。占有为所有权的一基本权能。物的使用、收益皆以占有为必要。(1) 对自然资源的占有是指所有权人对自然资源的实际控制和占领,是所有权人利用自然资源进行生产性或者生活性的消费,将其投入流通的前提条件。(2) 为了人们知悉自己所进行的社会活动的边界,根据物权法公示公信原则的要求,所有权人或以"持有"物体的方式进行公示,或以登记的方式宣告物权。但对自然资源的占有却与对一般的物权客体的占有不同,对自然资源的占有,既不似动产以持有为要求,也不似不动产以登记为必然要求。①

2. 对自然资源的使用。使用是指依物的用法,不毁损其物或者变更其性质,是针对供生活或者生产上需要而言的。② 对自然资源的使用,则指为了满足社会生产、生活的需要,根据自然资源的性能或者用途对其进行利用。我国对关乎国计民生的自然资源实行公有产权制度,即仅国家及集体方能成为自然资源所有权的主体。但对自然资源的使用并不限于自然资源的所有权人,国家或者集体之外的非所有权人,依照法律规定或者合同约定亦可行使。

3. 对自然资源的收益。收益权通常由所有权人享有,但法律另有规定或者合同另有约定的除外。如在农村土地承包中,承包方就依法享有承包土地的使用、收益的权利。

4. 对自然资源的处分。这里的处分应作广义解释,包括事实上处分和法律上处分。前者是指有形地变更或者毁损物的本体,后者包括

① 《中华人民共和国民法典》第 209 条第 2 款规定:"依法属于国家所有的自然资源,所有权可以不登记。"

② 王泽鉴:《民法物权》(第 1 册),中国政法大学出版社 2001 年版,第 169 页。

债权行为（如租赁、买卖）和物权行为（如所有权的移转、抛弃、担保物权的设定等）。处分作为自然资源权能体系中的核心权利，所有权人可以按照法律规定对自然资源进行处置。

在我国，可以作为自然资源所有权的主体包括国家和集体。具体而言，野生植物资源所有权、土地所有权包括国家所有与集体所有两种形式，其他类型的自然资源则仅有国家所有权。国家作为自然资源所有权的主体，是由全民所有制性质决定并体现在法律上。自然资源是全体人民共同所有，其占有、使用、收益、处分应当按照全体人民的意志，谋求全体人民的利益。

国家是整个社会的正式代表，是社会在一个有形组织中的集中表现，符合权利主体单一且明确的要求，为试图实现权利主体明晰化的目的，法律设定国家代替全体人民作为自然资源所有权的主体将全体人民共同所有转化为由国家公有。土地、矿产、海洋、森林等自然资源，一方面作为生产资料可以为人类社会发展以及生活水平提升提供相应物质基础，另一方面作为生态系统的组成要素，人类的繁衍生息与之紧密相连。在国家所有自然资源中，国家对自然资源行使相关权利以实现自然资源整体保护、规划、利用目标。国家是自然资源所有者，但在一般情形下并不直接行使具体的权能，而是根据统一领导、分级管理的原则，由中央政府代表国家行使。中央政府又将自然资源按其属性地域特点和用途，分别交给地方各级人民政府国有企业等，由它们依照国家授权在相应范围内行使所有权各项权能。而国家始终是自然资源的真正所有权人。[①]

集体作为自然资源所有权的主体，即表现为集体组织对自然资源占有使用、收益处分的权利。但集体享有所有权并不意味着集体组织的每一个成员都是自然资源的所有权人。尽管单独成员不能独立行使

[①] 叶知年主编：《生态文明构建与物权制度变革》，知识产权出版社 2009 年版，第 133—134 页。

所有权但是集体组织行使自然资源所有权是依据全体成员协商一致达成的共同意志。自然资源归集体所有，通常是一些小规模可再生资源如近海渔场较小的牧场、地下水流域、灌溉系统以及公共森林等，并不能涵盖大部分的自然资源特征。不同于国家作为自然资源所有权主体的情形，集体组织能够形成自治的局面，实现充分民主，自主管理所拥有的自然资源，保证长久的共同利益。①

（二）自然资源用益物权

为因应物权的绝对性、物尽其用的经济效用、交易安全与便捷，各个国家和地区的物权立法皆采物权法定原则。物权法定原则要求不得创设民法或者其他法律所不承认的物权，即所谓类型强制；不得创设与物权法定内容相异的内容，即所谓类型固定。《民法典》第323条规定"用益物权人对他人所有的不动产或者动产，依法享有占有、使用和收益的权利"，但《民法典》上所规定的用益物权仅有土地承包经营权、建设用地使用权、宅基地使用权、居住权、地役权。因此，学界多将特别法上所规定的与自然资源有关的"用益物权"称为"使用权"或者"准物权"。

1. 我国现行法上的自然资源用益物权类型。《民法典》第328条②及第329条③规定了海域使用权及探矿权、采矿权、取水权和使用水域、滩涂从事养殖、捕捞的权利。

2. 我国现行法上自然资源物权有偿使用制度。自然资源物权有偿使用是增进社会福祉及市场经济的根本要求。我国现行法上与自然资源物权有偿使用的规定主要有：（1）《宪法》第10条④；（2）《中华人民

---

① 叶知年主编：《生态文明构建与物权制度变革》，知识产权出版社2009年版，第134—135页。

② 《中华人民共和国民法典》第328条规定："依法取得的海域使用权受法律保护。"

③ 《中华人民共和国民法典》第329条规定："依法取得的探矿权、采矿权、取水权和使用水域、滩涂从事养殖、捕捞的权利受法律保护。"

④ 《中华人民共和国宪法》第10条第4款规定："任何组织或者个人不得侵占、买卖或者以其他形式非法转让土地。土地的使用权可以依照法律的规定转让。"

共和国矿产资源法》（以下简称《矿产资源法》）第 5 条①；（3）《中华人民共和国土地管理法》（以下简称《土地管理法》）第 2 条②；（4）《中华人民共和国森林法》（2019 修订）（以下简称《森林法》）第二章"森林权属"③；（5）《中华人民共和国海域使用管理法》（以下简称《海域使用管理法》）第 3 条④。

第四节 我国自然资源物权制度现状及存在的问题

一、我国自然资源物权制度现状

我国规定自然资源的法律主要有：

---

① 《中华人民共和国矿产资源法》第 5 条规定："国家实行探矿权、采矿权有偿取得的制度；但是，国家对探矿权、采矿权有偿取得的费用，可以根据不同情况规定予以减缴、免缴。具体办法和实施步骤由国务院规定。开采矿产资源，必须按照国家有关规定缴纳资源税和资源补偿费。"

② 《中华人民共和国土地管理法》第 2 条规定："中华人民共和国实行土地的社会主义公有制，即全民所有制和劳动群众集体所有制。全民所有，即国家所有土地的所有权由国务院代表国家行使。任何单位和个人不得侵占、买卖或者以其他形式非法转让土地。土地使用权可以依法转让。国家为了公共利益的需要，可以依法对土地实行征收或者征用并给予补偿。国家依法实行国有土地有偿使用制度。但是，国家在法律规定的范围内划拨国有土地使用权的除外。"

③ 《中华人民共和国森林法》（2019 修订）第 14 条："森林资源属于国家所有，由法律规定属于集体所有的除外。国家所有的森林资源的所有权由国务院代表国家行使。国务院可以授权国务院自然资源主管部门统一履行国有森林资源所有者职责。"第 15 条："林地和林地上的森林、林木的所有权、使用权，由不动产登记机构统一登记造册，核发证书。国务院确定的国家重点林区（以下简称重点林区）的森林、林木和林地，由国务院自然资源主管部门负责登记。森林、林木、林地的所有者和使用者的合法权益受法律保护，任何组织和个人不得侵犯。森林、林木、林地的所有者和使用者应当依法保护和合理利用森林、林木、林地，不得非法改变林地用途和毁坏森林、林木、林地。"

④ 《中华人民共和国海域使用管理法》第 3 条规定："海域属于国家所有，国务院代表国家行使海域所有权。任何单位或者个人不得侵占、买卖或者以其他形式非法转让海域。单位和个人使用海域，必须依法取得海域使用权。"

1. 《宪法》第 9 条①。

2. 《民法典》第 247 条至第 252 条②。通过考察《民法典》文本，可以发现法律以设定物权的形式所保护的自然资源主要包括：矿藏、水流、海域、土地、森林、山岭、草原、荒地、滩涂、野生动植物资源、无线电频谱资源等。与《宪法》规定相比，增加的是海域、无居民海岛、野生动植物资源、无线电频谱资源。

3. 特别法。《宪法》和《民法典》主要是从自然资源的权属方面对自然资源进行了列举，而未对自然性质或如何利用进行规定。为了促进对自然资源的管理与利用，立法机关又通过颁布《土地管理法》《中华人民共和国水法》（以下简称《水法》）等法律对自然资源进行了更详细的规定：具体如下：（1）土地资源，《土地管理法》第 9 条和《中华人民共和国土地管理法实施条例》（以下简称《土地管理法实施条例》）第 2 条第 1 款、第 3 条③；（2）矿产资源，《矿产资源法》第 3 条第 1 款和《中华人民共和国矿产资源法实施细则》第 2

① 《中华人民共和国宪法》第 9 条规定："矿藏、水流、森林、山岭、草原、荒地、滩涂等自然资源，都属于国家所有，即全民所有；由法律规定属于集体所有的森林和山岭、草原、荒地、滩涂除外。国家保障自然资源的合理利用，保护珍贵的动物和植物。禁止任何组织或者个人用任何手段侵占或者破坏自然资源。"

② 《中华人民共和国民法典》第 247 条规定："矿藏、水流、海域属于国家所有。"第 248 条规定："无居民海岛属于国家所有，国务院代表国家行使无居民海岛所有权。"第 249 条规定："城市的土地，属于国家所有。法律规定属于国家所有的农村和城市郊区的土地，属于国家所有。"第 250 条规定："森林、山岭、草原、荒地、滩涂等自然资源，属于国家所有，但是法律规定属于集体所有的除外。"第 251 条规定："法律规定属于国家所有的野生动植物资源，属于国家所有。"第 252 条规定："无线电频谱资源属于国家所有。"

③ 《中华人民共和国土地管理法》第 9 条规定："城市市区的土地属于国家所有。农村和城市郊区的土地，除由法律规定属于国家所有的以外，属于农民集体所有；宅基地和自留地、自留山，属于农民集体所有。"《中华人民共和国土地管理法实施条例》（2014 修订，已废止）第 2 条规定："下列土地属于全民所有即国家所有：（一）城市市区的土地；（二）农村和城市郊区中已经依法没收、征收、征购为国有的土地；（三）国家依法征用的土地；（四）依法不属于集体所有的林地、草地、荒地、滩涂及其他土地；（五）农村集体经济组织全部成员转为城镇居民的，原属于其成员集体所有的土地；（六）因国家组织移民、自然灾害等原因，农民成建制地集体迁移后不再使用的原属于迁移农民集体所有的土地。"

条第 1 款、第 3 条①；(3) 水资源，《水法》第 2、3 条②；(4) 野生动植物资源，《野生动物保护法》第 3 条③；(5) 海域资源，《海域使用管理法》第 3 条；(6) 草原资源，《中华人民共和国草原法》(以下简称《草原法》) 第 9 条④；(7) 森林资源，《森林法》第 3 条。

二、我国现行自然资源物权制度存在的问题

我国现行自然资源物权制度对合理开发、利用自然资源起到了积极的保护和促进作用，但亦存在一些问题。这主要表现在：

(一) 自然资源物权立法体系性不足

自然资源类型、特性多样，因此其保护、开发、利用方式也会因自然资源的类型而异，导致对不同类型自然资源亦需要不同的管理方法。在我国，对自然资源的开发、利用主要是通过行政法规加以规范。长期以来，各行政部门多从自身部门管理需求及利益出发制定及执行政策，缺乏统一协调的机构和机制。因此，对于自然资源的相关规定散见于单行法或者部门规范性文件中，自然资源法律体系性不够，各自然资源法律常会出现一些矛盾。此外，立法技术上存在的一些不一致，也使得各

---

① 《中华人民共和国矿产资源法》第 3 条第 1 款规定："矿产资源属于国家所有，由国务院行使国家对矿产资源的所有权。地表或者地下的矿产资源的国家所有权，不因其所依附的土地的所有权或者使用权的不同而改变。"《中华人民共和国矿产资源法实施细则》第 2 条第 1 款："矿产资源是指由地质作用形成，具有利用价值的，呈固态、液态、气态的自然资源。"第 3 条规定："矿产资源属于国家所有，地表或者地下的矿产资源的国家所有权，不因其所依附的土地的所有权或者使用权的不同而改变。国务院代表国家行使矿产资源的所有权。国务院授权国务院地质矿产主管部门对全国矿产资源分配实施统一管理。"

② 《中华人民共和国水法》第 2 条规定："在中华人民共和国领域内开发、利用、节约、保护、管理水资源，防治水害，适用本法。本法所称水资源，包括地表水和地下水。"第 3 条规定："水资源属于国家所有。水资源的所有权由国务院代表国家行使。农村集体经济组织的水塘和由农村集体经济组织修建管理的水库中的水，归各该农村集体经济组织使用。"

③ 《中华人民共和国野生动物保护法》第 3 条规定："野生动物资源属于国家所有。国家保障依法从事野生动物科学研究、人工繁育等保护及相关活动的组织和个人的合法权益。"

④ 《中华人民共和国草原法》第 9 条规定："草原属于国家所有，由法律规定属于集体所有的除外。国家所有的草原，由国务院代表国家行使所有权。任何单位或者个人不得侵占、买卖或者以其他形式非法转让草原。"

部门所订立规则的表述方式不统一，给法律适用带来了难度。

体系性的不足还体现在，常常出现法律法规内部逻辑不严密，各法律条文的规定出现矛盾等情形；以及在进行法律适用时，因法律解释上存在差异，而导致法律无法推行或者需要进一步释法或者修法方能适用的问题。《草原法》在 2002 年至 2021 年 20 年间，立法机关对其进行了四次修改。《中华人民共和国煤炭法》（以下简称《煤炭法》）则在 2009 年至 2016 年 7 年间，进行了四次修法。《野生动物保护法》进入 21 世纪后，曾于 2004 年、2009 年、2016 年、2018 年、2022 年进行过五次修订。这也体现出了自然资源物权立法体系性还不够强。

（二）自然资源权利在行使制度上需要完善

1. 自然资源权利在有效行使上监督不足。确认国家作为全体人民的代表，作为自然资源所有权的主体，"实际上是想用国家所有来代替全民所有的概念，以此来实现权利主体的明晰化，并且认为国家所有权的权利主体是清晰的，其中主体的全民性通过国家体现全体人民的作为整体的意志和利益来实现，国家所有权也具有独占性和排他性，符合产权的特征，不存在所谓的主体残缺的问题"[1]。但效果并不尽如人意。国家是一种社会现象，是指"长久地占有一处领土和人民、并且由共同的法律和习惯束缚在一起成为一个政治上的实体，通过组织起来的政府为媒体，行使统治领土范围内所有的人和事务、与地球上的其他团体社会宣战、缔结和约和加入国际组织独立的主权"。"国家"一词是指在法律上组织起来并且人格化了的社会。[2] 可以这样说，国家是一个十分抽象的概念，是由一定的领土、固定的居民以及确定的主权结合的整体。但是，在法学上财产权利都是一个具体的主体对一个具体的客体享有一个有具体内容的权利。故一个抽象的概

---

[1] 王利明：《物权法论》，中国政法大学出版社 1998 年版，第 458 页。
[2] 孙宪忠：《确定中国物权种类以及内容的难点》，《法学研究》2001 年第 1 期。

念性的主体不能享有民法上具体实在的所有权或者其他财产权利。所有国家的财产权利，只能由一个具体的实体行使。① 因此，自然资源归国家所有不同于个人，很难具体地实际行使所有权的各项权能。在我国，属于国家所有的自然资源是由国务院代表国家行使所有者权利的，但国务院作为中央政府还需通过自身以及层层委托地方各级人民政府代为行使自然资源国家所有权。自然资源的多级代理形式行使相关权利与普通的委托代理不同，层级越多，其代理内容越模糊，不同层级的地方政府在具体权限上没有清晰规定，可能导致各行使主体行使权利的方式违背所有权主体的本意，对该委托代理行使自然资源所有权行为进行有效监管存在不足。而各级地方人民政府又不可避免地存在各自的利益，造成相互争夺且忽视自然资源保护的后果。

2. 自然资源集体所有权行使不顺畅。与自然资源归国家所有一样，集体作为部分自然资源所有权的主体，是由一定数量成员组织而成的整体，相对来说有一定抽象性。为保证自然资源集体所有权更好地被占有、使用、收益、处分，《民法典》第 262 条②作出了具体规定。法律规定属于村农民集体所有的自然资源，由村集体经济组织或者村民委员会代表集体行使所有权，那么究竟是归村集体经济组织还是村民委员会行使所有权？对于自然资源的行使方式涉及集体成员利益，村民委员会与村集体经济组织之间如何划分行使权利或者由哪个主体统一行使，都需要结合实际分析论证。一旦双方争相行使自然资源所有人权利，便可能产生矛盾，影响自然资源的开发、利用与保护。

---

① 杨三正：《宏观调控权论》，西南政法大学 2006 年博士学位论文，第 77 页。
② 《中华人民共和国民法典》第 262 条规定："对于集体所有的土地和森林、山岭、草原、荒地、滩涂等，依照下列规定行使所有权：（一）属于村农民集体所有的，由村集体经济组织或者村民委员会依法代表集体行使所有权；（二）分别属于村内两个以上农民集体所有的，由村内各该集体经济组织或者村民小组依法代表集体行使所有权；（三）属于乡镇农民集体所有的，由乡镇集体经济组织代表集体行使所有权。"

集体自然资源所有权由集体经济组织、村民委员会、村民小组代为行使，这些行使主体如何行使所有权成为一大难题。

（三）传统物权法理论在有效保护自然资源上存在不足

从《民法典》第247条至第252条中，首先可以看到其所规定的自然资源为经过高度抽象概括的概念，并不具有传统民法所要求的特定性。水流、野生动植物资源等都无法被特定化，根据传统民法理论是无法进行物权变动的。其次，《民法典》相关条款的规定均不体现财产属性，无法体现作为物权客体的自然资源的交换价值。作为所有权客体的自然资源，其与物权法上的物区别何在？自然资源的行使需要遵循何种环保理念，其救济制度与传统民法有何区别？自然资源物权毕竟与真正的不动产物权存在区别，对于其保护利用可以有条件适用《民法典》相关规定但不是必须适用。在不断加强生态文明建设的今天，传统物权法理论在有效保护自然资源上存在不足。

（四）造成代内及代际的不公平

在自然资源开发使用中有不合理行为时，代内公平的问题旋即出现。此外，过度市场化导致的结果是掠夺式开发、利用自然资源，导致经营者和行政主管部门忽略可持续发展的要求，从而对代际公平产生不利的影响。

第五节　我国自然资源物权制度的完善

针对我国现行自然资源物权制度存在的问题，我国将来自然资源物权制度应从以下几个方面加以完善：

一、采用科学方法对自然资源进行分类

需要对自然资源进行合理分类的理由主要有以下几点：

1. 不同类型的自然资源其稀缺性不同。在不同的时代，由于开发、利用技术存在差异，不同类型的自然资源所发挥的作用是不同的。工业时代以来，煤炭资源因开发、利用较为容易，一直是经济和社会发展的重要能源。但自从石油勘探技术成熟后，利用效率更高的石油资源就成为人们生活和生产的首选。

2. 不同类型自然资源的开发成本不同，被非法占有的可能性亦不同。对于开发、利用难度小、效益高的自然资源更容易遭受到侵害。国家法律条文对于不同类型的自然资源开发、利用的规定也有差异，法律保护及惩罚方式也有不同。由于国家所有权制度应当在不同类型自然资源的适用上有所区别，因此从法律适用上对自然资源进行科学分类意义重大。①

二、区分公共自然资源和国有自然资源

公共自然资源是指由全体社会共同体成员共同且平等使用的自然资源。国有自然资源是指国家享有排他性民事权利的自然资源。如空气资源，目前世界各个国家和地区的法律几乎都没有规定空气资源所有权。毕竟目前的空气资源仍然处于取之不尽用之不竭的状态，人类并没有过度使用空气资源。对于公共自然资源，社会全体成员均有平等利用的权利，国家及社会其他人员不得为此类自然资源设置排他性民事权利。按照客体物本身是否可交易，国有财产分为不可交易的财产和可交易的财产，国家所有权的界定亦应当作此区分，即国家所有权仅指可交易的财产。② 关于自然资源国家所有权，即可交易的土地、矿产等自然资源为国有自然资源，而不可交易的自然资源如空气等为公共自然资源。

① 施志源：《生态文明背景下的自然资源国家所有权研究》，法律出版社 2015 年版，第 113 页。

② 高富平：《物权法原论》（上），中国法制出版社 2001 年版，第 301—303 页。

三、完善自然资源物权受限时的生态补偿制度

生态补偿制度的建立是一项复杂的系统工程。而如何在自然资源物权受限下对生态治理过程中的受害者进行补偿，是这个系统工程中的一个重要组成部分。传统民法只注意到"物"的正价值，而没有注意到"物"的负熵值，而生态环境危机在某种程度上可以说是由于物权人滥用自然资源物权所致，民法在不断出现的生态环境危机面前不能再保持沉默，需要建立起科学的、可行的自然资源有偿使用中的生态补偿制度，从而协调好自然资源物权人利益保护与环境保护之间的关系。我国通过多年环境保护、管理实践，各地政府及行政部门对于所辖范围的环境保护积累宝贵经验、建立行之有效的机制体系，从而在全国范围内构建了相对完备的环境保护管理手段，在生态补偿理论方面也颇有建树。但是，仍然缺少针对生态补偿专项的法律规定，各地政府及行政部门对此规定不一，生态补偿标准缺少立法层面的法律支撑，无法形成全国范围内统一高效的生态补偿规范体系，致使生态补偿渠道单一且缺乏有效监督管理。针对上述问题，应从明晰界定自然资源产权、明确补偿主体、确定补偿标准、确定多样化的补偿方式等方面完善我国自然资源物权受限时的生态补偿制度。同时，在补偿标准设定上应该引入市场化机制，改变原先政府定价的单一模式，通过市场对自然资源的生态价值进行精确评估，调动参与主体的积极性。

四、完善自然资源损害法律责任制度

完善自然资源损害法律责任制度，是实现生态文明建设目标的必经之路，其目的在于通过打击惩罚违反法律规定侵害自然资源物权的行为，通过法律追究侵权者的民事责任、行政责任及刑事责任，从而有效保护环境及自然资源相关权利人的合法权益。我国自然资源损害

案件的查处，重行政法律责任和刑事法律责任，而轻民事法律责任，为此，需要在明确自然资源物权的具体内容和法律责任形式的基础上，通过法律制度规定进一步细化造成环境污染或者生态破坏的主体所需承担的法律责任。但应该注意的是，侵权行为并不是造成自然资源损害的唯一方式，其他诸如行政行为、法律事实、合法经营行为等亦可能造成损害，相应地，侵权责任亦不是损害救济的唯一方式，多种救济方式并行才更有利于自然资源的保护。

第二章　自然资源确权登记制度

第一节　自然资源统一确权登记概述

一、自然资源确权登记的概念

根据《现代汉语词典》的解释，登记是指把有关事项或者东西登录记载在册籍上。从字面意思理解，登记可以理解为刊登和记载。法律中的登记，是指登记机关根据相关法律对某种事物或者现象按照一定的规则、程序进行的记载，亦指登记机关根据申请将特定事项记载于特定载体的过程。[①]

静态的不动产登记，就是将不动产的权利归属及法定事项记载于专门的登记簿上。不动产登记是指在《民法典》物权编所明确规定的物权变动公示方法。动态的不动产登记是登记机关按照申请人的申请，将土地及其定着物的所有权他项权利的取得、丧失、变更，按照法定程序记载于专门机构掌管的专门簿册上的过程。[②] 而所谓自然资源统一确权登记是指国家指定的、唯一的登记机构，依法对与自然资

---

① 陈丽萍等：《国外自然资源登记制度及对我国启示》，《国土资源情报》2016 年第 5 期。

② 骆军：《我国不动产登记错误的法律救济体系探究》，《社会科学家》2008 年第 6 期。

源相关的事项进行记载登记的过程和结果。①

根据《自然资源统一确权登记暂行办法》（以下简称《办法》）的规定，国家实行自然资源统一确权登记制度。自然资源确权登记坚持资源公有、物权法定和统一确权登记的原则。对水流、森林、山岭、草原、荒地、滩涂、海域、无居民海岛以及探明储量的矿产资源等自然资源的所有权和所有自然生态空间统一进行确权登记，界定全部国土空间各类自然资源资产的所有权主体，划清全民所有和集体所有之间的边界，划清全民所有、不同层级政府行使所有权的边界，划清不同集体所有者的边界，划清不同类型自然资源之间的边界。

二、自然资源确权登记与不动产物权登记的异同②

自然资源确权登记是对水流、森林、山岭、草原、荒地、滩涂、海域、无居民海岛以及探明储量的矿产资源等自然资源的所有权统一进行确权登记，界定全部国土空间各类自然资源资产的所有权主体，划清全民所有和集体所有之间的边界，划清全民所有、不同层级政府行使所有权的边界，划清不同集体所有者的边界。广义上的不动产登记包括权利来源、取得时间、权利变化情况和地产的面积、结构、用途价值、等级、坐落及坐标、图形等事项。狭义上的不动产登记是土地上建筑物的所有权与他项权利的登记。③ 不动产物权登记的意义通过信息记载将一定空间范围内不动产物权的权利主体及类型予以明确。两项制度的关系是：

（一）自然资源确权登记与不动产物权登记的共性

从共性而言，自然资源确权登记与不动产物权登记两者最突出的

---

① 王丽欣、崔涛：《自然资源统一登记中的测绘地理信息支撑作用》，《测绘工程》2017 年第 8 期。

② 本部分参见张富刚：《自然资源与不动产登记制度改革的协同创新》，《中国土地》2018 年第 2 期。

③ 王洪亮：《不动产物权登记立法研究》，《法律科学》2000 年第 2 期。

共性就是"统一"。从最初土地、房产、林地、海域、草原等各类不动产采用不同登记机构分开登记方式，到不动产统一登记，再到生态空间范围内自然资源统一确权登记，整个改革逻辑是从顶层制度设计层面着手，破除原先登记机构分散、信息登记繁杂、加重登记人负担等弊端，逐步构建协调统一、运行高效的统一登记制度。在《办法》中规定了自然资源确权登记以不动产登记为基础，二者登记信息要互相衔接，因此自然资源确权登记与不动产物权登记具有强烈的相关联性。《不动产登记暂行条例》和《办法》作为具有创新性的立法成果，均明确统一登记原则，有利于二者之间登记簿以及登记信息的协调统一，降低改革成本。从实务操作看，直接由原先分散化登记向集中化登记转变，这也是当前制度改革的重要趋势。

（二）自然资源确权登记与不动产物权登记的差异性

二者在目的、客体对象、登记内容、程序等方面存在差异：

1. 制度目的不同。自然资源确权登记的目的在于厘清自然资源的所有权主体及边界，为构建权属清晰的自然资源产权制度夯实基础。厘清自然资源权利主体和边界主要是划清"四个边界"：全民所有和集体所有之间的边界，全民所有、不同层级政府行使所有权的边界，不同集体所有者的边界，不同类型自然资源的边界。自然资源改革的初衷及立足点是建立健全权属清晰、权责明确和监管有效的产权制度。因此，自然资源统一确权登记制度改革的核心在于通过确权落实自然资源产权的权利相关人，为明确职能部门自然资源监管范围及目标提供数据支撑，从而确保生态文明建设下对于自然资源保护、监管到位。

不动产统一登记目的是保护物权权利人及第三人利益，为保障合理交易秩序以及实现政府简政放权提供数据支撑。自然资源统一确权登记制度主要是从自然资源的保护监管角度着手，而不动产物权登记制度主要是从财产性权益保护以及正常交易秩序角度着手。

2. 客体对象不同。自然资源统一确权登记制度是落实对水流、森林、山岭、草原、荒地、滩涂、海域、无居民海岛以及探明储量的矿产资源等自然资源的登记。而不动产登记是对包括土地、海域以及房屋、林木等定着物在内的各类不动产登记的登记，主要是记载不动产的权属状况。二者登记的客体范围存在互补交叉状况，不动产登记信息可以在自然资源确权登记中直接使用，因此二者并无实际冲突。通过这两种制度的优势互补，有利于国家对整体自然资源综合利用情况准确把握，从而有针对性地加强监管保护力度。

3. 记载内容不同。从所登记的权利类型看，自然资源统一确权登记主要是从资源的所有权着手，更为注重记载、厘清所有权主体、行使内容，而不涉及其他权利类型；但是不动产登记的权利类型更为广泛，包括所有权、用益物权、担保物权等十余项权利种类。从记载内容看，自然资源登记簿的记载内容上主要包括自然状况、权属状况以及用途管制、生态保护红线、公共管制及特殊保护要求等限制情况。而不动产登记簿除了记载不动产的自然状况和权属状况之外，还记载查封、异议、预告等其他事项信息，但不涉及管制类信息。

4. 启动模式和程序不同。二者的启动模式和法定程序差异显著。自然资源首次登记主要采取总登记模式，现阶段主要是政府主动开展登记工作，由政府财政拨款在物质上予以保障，各级政府部门通力协调推动自然资源确权登记工作，法定程序包括通告、调查、审核、公告、登簿环节，变更登记则以嘱托方式启动。不动产登记主要以当事人申请为启动原则，依嘱托和依职权启动为补充，其一般程序包括申请、受理、审核、登簿环节，除注销、查封等个别业务类型外，一般都需颁发不动产权属证书，而自然资源登记无须颁发证书。

5. 单元划定不同。登记单元的意义在于对登记的客体在程序上予以明确划分，从而为明确权利归属及内容划清界限，这是自然资源确权登记工作的基础。由于自然资源形态的多样性，因此在登记单元设置上确定多元规则。不动产登记单元的划分为自然资源登记单元设定提供参考依据，但二者又有所区别。自然资源登记单元主要是基于不同自然资源种类和在生态、经济、国防等方面的重要程度以及相对完整的生态功能、集中连片等原则划定，国家公园、自然保护区、水流岸线生态空间等可单独作为登记单元，登记单元分为一般情形和特殊情形，这里的登记单元是资源分类与权属的组合产物，需要充分考虑自然资源的相对动态性等特性。自然资源特殊登记单元其生态系统保护要求高，还要解决跨区域难题，例如大熊猫国家公园涉及三个省级行政区域，江河湖海的流域范围也跨越多级行政区域。而不动产登记单元的划定与行政区域划分紧密关联，主要依据相关权属来源文件及建设规划设定等，必须同时满足权属界线封闭和具有独立使用价值两项基本要求，不动产单元一经划定便具有法律效力，不得依个人意志随意变化。

6. 资料管理与应用不同。自然资源确权登记信息能够为政府行政部门加强自然资源的有效监管保护提供数据支撑，因此该登记资料除非涉及国家秘密或公开不利于自然资源监管保护，不然一律以公开为原则。但是不动产物权登记在于保护物权权利人利益及正常交易执行，登记资料涉及个人隐私及财产利益，因此其登记资料可以通过登记机构现场查询或者专门网站查询，注重信息安全保护，所以只允许权利人和利害关系人以及有关行政机关按照固定程序查询所登记信息，同时建立严格的不动产登记信息保管及查询制度。

7. 性质和效力不同。一般而言，不动产登记主要是注重物权的变动情况，遵循物权公示原则，不动产物权变动以登记为公示方式。自然资源统一确权登记是基于国家为有效掌握自然资源类型、总量等综合情况，从而为加强对自然资源的科学规划、合理开发、利用提供依据。在自然资源统一确权登记中的不动产，其作为国家或集体所有的不动产，不能转化为个人有形财产价值，更不能进行交易。

三、自然资源确权登记的特征[①]

与物权登记相比，自然资源确权登记具有以下特征：

（一）登记基于土地，异于土地，回归土地

自然资源大多数以集合物状态存在，一般都与土地资源紧密关联。而我国对于土地的相关统计工作比较扎实牢靠，且土地极具稳定性，可以以土地坐落位置结合自然资源的特性设置登记单元，从而为明晰自然资源界限范围、明确产权归属提供依据。

为了便于自然资源管理，部分自然资源在登记上依靠人为观念及技术手段从土地中单独分离出来，使得自然资源与其所关联的土地在所有权主体上有所差异。自然资源多种特性使得其登记与土地不同，体现在：

1. 水、矿产资源、国家公园等自然资源与传统土地登记相比，其边界范围及类型更具有复杂性，物理结构差异也大，需要结合自然资源自身特性予以特定化。例如，美国对矿脉进行登记，其主要做法是进行"矿物测量"，而不是单纯依靠土地测量。该"矿物测量"在审批通过后，再将所测量数据（MS）测得的外部边界线结合自然资源所在地区的公共土地记录予以确定登记。在发放土地权利证书时，该证书所记载范围会以专有土地显示在公地记录上。

2. 在土地全覆盖的情况下，自然资源一般可以全部进行登记，且该登记建立在土地所有权基础上记载相关权益。在自然资源呈现断续散点分布时，由于土地不一定全部覆盖，因此所有权也未必全登记，还有的自然资源只能由国家所有，可以不必对其所有权全面登记。对于地下水以及未知埋藏状态下的自然资源，对其所有权登记不具有操作可能性。

---

① 引自陈丽萍等：《国外自然资源登记制度及对我国启示》，《国土资源情报》2016年第5期。

3. 对于土地的登记，因其稳定性以及土地确权政策的延续性，按照行政区域进行细化，结合全国土地调查等已有成果，可以实现土地的特定化。自然资源登记单元的设置要结合其分布区域、类型、利用方式及现状，部分自然资源与土地相互重叠，例如矿业权的客体不仅有特定矿区以下的土壤，还有埋藏于土壤之下的矿产资源。在这种情况下，原先土地登记信息可以便于自然资源确权登记工作开展，自然资源确权登记信息可以对土地登记信息进行补充更正。

回归土地则体现在探矿权、取水权最终登记要体现在土地上，如探矿权，权利人在取得行政许可后，对特定矿产区域进行工作，但矿产资源埋藏在地表下，资源具有不确定性，难以直观地了解能够支配的矿产资源的数量，需要以具体土地范围来明确探矿权的权属界限。

（二）登记具有多目的性

自然资源确权登记目的不是单一的，在厘清自然资源综合状况、推动自然资源相关制度政策制定、加强自然资源管理规划等方面均有所助力，不单单是物权公示原则的体现。从该角度来看，自然资源确权登记的全面程度、数据综合状况已经超过一般的不动产登记。这些自然资源职能部门依据登记信息对于自然资源保护方面发挥的作用可以最大限度地弥补登记信息过程中的成本。

例如在水权登记中，南非对此登记目的规定为"管控水资源，便于合理规划、开发；公平合理分配水资源；防止水资源过度使用及浪费"。美国华盛顿对于水权登记目的规定为"为本地区水源管理提供信息，便于回收闲置水权"。

（三）登记具有广泛性、差异性和有限性

自然资源确权登记的广泛性主要体现在资源类型多样、登记事项繁多、权能主体差异上。加拿大不列颠哥伦比亚省的自然资源登记，所登记的土地上的权利、权益、利益事项多达260项，这与该地区规定的自然资源使用权制度紧密关联，也间接说明自然资源确权登记制度及产权改革具有很大的前景。

在国家或地区间对于同种自然资源或者不同自然资源间的确权登记根据地方特性、资源特性等因素普遍存在差别。以水权登记为例，其登记范围包括排污许可、取水、水能等各类权利，而登记的内容亦从取水设施登记，到灌溉面积登记，乃至牲畜数量登记。通过对自然资源相关联权利类型的拓展，扩大权利登记覆盖面，对于保障自然资源相关权利正常市场交易具有重大作用。在公有公营情况下，自然资源登记更为侧重资源的监管保护，这与公有私营情况下的自然资源偏重合理开发利用的侧重点不同，因此在登记体制、内容、服务对象、确权登记的顺序等方面都有所不同。例如，湿地、国家公园等自然资源，现阶段对于该自然资源以监管保护为主要目的，其适用权利及授予多来自法律规定，确权并非最终目的，主要在于更好地对资源进行合理保护、规划，因此该信息受到政府信息公开制度规范。后者的主要服务对象为社会公众，而使用权登记的服务对象为产权相关权利人，因此大多遵照一般土地登记的规则。

四、自然资源确权登记的性质[①]

自然资源确权登记行为兼具公、私法性质及特点，有其自身的特点和特殊性。因而，学术界对自然资源确权登记的性质存有争议。

（一）公法行为说

按照性质及具体类型的不同，公法行为说可以分为四种：

1. 行政行为说。该学说认为，对于自然资源确权登记是根据国家公法规定统一开展的，是政府职能部门对于其所管辖范围内自然资源依其职权实施的行政行为，它所体现的是国家对自然资源物权关系的干预，干预的目的是明晰各种不动产物权的归属，依法保护合法物权

---

① 参见骆军：《我国不动产登记错误的法律救济体系探究》，《社会科学家》2008年第6期。

人的合法权益。①

2. 准行政法律行为说。准行政法律行为，是指根据行政厅的意思表示以外的判断和认识的表示，由法律将一定的法律效果结合起来，从而形成的行政行为。② 这是日本学界按照其国内对于行政行为分类，从而将自然资源登记认为是准行政法律行为。我国亦有部分学者支持此观点，并具体阐述为：准行政法律行为是行政主体运用行政权，以观念表示的方式，做出的间接产生法律效果的行政行为。③ 准行政法律行为所产生的法律效果并不是直接的，行政主体做出准行政行为，并不当然地对相对人产生法律效力，要对相对人的权利义务发生法律效果，还必须依赖于有关法律的规定或者新的事实的出现。④

3. 证明行为说。该说认为，房屋产权管理机关的职责范围仅仅是审查买卖双方是否具备办证即交付的条件，房屋产权变更登记本身只是对买卖双方履行买卖合同的结果进行确认和公示，而不是对房屋买卖合同的审查和批准。⑤ 还有学者认为，自然资源确权登记在本质上是一种国家的证明行为，而不是国家的批准行为。

4. 司法程序性行为说。该说是按照登记程序以及登记机关性质所作出的定性，认为将来自然资源确权登记机关为司法机关，因此登记行为是司法机关所作出的司法程序性行为。

（二）私法行为说

该说认为，自然资源确权登记体现的是对具体使用权利的私法保护，矿业权、取水权、渔业权、海域使用权等诸多自然资源权利，被规定于《民法典》中，必然需要受到私法限制，因此自然资源确权登

---

① 梁慧星：《中国物权法研究》，法律出版社 1998 年版，第 199 页。
② 杨建顺：《日本行政法通论》，中国法制出版社 1998 年版，第 158 页。
③ 孔繁华：《准行政行为》，《贵阳师范专科学校学报》2000 年第 2 期。
④ 皮宗泰、王彦：《准行政行为研究》，《行政法学研究》2004 年第 1 期。
⑤ 谢庄、王彤文：《产权变更登记不应是商品房买卖合同成立的要件》，《法学评论》1996 年第 6 期。

记究其根本是私法行为。主要基于以下理由：一是从立法渊源来看，登记作为自然资源物权变动的公示方式，归根结底在于保障权利人财产利益及第三人信赖利益。二是从登记过程来看，权利人需作出登记请求和登记申请的行为表示，这就是权利人在登记过程中的主要参与环节。不可否认，登记申请是当事人自治意思表示，作为私法自治原则的重要体现，其在性质上仍然属于民事法律行为。三是从登记产生的效力来看，登记行为是产生私法效果的行为。[①]

（三）折中说

1. 复合行为说。该说认为，自然资源物权是兼具私法性质与公法性质的权利。由于自然资源物权客体的特殊性，加之对于自然资源保护的要求，在自然资源物权流转问题上，国家的干预必不可少，因此简单将自然资源确权登记划分为公法行为或私法行为都不合适，根据自然资源物权的性质，对于其登记行为也是兼具私法性质与公法性质。自然资源与人类生存的环境息息相关，考虑到社会公共利益，自然资源准物权的取得必然受到国家的严格监管，物权多是以行政许可的方式取得，甚至需要行政特许。但是自然资源的开发利用要保障权利人的意思自治，其登记申请也是基于权利人意思自治，这体现出私法属性。因此，自然资源确权登记行为是公法与私法共同作用、相互协调的产物。

2. 具有行政行为色彩的民事法律行为。还有个别学者认为，自然资源确权登记是一种民事法律行为，但这种民事法律行为同时又带有行政行为的色彩。[②]

对于自然资源登记性质界定应从登记行为的静态、动态两个方面着手认识。静态的自然资源确权登记，就是将自然资源的权利归属及法定事项记载于专门登记簿上。动态的自然资源确权登记是登记机关

---

① 李秀海：《论我国不动产物权登记制度的完善》，《黑龙江政法管理干部学院学报》2006 年第 3 期。

② 吴春岐：《不动产物权登记的权利限制功能》，《山东师范大学学报》2007 年第 1 期。

按照申请人的申请，将自然资源的权利归属及法定事项记载于专门登记簿上的过程。对于该登记包含申请与审核两大部分，因此该行为的权利性质具有前后两个方面的复合属性。对于申请登记是基于权利人的意思自治，是私法自治原则体现，因此属于民事法律行为。但是对于登记申请的审核是行政职能部门依据制度规定对于相关信息及事项的审核，该审核为实质性审核，一旦该审核通过发放权利证书，即意味着国家公信力对于权利人及其所有物权的确认及保障，这是行政确认行为。只有登记申请而实质审核不通过或没有登记申请也无法启动实质审核程序，确权登记的两个阶段缺一不可，要充分认识到确权登记所承载的公法及私法两个过程属性，才能实现国家在自然资源确权后达到明晰产权、监管有力、保护到位目的。从以上角度可以看出，自然资源确权登记属于具有行政行为色彩的民事法律行为。

五、自然资源确权登记的意义①

《决定》将健全自然资源资产产权制度和用途管制制度列为生态文明制度体系的一项重要内容，并提出"对水流、森林、山岭、草原、荒地、滩涂等自然生态空间进行统一确权登记，形成归属清晰、权责明确、监管有效的自然资源资产产权制度"。通过自然资源确权登记，有利于摸清我国自然资源家产，为促进生态文明建设夯实数据基础。尽管《民法典》规定国家所有的自然资源可以不进行所有权登记，但是随着自然资源保护形势越发严峻，而自然资源有偿利用以及自然资源损害法律责任制度等一系列法律体系构建需要翔实的数据支撑，权利归属主体及界限的明确有利于在保护自然资源中实现可持续发展。

自然资源确权登记也是物权公示原则的重要体现，对于整体物权保护及自然资源科学开发利用具有重大意义。

---

① 本部分内容参见刘雨桦：《自然资源所有权统一确权登记研究》，《中国不动产法研究》2016 年第 2 期。

（一）有利于厘清自然资源的归属及权责

我国《宪法》规定，自然资源归国家和集体所有，其中以国家所有为原则，集体所有为例外。《民法典》仅对集体所有的自然资源一般范围进行规定，但对更为细致或者实质范围并未进行说明，这就使得国家与集体所有的自然资源的边界不明确。在现行制度下，存在自然资源所有权边界范围不明确的问题，同时也易造成集体对自然资源的处分效力不高。政府有权代表国家对自然资源进行管理，同时对于自然资源权属纠纷也是由政府裁判解决，政府代表国家对自然资源所有权进行处分，同时也是所有权归属纠纷的裁判者，对于纠纷的解决难免会从政府立场考虑，有时便会不利于集体利益的保护，亦不利于自然资源的长效保护。自然资源所有权归属纠纷同时会引起政府部门内部及集体之间对于资源监管保护责任的推卸，对于自然资源的利用要在合理、科学范围内进行，而不是只利用不保护。通过对自然资源进行确权登记，在全国范围内建立联网、统一的登记系统，推动自然资源权属登记法治化进程，构建权属清晰、职责明确、监管到位的自然资源产权保护利用制度。通过确权登记，有利于明确国家与集体的自然资源保护范围及职责，减少权属纠纷。

（二）有利于提供全面的自然资源综合数据，便于加强监管力度

根据"一物一权"原则，一个物上不能同时存在两个相互排斥的权利。① 一个单位的自然资源上只能建立一个所有权。对自然资源确权登记，能够解决登记重复和登记真空问题。一方面，通过确权登记可以明确自然资源的所有权归属；另一方面，能够以客观数据展现我国自然资源整体状况，从而为自然资源的保护、利用、监管等政策的出台提供数据支撑。

（三）有利于摸清自然资源综合情况，提升开发利用效率

通过对自然资源的确权登记，可以摸清我国自然资源利用状况、

---

① 王利明：《物权法研究》，中国人民大学出版社 2013 年版，第 178—183 页。

储量等综合情况，有利于政府部门从我国实际情况出发制定自然资源保护、利用等相关政策，同时能够加强国家及集体对各自所有的自然资源在科学保护情况下提高资源的利用效率及水平，从而实现资源保护、开发、利用三者的和谐统一。尽管我国限制对自然资源所有权的转移，但鼓励自然资源的利用主体合理运用科学技术来实现对资源的更深层次、更为科学的开发利用。自然资源所有权主体可以通过登记信息在对资源整体情况客观认识下，制定科学的开发利用规划，以此提升自然资源的利用效率，实现自然资源可持续利用。

（四）有利于贯彻物权公示原则，保护权利相对人利益[1]

当前自然资源采取分类登记，既导致登记工作无法协调统一，也给自然资源所有权人、使用权人进行权利登记时添加不必要负担，尤其是出现一种物权要在多个政府部门登记，更使确权登记效率、效益不尽如人意。对自然资源物权实行统一登记，既减轻物权人申请登记的负担，也便于自然资源相关权利人及第三人对相应信息的查询，保障正常交易秩序，增加了自然资源登记簿的公信力[2]，有力降低交易活动中失信等损害当事人风险。

（五）有利于落实自然资源产权制度和有偿使用制度，深入贯彻执行中央深化生态文明体制改革精神[3]

1. 自然资源的统一确权登记是我国深化体制改革的必然要求，该做法有利于进一步厘清自然资源监管职责，减少部门之间扯皮、推卸责任造成的自然资源无序利用现象，实现整体登记部门信息、制度的统一，符合社会发展需求。

---

① 蔡卫华：《不动产统一登记，究竟为了什么？》，《国土资源》2013年第12期。

② 熊玉梅：《中国不动产登记制度变迁研究（1949—2014）》，华东政法大学2014年博士学位论文，第11页。

③ 魏铁军等：《摸清自然资源家底　推进统一确权登记》，《中国国土资源报》2017年2月16日第5版。

2. 自然资源统一确权登记符合健全自然资源资产产权制度要求。《办法》确定了各类自然资源的所有权主体，有利于进一步明晰权利主体，以便完善自然资源物权体系，最终确定生态补偿的主体。按照国务院整合不动产登记职责和"四统一"的要求，明晰自然资源产权关系，完善行政确权，明确自然资源所有权、管理权、经营权，产权清晰有利于降低交易成本，也可以依法保护权利人权益。

3. 自然资源统一确权登记是落实用途管制的根本之策。自然资源是整个生态系统的主要组成要素，相互作用影响，对于人类的繁衍生息影响重大。水、森林、草原等多数自然资源兼具经济、生态等多种属性，其功能、价值也在人类利用该资源过程中不断加强、拓展，用以满足人类生产、生活、娱乐等多种需要，也从生态系统方面为人类提供服务。对于自然资源的确权登记，可以直接在权利归属、用途等方面予以明确，这是新时代生态保护理念的体现，也是严格落实用途管制的必由之路。

4. 自然资源统一确权登记促进不动产登记相关立法、司法机制的完善[1]。自然资源法治核心是构建自然资源各权利及其行使主体在与自然资源相关的一系列活动中具有的权利义务体系。自然资源统一确权登记对自然资源确权登记相关立法与司法的促进主要体现在两个方面。

（1）促进自然资源物权类型及其内涵的明确。所有权是所有人依法对自己财产所享有的占有、使用、收益和处分的权利，该项定义偏重对所有物的经济属性相关权利的界定。但对自然资源而言，其经济属性与生态属性是相互依存、相互关联的整体[2]，要实现保护、开发、利用的统一，在加强自然资源保护情况下，充分运用科技加强资源开发利用的质量与效率，全面厘清自然资源所有权的内在含义。自然资

---

[1] 余莉等：《自然资源统一确权登记、不动产登记和全国土地调查的工作关系探讨》，《林业建设》2018年第2期。

[2] 王彦：《自然资源财产权的制度构建》，西南财经大学2016年博士学位论文，第27页。

源所有权，是一种相对所有权，不能简单地将其理解为绝对所有权，因此传统民法中的所有权概念不足以全面界定自然资源所有权的含义。由于自然资源具有生态功能、社会功能，具有一定的公共属性，因此行使自然资源所有权所受到的公法限制与私法限制，相对于传统民法的所有权，限制也更为特殊。自然资源物权的内涵界定应立足保护，充分认识资源的稀缺性以及部分资源的不可再生性，从而明确物权的性质、类型，构建征收补偿制度。

（2）促进自然资源领域权属纠纷、行政调解的行政行为与司法等方面的立法与司法衔接机制建立。自然资源统一确权登记旨在划清权利边界，随着确权工作推进，各项自然资源产权逐渐明晰，原先的产权不清纠纷就集中凸显出来，例如在荒山上造林其林木归属、集体土地上部分自然资源应属国家应如何具体确权，这些具体矛盾纠纷的解决需要在国家层面统一出台制定相应法律法规予以明确解决方式及依据。通过自然资源确权登记，可以为科学合理的权属纠纷解决方案提供参考，一方面可以在早期发现可能存在权属争议的自然资源，另一方面可以在制度规范层面探索解决权属纠纷方案，明确资源产权归属，尽可能从源头切断纠纷发生的可能性，也便于职能部门对自然资源合理开发利用进行监管。除此之外，自然资源的统一确权登记有力调整了我国土地利用限制的分类。

六、自然资源确权登记的分类[①]

当前，我国对于自然确权登记分类为以下几种：

（一）实体权利登记与程序权利登记

以权利类型进行区分，可以分为实体权利登记与程序权利登记。实体权利登记解决的是登记的权利及类型问题，自然资源实体权利登

---

① 本部分内容引自马永平：《土地权利与登记制度选择》，南京农业大学 2002 年博士学位论文，第 175—180 页。

记是指对于当事人所享有的自然资源实体权利的登记。按照物权法定原则，对于登记的权利类型、内容均应由法律规定，不能由登记机构或者权利人随意登记。在德国法上，依法应予登记的自然资源物权有：所有权、住宅所有权与部分所有权、地上权与住宅地上权、支配权限制、物权性的先买权与买回权、可预登记的所有权取得请求权、用益权、役权、长期居住权与长期使用权、特别使用权、实物负担、抵押权、土地债务、不动产质押权等。日本《不动产登记法》第 1 条规定的应予登记的自然资源物权包括：所有权、地上权、永佃权、地役权、先取特权、质权、抵押权、承租权、采石权等。我国台湾地区"土地登记规则"规定应予登记的自然资源物权为所有权、地上权、永佃权、地役权、典权、抵押权和耕作权。

自然资源程序权利登记在物权法上就是指顺位登记。这一概念下更为关注在同一自然资源上，先后设立的同一种类或不同种类权利能否实现，而这很大程度上取决于登记顺位。

（二）权利登记与表彰登记

这种分类依据在于登记行为的客体。自然资源权利登记是指就自然资源所有权及其他物权变动所进行的登记。这种登记公示着自然资源物权的现状及其变动，同时亦是物权变动的形成条件或者对抗要件，具有形成力或者对抗力。如《德国民法典》第 873 条第 1 款规定："（因合意和登记而取得）（1）以法律不另有规定为限，就转让土地所有权、以某项权利对土地设定负担，以及转让此种权利或对此种权利设定负担而言，权利人和相对人之间必须达成关于发生权利变更的合意，且必须将权利的变更登于土地登记簿。"[1] 从中可以看出，权利登记对于物权变动具有形成力。而《日本民法典》第 177 条规定："（不动产物权变动的对抗要件）关于不动产物权的取得、丧失及变更，非依不动产登记法 [平成 16（2004）年第 123 号法律] 及其

---

[1] 陈卫佐译注：《德国民法典》（第 4 版），法律出版社 2015 年版，第 332 页。

他关于登记的法律规定登记，不能对抗第三人。"① 权利登记仅具有对抗效力。

自然资源表彰登记是指对土地、建筑物以及其他地上附着物的物理现状进行公示的制度。表彰登记更侧重于对物理状况的登记，严格来说权利登记内容包含表彰登记。

（三）设权登记与宣示登记

自然资源设权登记是指创设自然资源物权效力的登记。形式主义的物权变动模式之下，登记具有形成效力。例如，前引《德国民法典》第873条的规定。在该种登记中，如果未在登记机构对物权变动行为进行登记，即便双方已达成合意产生事实上的物权变动，该物权变动仍然不具有法律效力，因此也称为绝对的登记。

自然资源宣示登记是指将已经成立的自然资源物权变动向社会公示的登记。在宣示登记中，并没有创设新的物权效力，在宣示前物权变动已经具有法律效力，其意义在于对先前物权变动以公示方法向社会周知，但是如果权利人要进一步处分物权，必须进行宣示登记。在我国台湾地区"民法"上，宣示登记的对象除了第759条所规定的以外，还包括因承揽而生的抵押权（第513条）、因典期届满而取得典物的所有权（第923条第2项）等。宣示登记的制度设计目的是物权公示原则在自然资源物权变动中的体现，要以合适的方法向社会公示物权变动情况，保障正常交易秩序。

（四）本登记

本登记是与预备登记相对应的一种登记，这种登记将自然资源物权的移转、设定、分割、合并、增减及消灭记入登记簿之中，有确定的、终局的效力，故又称终局登记。主要包括以下类型：

1. 总登记。总登记又称第一次登记，是指登记机关为确立自然资源管理秩序，在对自然资源物权进行清理的基础上进行的一种全面登

---

① 渠涛编译：《最新日本民法》，法律出版社2006年版，第42页。

记。总登记以法律规定的登记方式对自然资源的总体情况进行描述，有利于利害关系人及行政机关对该自然资源的全面了解，从而保护相关利害关系人合法权益及维护正常交易秩序。

2. 变动登记。变动登记又称变更登记或者动态登记，是指登记机关就自然资源物权变动所进行的记载。当总登记做成后，某自然资源物权的整体状况已经在登记簿上体现，但由于权利人对于物权的处分或者在其上设定权利，就造成自然资源物权的真实状态与登记簿上登记信息的不一致。而这种不一致可能加大交易风险，致使利害关系人知情权受到侵害，因此应以变更登记方式使登记簿上所登记信息及时更新。

3. 更正登记。更正登记是对原登记权利的涂销登记，就得为变动登记，以保障登记是已经完成的登记，同时又是对真正权利的初始登记。它是指由于当初登记手续的错误或者遗漏，致使登记与实体权利关系原始的不一致，为消除这种不一致状态，对既存登记内容的一部分进行订正补充而发生的登记。因此，更正登记目的在于以订正、补充方式修正原先错误手续或信息。错误和遗漏的发生可能是基于登记机构操作有误，也可能是申请登记人自身提供材料有误，如将原本所有权属于甲方却错误登记到乙方名下，自然资源类型为山岭却错误登记为耕地。这里的错误是指登记簿上所登记信息与现实状态不一致，而遗漏则指的是由于某消极行为本该登记于登记簿上的信息而未登记的情况。更正登记的申请方不作特定要求，既可以由物权的权利人提出，也可以由利害关系人提出，同时如果登记机构发现错误或遗漏，也可以依职权更正，但必须及时通知原登记权利人以及相应利害关系人。对于何种原因导致登记信息错误或遗漏，在这里无须深究，只要由于错误或遗漏造成登记信息与物权真实状态不一致，就应该进行更正登记。

4. 回复登记。回复登记是指当与实体权利关系一致的登记，因不当原因而从登记簿上消灭，对消灭的登记予以回复，以保持原有登记效力的登记。回复登记以回复原有登记效力为目的，依原有登记消灭的原因，其分为灭失回复登记和涂销回复登记两种情形。

灭失回复登记是指在登记簿的全部或者部分因水灾、地震等原因而发生物理上的灭失时，予以回复的一种登记。它是对灭失的登记的一种回复保存行为，不涉及新的权利关系的变动，故而其顺位并不发生变动，依原有登记而定。

涂销回复登记是指在登记的全部或者部分不适法地被涂销时，为使登记回复到涂销前的状态而为的一种记载。涂销回复登记与灭失回复登记一样，为了保证登记的原效力，对错误登记进行修正。已存在的登记被不适法地涂销，其不法理由有实体法上的，亦有登记法上的。前者如涂销登记的登记原因无效、被撤销，后者如登记机关的过错等手续瑕疵。不适法的涂销登记，不问涂销原因，均得回复。在涂销回复登记的情形下，并未有新的权利关系的变动，故其回复登记的顺位依被涂销的登记为准。对于涂销登记的回复既可以由当事人申请，也可以由登记机关依职权修正。在物权公示原则下，即便原先正确登记被错误涂销，使得登记信息无法真实反映自然资源的权利等综合状况，在回复前，人们对该自然资源的交易受到国家公信力保护。比如，乙方基于对甲方及登记簿上登记信息的信任与甲方完成自然资源的相关权利交易，丙方持善意目的随之与乙方达成交易，但之后才进行涂销回复登记，那么此前的合法交易行为具有法律效力。

5. 涂销登记。涂销登记是指在既存的登记中，基于原始的或者后发的理由而致登记事项全部不适法，从而消灭此一登记的记载行为。它是以消灭原有的登记事项为目的的一种登记。涂销登记以登记事项全部不适法为必要，如果仅仅是部分的不适法，则进行更正登记或者变更登记即可。不适法的原因多样，有初始登记原因无效或不存在，或者在后续中出现解除登记原因情形。由于客观上登记原因不存在，基于此做出的登记记载也就缺乏依据，登记信息不能真实体现物权实际状况，因此要涂销已完成登记并回复。如在登记簿上已完成所有权由甲向乙的转移登记，由于该物权变动行为缺乏依据或无效，此时需对原先完成的物权转移登记涂销并进行所有权由乙向甲的回复登记。

（五）预备登记

预备登记是自然资源登记法上与本登记相对应的一项登记制度，是为了保障登记请求权而为的一种登记。

1. 普鲁士法上预备登记制度

预备登记制度发端于早期普鲁士法所规定的异议登记。普鲁士法上的异议登记，其发展过程以 1872 年 5 月 5 日的所有权取得法和土地登记法为中心，可以分为前、后两期。

前期的普鲁士法有两种预备登记，即固有异议登记和其他种类的异议登记。固有异议登记又称为保全权利和顺位的异议登记，目的在于保全物的请求权。首先它具有保全权利的消极效力。除了已经成立的物权之外，尚包括物权设定的请求权。其次它还具有保全顺位的积极效力。其他种类的异议登记与固有异议登记不同，仅有保全权利的消极效力，并无保全顺位的积极效力。此类异议登记又可区分为：第一，为保全抗辩的异议登记。该登记是基于抵押权诉讼，债务人为保全其抗辩所使用的登记。例如，在因消费借贷而设定抵押权时，如果设定抵押的债务人并没有受领贷金，在抵押权登记后 38 日内，债务人可以以没有受领贷金为由，在抵押登记簿上，记入异议登记。该期间经过后，债务人对于取得已登记债权的第三人，不得以未受领贷金的理由提出抗辩。再如，在债务清偿后，债权人不同意抵押权登记的涂销时，债务人作为对债权人侵害处分的保全手段，得在抵押登记簿上记入异议。第二，禁止处分的异议登记或者禁止事后记入的异议登记。此项异议登记与前述的异议登记不同，是普鲁士法在实务上的创造，称为处分的限制，主要包括假扣押登记、破产宣告登记、强制拍卖登记等。

后期普鲁士法即 1872 年 5 月 5 日的所有权取得法以及土地登记法，并未将早期普鲁士法上的异议登记全面废止，而是将其称为预告登记，并承认两种类型的预告登记：第一，为保全已经成立的物权的预告登记，如为保全物权登记的请求权或者权利不成立、消灭的涂销登记请求权。这种预告登记又被称为物权保全的预告登记，即登记簿上所登记信息不能真实准确反映物权的实际状况，对于该物权的实际权利人而言有可能丧失其应有权利而做出的相应保护。在普鲁士法上，还没有具体法律条文明确采用登记簿的公示公信效力，但是如果登记簿上所登记的权利被支付对价后取得，在相关事项未能在登记簿上体现且取得人也未能知晓情形下，原先权利人不得向取得人主张。另外根据所有权取得法第 12 条的规定，对于登记簿第二区的权利，因登记始得对抗第三人，即使第三人知悉这项权利，如果不进行登记，也不能取得相应的效力。从这可以看出，物权保全的预告登记在于打破登记簿的公信原则。除此之外，并不因预告登记而改变其权利的性质。第二，为保全物权移转、消灭的债权请求权的预告登记，为保全所有权让与合意或者抵押权登记为内容之人的请求权。这种预告登记与物权保全的预告登记不同，它与公示公信原则亦无关系。就普鲁士法而言，在一般情形下，物权因记入登记簿而成立或者取得对于第三人的效力。但进行本登记，需要取得登记义务人的承诺。如果登记义务人不为承诺时，权利人必须对义务人提出请求为承诺意思表示的诉讼，但是诉讼耗时长费用大。如果在诉讼期间内登记义务人进行权利处分，即便登记权利人在诉讼中获得法院支持而胜诉，也已经没有实际意义。债权请求权保全的预告登记就是针对这一情形设置的保护手段。

2. 德国民法上预备登记制度

德国民法上预备登记制度与普鲁士法之间存在承继关系。《德国民法典》物权法编的起草人最初就是以普鲁士法为蓝本，该草案第 37 条规定："预告登记，为保全本登记或为保全本登记承诺为目的的请求权，得记入登记簿。""有预告登记目的权利者，处分其权利不得侵害预告登记的请求权。该财产于破产宣告场合，其预告登记不失其效力。"不难看出，起草人心目中的预告登记包括保全物权的预告登记和保全债权请求权的预告登记。此草案在议会第一读时遭遇反对意见，反对者认为只需规定为保护任何既存物权的预告登记，无须规定为保护债权请求权的预告登记。因此，《德国民法典》第一草案第 84 条就没有承认保全债权请求权的预告登记，而只承认保全既存物权的预告登记。但在议会第二读时，情况有所变化，预备登记制度被区分为异议登记和预告登记。理由在于：第一，物权是对人客观地发生效力，因此保全物权的预备登记完成后，与之相悖的处分行为就绝对无效；但保全债权请求权的预备登记仅为所保护的权利人产生相对的效力，因此在侵害预备登记权利人权利的限度内，相悖的处分行为是无效的。第二，保全物权的预备登记依其登记所保全已存在的物权，并决定该物权的顺位。保全债权请求权的预备登记，记入预备登记的日期，决定被保全请求权的顺位。第三，在破产场合，破产管理人对于保全物权的预备登记，只是承认已存在的物权。但保全债权请求权的预备登记，则等于使破产管理人不得不设定新的权利。

正是基于上述理由，《德国民法典》第二草案用异议登记制度替代之前的保全物权的预告登记制度，保全债权请求权的预告登记制度则最终得以承认。

结合《办法》的规定，我国自然资源登记的类型包括首次登记和变更登记。其中，首次登记是指在一定时间内对登记单元内全部国家所有的自然资源所有权进行的第一次登记。① 变更登记是指因自然资源的

---

① 《自然资源统一确权登记暂行办法》第 20 条第 2 款规定："首次登记是指在一定时间内对登记单元内全部国家所有的自然资源所有权进行的第一次登记。"

类型、范围和权属、边界等自然资源登记簿内容发生变化而进行的登记。① 首次登记同时是总登记、表彰登记，而变更登记则包括变动登记、更正登记。

第二节　自然资源确权登记的模式和内容

一、自然资源确权登记的模式②

对各个国家及地区的自然资源登记制度进行对比总结，主要存在契据登记制度、权利登记制度和托伦斯登记制度三种类型。

（一）契据登记制度

契据登记制度又称为登记对抗主义，是指不动产物权变动以当事人达成合意签订契据为生效要件，但经过登记后得以对抗第三人。登记机构对于登记申请做形式审查，如果符合登记要件即将双方签订的契据内容登记于登记簿上。该制度创立于法国，故又称"法国登记制"。目前，采用这一制度的国家和地区有日本、比利时、意大利、西班牙、美国多数州。

法国古代法继承罗马法的传统，要求权利的转让必须通过明显的外部方式以使之有形化。但伴随时代发展，该做法逐渐演变成仅具有象征意义。在13世纪重新出现的抵押权，依然采用不进行登记的秘密方式。直至1795年，为了保障正常交易秩序，法国对此制定具体法律，首次建立了较为完善的不动产公示制度以保护抵押权人。这一时期，法国各地都设立了抵押登记机关，隶属于财政管理部门。权利

---

① 《自然资源统一确权登记暂行办法》第 20 条第 3 款规定："变更登记是指因自然资源的类型、范围和权属、边界等自然资源登记簿内容发生变化而进行的登记。"

② 本部分内容主要引自马永平：《土地权利与登记制度选择》，南京农业大学 2002 年博士学位论文，第 181—183 页。

公示通过在两种不同的登记簿上注册进行：一为注册登记簿，适用于抵押权和优先权；二为产权转移登记簿，适用于其他不动产物权的设定行为或者转移行为。唯有不适宜设定抵押权的一些主物权如使用及居住权、地役权等，才可不予登记。根据这一时期的法律，前述权利的设定和转让如不具备公示形式，将导致其不得对抗第三人的法律效果。《法国民法典》制定之时，起草者采折中态度，关于登记制度未达成一致意见。于是，该法典仅规定了协议抵押权的公示，而已婚妇女及被监护人的法定抵押权及更为重要的不动产所有权有偿转让行为，则仍可不经公示在当事人之间秘密进行。

契据登记制度具有以下特点：

1. 形式审查主义。登记机构只注重申请人的手续是否完备，对于所申请登记内容并未进行实质审查，依据双方达成合意签订的契据内容登记于登记簿上，即便交易双方签订的契据内容存在瑕疵，登记机构也不会干涉。

2. 登记无公信力。在该制度下，即便登记簿上对于物权相关信息进行登记，但是公众不能真正信赖其信息真实反映物权具体情况。在双方已就物权变动达成合意的情况下，即使登记簿上已对相关权利事项进行明确登记，但该登记信息无法起到定分止争的作用，仍然要依靠实体法决定权利的归属问题。如果依据实体法认为该物权变动不成立或可撤销，即可以该理由对抗受让物权的第三人。在该制度下，登记簿所登记信息无法给予权利人及利害关系人信赖利益保护，第三人不可信赖其具有绝对正确的排他效力，其更注重的是双方达成的意思表示，依据实体法认为物权变动为无效或可撤销时，登记簿上即使已经明确登记相关权利事项也是不具有法律效力的。

3. 登记与否不予强制。物权发生变动的情况下是否进行登记，法律并不进行干涉，需要由当事人自行提出，尊重当事人的意思自治。

4. 登记簿的编成采人的编成主义。契据登记制度登记簿编成不以土地为准，而以土地权利人登记次序的先后做成。登记完毕仅在契约上注记登记的经过，不发权利书状。由于人的编成主义无法向外界提供某一不动产交易关系的整体性信息，妨碍了交易的迅捷，增加了交易的费用，因而法国1955年不动产公示制度的改正法令将应当公示的证书限于公证证书，且对一定范围的不动产做出不动产票，这种不动产票具有"物的编成"之机能。

5. 登记不动产物权变动的状态。即不仅登记不动产物权的现在状态，而且登记物权变动事项。

在该制度下，自然资源物权的变动只需双方达成合议签订契据即生效，不必登记，但登记可以对抗第三人，登记机构主要从形式层面审查，充分体现交易双方的意思自治。国家并没有强制介入自然资源物权变动这一过程，而是对有登记的物权变动赋予某种认可保护，未经登记的第三人承担不利后果。在此种情况下，登记的意义在于以国家行政力量来保证登记权利人的合法权益。因此，契据登记制主要适用于私法领域，是带有强烈私法色彩的登记制度，而在此框架下的自然资源物权变动也会带有典型私法色彩。

（二）权利登记制度

权利登记制度又称为登记生效主义，是指不动产物权的取得、变更和丧失，仅双方当事人达成合意尚未发生法律效力，必须按照法定登记形式对相关权利予以登记才发生法律效力。

该制度在德国首创，故又被称为"德国登记制"。德国的登记簿制度自中世纪以来趋于完善，对于权利人以及第三人的利益保护发挥重要作用，不动产物权的价值较高，物权变动应以合适的方法向社会公示，《德国民法典》在制定时，其立法本意就在于保护不动产相关人利益，维护正常社会交易秩序。同时，由于日耳曼法高度重视包括土地在内的不动产权保护的传统，该法典的相关条文充分表明德国对该传统的延续及改良，确立一般权利人登记强制的原则，同时将不动产登记作为国家专门机构的职责所在，从而继续推动不动产物权保护以及交易秩序稳定。德国关于不动产登记的法律，主要有 1897 年生效的《土地登记条例》，1935 年生效的《〈土地登记条例〉施行法》和《土地登记设施法及施行法》，1936 年生效的《土地登记官职责条例》，1951 年生效的《以土地登记规则处理住宅所有权事宜法》。

权利登记制度还在瑞士、荷兰、奥地利等国家采用。它具有以下特点：

1. 实质审查主义。登记机构要对物权相关权利人的登记申请进行实质审查，一方面要求登记申请符合形式要件标准，另一方面对于权利变动缘由、是否符合实际情况等方面均要进行详细审查，确定无误后方可进行登记。

2. 登记具有公信力。对于登记的信息而言，由于国家行政力量介入，公众基于国家公信力信赖登记机构所登记的信息，认为登记簿上对于物权权利状态与实际状态相一致。在登记簿上所记载的事项，即便存在由于登记原因不成立、无效或者被撤销的情形，亦不得对抗善意第三人。因此，对于善意第三人来说，登记簿上关于物权相关权利状态的记载拥有绝对的法律效力，可以有效防止相关交易纠纷，保护自身权益。

3. 登记具有强制性。通过权利登记制度可以加强国家对于不动产及其交易的管控，通过登记机构的实质性审查，可以有效建立正常交易秩序，提高监管效率。

4. 登记簿的编制采物的编成主义。不动产内容是德国法中登记制度的主要构成部分，对于不动产登记依照土地所处地段、地号的顺序排列编制。登记完成后，并不会发放权利证书，而是在契约上注明不动产登记的经过。

5. 登记以土地权利的静态为主。在登记簿上，首先对土地权利的当前状态予以登记，其次再登记权利的相关变动信息。

在该制度下，自然资源相关权利交易有国家强制力量的支撑，自然资源登记强烈表明国家公权力对于自然资源相关权利的保护。

（三）托伦斯登记制度

托伦斯登记制度又称权利交付主义，该登记制度的基本精神与德国权利登记制相同。

在该制度下，进行首次不动产登记时，登记机关必须严格按照登记制度的要求和一定的程序确定该不动产相关状态，制作地券。权利人在让与其所有不动产时，交易双方需制作让与证书，连同地券一并提交给登记机关，登记机关经过审查后于登记簿上注明相关权利变动情况。对于受让人而言，其可以获得新地券，或者在原地券上注明相关权利的变动，以便第三人可以通过地券了解不动产真实权利状态。但是，与德国权利登记制有所区别的是，托伦斯登记制度下是自由登记，在该制度下，当事人可以自由决定是否对物权的相关权利变动进行登记，但是如果有进行首次登记，其后权利人处分形成物权变动也必须登记，否则不具有法律效力。同时，登记机关根据土地登记的相关信息制作权利证书作为产权证明，以便登记人能够合法享有相应权利。

托伦斯登记制度在澳大利亚、英国、爱尔兰、加拿大、菲律宾、我国香港地区以及美国的加利福尼亚、马萨诸塞、伊利诺伊等十余州被采用。

托伦斯登记制度具有如下特点：

1. 任意登记。在该制度下，土地是否进行登记权利人可自由决定，并不强制进行，但一旦土地经过首次登记，之后发生物权变动，非经登记不发生法律效力。

2. 登记采实质审查主义。登记机构对于申请登记信息及当事人所提交的材料需进行实质审查，登记人员对于实质审查不通过的登记申请可以要求补交相关材料或者不予登记，对于变动原因及相关证明文件须加以详查才可确定登记。

3. 登记具有公信力。土地一旦经过登记机构登记，即产生法律效力，所登记信息有国家公信力保障。

4. 登记机关制作的土地权利状书，是登记人合法享有的相应权利凭证。在土地进行首次登记时，登记机关依据土地权利状态制作权利状书，该权利状书一式两份，一份由权利人保管，作为享有相应权利的凭证；另一份由登记机关编成登记簿备查。因此，权利人所有的权利状书相当于登记簿副件，其上面所记载内容应与登记簿相一致。

5. 如土地上设有权利负担，应为负担登记。已登记的土地上如有抵押权设定等他项权利时，应办理他项权利设定变更登记。

6. 设置赔偿基金。登记机构所登记的土地权利，具有国家公信力保障，为权利人及第三人所信赖，如果所登记信息出现遗漏或者错误，造成真正权利人利益受损，登记机构要对其赔偿。因此，登记机关特别设置了赔偿基金备用。

与德国权利登记制一样，托伦斯登记制度也带有公权力色彩，但是该制度赋予土地权利人登记的自由性，国家对土地的相关管控对于权利人而言有一定的缓和余地，也体现了一定私法自治倾向，只是从总体上看，该制度的公法属性为主要属性。

通过对以上三种西方登记制度的比较，其共性在于：一是都是以本国法律规定作为重要基础，从本国实际需要着手登记制度设计，整个登记制度既形成体系化，又具有本国的立法传承；二是各国的登记从实质上理解多是房地一致的登记制度，既登记土地，也要对土地上的附属设施进行一并登记。

二、自然资源确权登记的内容

我国自然资源统一确权登记的对象主要是自然资源物权。[①] 因此，

① 刘雨桦：《自然资源所有权统一确权登记研究》，《中国不动产法研究》2016年第2期。

我国自然资源确权登记主要是自然资源所有权和用益物权的登记，同时包括法律允许的以自然资源为标的物的担保物权的登记。对自然资源进行统一确权登记，就是要厘清国家所有和集体所有之间、不同的集体所有之间的自然资源界限，对自然资源进行统一登记，以明确自然资源的归属。①

基于《民法典》及其他有关规定，应当整合登记在不动产登记簿上的自然资源物权主要包括：

（一）土地所有权

在我国实行土地的社会主义公有制，土地所有权主体为国家及集体。国家土地所有权一般无须登记，而集体土地所有权中的"集体"指的是农民集体，其所有权分为村民小组集体土地所有权、村集体土地所有权以及乡镇集体土地所有权三种。其中，以村民小组所有为主，它是三级所有权的基础。以土地为基础的自然资源单元，根据土地上林地、草原以及水域、滩涂等生态环境的不同，将其所有权整合归并，以土地所有权进行登记，并按照农用地、建设用地和未利用地三大分类标准，区分不同用途的土地所有权。② 登记集体土地所有权，需要登记不动产单元号、不动产权证号、土地所在位置、面积及四至、权利人、共有情况等信息。

（二）建设用地使用权与宅基地使用权

建设用地使用权是指自然人、法人或者非法人组织在国家或者集体所有的土地上建造建筑物、构筑物及附属设施的地上权，建设用地使用权的出让方只能为特定的代表国家行使土地所有权的机关。宅基地使用权是指农村村民依法享有的，在集体所有的土地上建造、保有

---

① 刘雨桦：《自然资源所有权统一确权登记研究》，《中国不动产法研究》2016 年第 2 期。

② 尹鹏程：《市县级不动产统一登记信息平台建设探讨》，《国土资源信息化》2015 年第 2 期。

住宅及附属设施的权利。[①] 农村集体经济组织的成员有权通过审批或者通过内部成员的转让和继承对宅基地进行占有、使用、收益及处分。在登记簿上，应载有土地产权性质、土地等级、土地使用面积、房屋使用面积、房屋/土地坐落位置、宗地范围界限草图（注明相邻单位名称）、使用期限、出让金价格等信息。宅基地使用权制度是我国农村特有的制度，其对于农民居住权利保障意义重大，其用途及流转对象受到严格管控，自 1999 年以来国家多次以规范性文件禁止宅基地使用权向非本集体经济组织成员流转。现阶段，为适度扩大宅基地权能，探索发展宅基地所有权、资格权、使用权"三权分置"制度，以期更好地保护土地资源。

（三）土地承包经营权与农业用地使用权

土地承包经营权以承包方式取得，以承包以外的方式取得的为农业用地使用权。《民法典》第 333 条第 2 款作了规定[②]。土地承包经营权登记后，登记簿上就应载有发包人、承包人、共有情况、土地使用期限、水域滩涂类型、林种、草原质量等信息。土地承包经营权曾经在其性质是物权还是债权上有所争议，但《民法典》已将其明确为用益物权。

（四）地役权

地役权是一种不动产权利人为自己某特定不动产的便利而利用他人不动产的用益物权。由于地役权能够使社会资源的利用最大化，其从古罗马时期诞生，直至今日仍有其合理性，为各个国家和地区所接受。常见的地役权为引水权、排水地役权、眺望地役权、支撑地役权、放牧地役权等。当事人登记地役权，应登记供役地和需役地的位置、利用期限、费用等信息。

---

① 梁慧星、陈华彬：《物权法》，法律出版社 2010 年版，第 265 页。
② 《中华人民共和国民法典》第 333 条第 2 款规定："登记机构应当向土地承包经营权人发放土地承包经营权证、林权证等证书，并登记造册，确认土地承包经营权。"

（五）林权

林权主要包括森林、林木和林地所有权、使用权等。森林资源对于生态环境保护意义重大，其涵养水源、净化空气、调节区域气候功能对于个人而言，究其根本也是对森林资源的利用。一般来说，当事人登记林权，需要登记权属关系、林种、树种、株树、小地名、坐落、四至、面积、用途等，具体所附地图需要以统一的比例及测量方法来进行。

（六）其他

根据《民法典》《水法》《矿产资源法》《矿产资源开采登记管理办法》及相关法规的规定，应当整合登记在不动产登记簿上的自然资源物权还有探矿权、采矿权、取水权等，在自然资源登记簿上应载有开采面积、开采地点、开采矿种、取水地、取水量、使用用途等信息。

此外，自然资源登记还需要登记各种具体的登记方法，包括初始登记、预告登记、转移登记、注销登记、抵押登记、异议登记、变更登记、查封登记等具体登记规则。一个登记区域内只能存在一个自然资源登记簿，自然资源登记簿上应载有自然资源确权从产生开始所有的物权变动情况，以便交易人能够根据登记簿了解所交易的自然资源相关情况，维护正常的交易秩序。同时，自然资源登记簿应由不动产登记机构长期保存及管理，有条件采用电子介质的机构应对所记载登记数据转化为电子数据形式存储，从而在长时间内为当事人及第三人提供相关权利保障。公示除了以登记簿的形式之外，还应采取相应的其他方式来使第三人了解确权之所属，如围圈土地、树立标牌等标示方法，我国民间从古时就有林木打码、禽兽做记的做法。[①]

综上，自然资源确权登记的内容体现为《办法》第 9 条所规定的自然资源登记簿记载的内容，即自然资源登记簿应当记载以下事项：

---

① 屈茂辉：《物权公示方式研究》，《中国法学》2004 年第 5 期。

1. 自然资源的坐落、空间范围、面积、类型以及数量、质量等自然状况；2. 自然资源所有权主体、代表行使主体以及代表行使的权利内容等权属状况；3. 自然资源用途管制、生态保护红线、公共管制及特殊保护要求等限制情况；4. 其他相关事项。

第三节　我国自然资源确权登记的进展和存在的问题

一、我国自然资源确权登记的进展

我国自然资源确权登记的制度依据主要有：

1.《宪法》第 9 条和第 10 条第 1、2 款。

2.《民法典》第 209 条第 2 款、第 250、324、329、333 条。

3.《不动产登记暂行条例》（以下简称《条例》）是《民法典》的配套规定，旨在贯彻落实《民法典》和其他法律关于自然资源登记的规定。《条例》第 6 条明确国务院自然资源主管部门负责指导、监督全国不动产登记工作，加上制定的《自然资源统一确权登记暂行办法》，在国家层面上确定了自然资源统一确权登记的指导和监督机关。县级以上地方人民政府确定一个部门负责本行政区域的不动产登记，并接受上级人民政府不动产登记主管部门的指导和监督。自然资源主管部门作为承担自然资源统一确权登记工作的机构，则按照分级和属地相结合的方式进行登记管辖。国家层面的机构建设已经基本完成：自然资源确权登记局，承担指导监督全国自然资源和不动产确权登记工作。自然资源部不动产登记中心（自然资源部法律事务中心）配合自然资源确权登记局的工作。这两个机构的设立，为自然资源统一确权登记的实施提供了有力的机构保障。哪些自然资源物权具有登记能力，相关规定也进行了明确。①

4.《不动产登记暂行条例实施细则》。它是《条例》的重要配套规范性文件。

5.《办法》。它明确了自然资源统一确权登记应遵循的原则，确定了主管部门，明晰了登记事项和登记程序，规范了国家公园、自然保护区、湿地、水流等自然资源登记要求，并细化了登记信息管理与应用要求。《办法》是现阶段开展自然资源统一确权登记的基本操作规范。

此外，关于自然资源确权登记的法律规范还有：《土地管理法》第12条；《土地管理法实施条例》第3、6条；《城镇国有土地使用权出让和转让暂行条例》第16条；《森林法》第14、15条；《矿产资源法》第3条；《海域使用管理法》第6、19条；《草原法》第3条；《中华人民共和国渔业法》（以下简称《渔业法》）第11条，自然资源物权的客体涉及土地、房屋、海域、水面、草原、森林、林木、矿产等。

依据以上法律法规，我国自然资源确权登记有条不紊地开展。

（一）国家层面

2013年11月，党的十八届三中全会做出的《决定》提出，"对水流、森林、山岭、草原、荒地、滩涂等自然生态空间进行统一确权登记，形成归属清晰、权责明确、监管有效的自然资源资产产权制度"。推进自然资源资产产权制度改革，需要梳理当前各项改革政策与先前制度规定的关系，首先要厘清自然资源确权登记与不动产登记以及全国土地调查之间的关系，三者之间存在极大的关联性，如能协调统一发力，将极大降低改革成本，保证各项改革政策的稳定性。

---

① 《不动产登记暂行条例》第5条规定："下列不动产权利，依照本条例的规定办理登记：（一）集体土地所有权；（二）房屋等建筑物、构筑物所有权；（三）森林、林木所有权；（四）耕地、林地、草地等土地承包经营权；（五）建设用地使用权；（六）宅基地使用权；（七）海域使用权；（八）地役权；（九）抵押权；（十）法律规定需要登记的其他不动产权利。"

《自然资源统一确权登记暂行办法》第3条规定："对水流、森林、山岭、草原、荒地、滩涂、海域、无居民海岛以及探明储量的矿产资源等自然资源的所有权和所有自然生态空间统一进行确权登记，适用本办法。"

2015 年 9 月 11 日，中共中央政治局通过了《生态文明体制改革总体方案》，提出"建立统一的确权登记系统。坚持资源公有、物权法定，清晰界定全部国土空间各类自然资源资产的产权主体。对水流、森林、山岭、草原、荒地、滩涂等所有自然生态空间统一进行确权登记，逐步划清全民所有和集体所有之间的边界，划清全民所有、不同层级政府行使所有权的边界，划清不同集体所有者的边界。推进确权登记法治化"。该方案从顶层设计层面指明自然资源确权登记范围及权属边界范围，有利于地方试点从中央统一规定的登记原则着手更为细致方案制定，实现结合地方具体情况探索自然资源确权登记方案而又不触碰原则性错误。

2016 年 8 月 22 日，中共中央办公厅、国务院办公厅印发《〈关于设立统一规范的国家生态文明试验区的意见〉及〈国家生态文明试验区（福建）实施方案〉》，提出"推进国家公园体制试点。将武夷山国家级自然保护区、武夷山国家级风景名胜区和九曲溪上游保护地带作为试点区域，2016 年出台武夷山国家公园试点实施方案，整合、重组区内各类保护区功能，改革自然保护区、风景名胜区、森林公园等多头管理体制，坚持整合优化、统一规范，按程序设立由福建省政府垂直管理的武夷山国家公园管理局，对区内自然生态空间进行统一确权登记、保护和管理"。"探索研究水流、森林、山岭、荒地、滩涂等各类自然资源产权主体界定的办法，2016 年年底前先行在晋江市开展自然资源资产统一确权登记试点。2017 年出台福建省自然资源统一确权登记办法，探索以不动产统一登记为基础，建立统一的自然资源资产登记平台，明确组织模式、技术方法和制度规范，到 2020 年完成全省自然生态空间统一确权登记工作。适时推进福建省自然资源统一确权登记地方立法。"福建作为首个生态文明试验区，其自然资源类型多样、丰富，尤其在森林资源、海域资源的权利体系及确权登记方面有较强经验总结及供其他地方借鉴之处。福建在集体林权制度改革中推行林地家庭承包，实行林地的"占补平衡"、碳汇交易等多元生态保护利用制度，在海域资源中率先对无居民海岛使用权进行规定。

2016 年 11 月 1 日，中央全面深化改革领导小组第 29 次会议审议通过《自然资源统一确权登记办法（试行）》和试点方案，决定在吉林等 12 个省份开展为期一年的试点，要求以不动产登记为基础，依照规范内容和程序进行统一登记，坚持资源公有、物权法定和统一确权登记的原则，对水流、森林、山岭、草原、荒地、滩涂以及探明储量的矿产资源等自然资源的所有权统一进行确权登记。

2016 年 12 月 20 日，国土资源部、中央编办、财政部、环境保护部、水利部、农业部、国家林业局七部委联合印发了《自然资源统一确权登记办法（试行）》（以下称《试行办法》）（国土资发〔2016〕192 号），决定自然资源统一确权登记"选择青海三江源等国家公园试点，甘肃、宁夏湿地确权试点，宁夏、甘肃疏勒河流域以及陕西渭河、江苏徐州、湖北宜都等水流确权试点以及福建厦门、黑龙江齐齐哈尔，福建、贵州、江西等国家生态文明试验区，湖南芷江、浏阳、澧县等县（市），黑龙江大兴安岭地区和吉林延边等国务院确定的国有重点林区"作为自然资源统一确权登记试点区域。2017 年 1 月 13 日，国土资源部召开自然资源统一确权登记试点工作协调推进会，部署试点工作任务，要求试点完成四项任务：明确自然资源登记范围、梳理自然资源资产权利体系、开展自然资源统一确权登记、加强自然资源登记信息的管理和应用。①

从 2018 年年底开始，在全国全面铺开、分阶段推进重点区域自然资源确权登记，计划利用 5 年时间完成对国家和各省重点建设的国家公园、自然保护区、各类自然公园（风景名胜区、湿地公园、自然遗产、地质公园等）等自然保护地的自然资源统一确权登记，同时对大江大河大湖、重要湿地、国有重点林区、重要草原草甸等具有完整

---

① 魏铁军等：《摸清自然资源家底　推进统一确权登记》，《中国国土资源报》2017年 2 月 16 日第 5 版。

生态功能的全民所有单项自然资源开展统一确权登记。

2019 年 7 月 11 日，在总结试点经验的基础上，自然资源部联合财政部、生态环境部、水利部、国家林草局印发实施《自然资源统一确权登记暂行办法》。

（二）试点情况

1. 福建省

2016 年 10 月 13 日，福建省人民政府办公厅印发《晋江市自然资源统一确权登记试点实施方案》；明确了自然资源登记范围，即按照《国家生态文明试验区（福建）实施方案》，对晋江市辖区内水流、森林、山岭、荒地、滩涂等国家所有自然资源进行统一确权登记，划清全民所有和集体所有之间的边界；确立了自然资源确权登记"应当坚持资源公有、物权法定、统一确权登记"的原则。

为推进自然资源统一确权登记试点工作，2017 年 1 月 9 日，晋江市人民政府出台了《晋江市自然资源统一确权登记试点工作细则》，将试点的各项任务分解到相关部门，明确试点内容，确定完成时限。同时晋江市财政确保了自然资源统一确权登记试点的工作经费，保障了试点工作顺利推进。[1] 晋江市作为自然资源统一确权试点城市，其制定首个自然资源调查技术规范，创新建成登记信息系统，为接下来确权工作的全面展开提供有益借鉴。之后，3 个试点地区自然禀赋又各具特色，因此被赋予了侧重各有不同的探索任务：晋江市重点探索全要素自然资源统一确权登记的路径和方法；武夷山国家公园重点探索以国家公园作为独立登记单元的自然资源确权登记，着力解决自然资源跨行政区域登记的问题；厦门市重点探索在不动产登记制度下的自然资源统一确权登记关联路径和方法。[2] 2017 年 5

---

① 齐培松：《创新的"晋江经验"——福建省晋江市开展自然资源统一确权登记试点工作纪略》，《国土资源通讯》2017 年第 19 期。

② 齐培松：《掌声为福建响起——自然资源统一确权登记"福建试点经验"》，《自然资源通讯》2018 年第 2 期。

月，在《福建省自然资源统一确权登记试点实施方案》基础上，福建省国土资源厅、省委编办、省财政厅等联合印发《福建省自然资源统一确权登记办法（试行）》。

2018 年 7 月 3 日，福建省人民政府办公厅出台了《福建省自然资源产权制度改革实施方案》（闽政办〔2018〕60 号），提出"到 2020年，完成全省自然资源统一确权登记、农村地籍和房屋调查，实现自然资源权利清单管理，基本建成符合实际需要和有关规定的自然资源产权交易平台、自然空间监管平台，基本建立归属清晰、权责明确、流转顺畅、保护严格、监管有效的自然资源产权制度"，要求"已明确所有权的自然资源，在自然资源登记簿进行相应记载。建立自然资源统一确权登记信息管理平台，实现自然资源统一确权登记信息与自然资源审批、交易信息互通共享，支撑自然资源产权保护和监管"[1]。

2018 年 7 月 6 日，自然资源部会同有关部门在北京召开自然资源统一确权登记试点评估验收会，福建省厦门市、武夷山国家公园、晋江市试点顺利通过国家验收，标志着福建省顺利完成了自然资源统一确权登记试点任务。[2]

2. 湖南省株洲市[3]

湖南省于 2015 年 12 月 10 日公布了自然资源生态空间统一确权登记工作的实施方案。该方案将湖南省自然资源统一确权登记工作分为2015—2018 年、2018—2019 年、2019—2020 年三个阶段，在第一个阶段由政府主导开展前期自然资源全面调查，为工作全面铺开提供依据，同时加快建设自然资源数据库，确保登记信息质量可靠、与其他

---

① 《福建省率先发布〈自然资源产权制度改革实施方案〉》，《国土资源》2018 年第 8 期。

② 齐培松：《掌声为福建响起——自然资源统一确权登记"福建试点经验"》，《自然资源通讯》2018 年第 2 期。

③ 引自刘雨桦：《自然资源所有权统一确权登记研究》，《中国不动产法研究》2016年第 2 期。

信息登记平台有效共享；第二个阶段是确立试点城市，总结试点经验，为接下来以点带面展开全面确权登记提供借鉴；第三个阶段是在省级层面建立自然资源统一确权登记管理制度，确保各项登记信息与全国统一。

株洲市是湖南省统一确权登记的试点市。株洲市人民政府于 2016 年 2 月 3 日公布《株洲市重要自然资源资产产权登记工作方案》，确立以合法合规、信息公开和试点先行为登记基本原则，以建立统一的自然资源登记机构、登记册簿、登记依据和登记信息平台为目标。在具体工作落实上，首先进行全面调研，了解全市自然资源的大概情况，依据市情制订全市确权登记工作计划，与国家及省级层面对接建立登记信息平台，保证登记信息的有效性。其次在市内进行试点，以点带面将成熟经验推广到全市。最后按照省级统一工作安排，全面展开本市范围内自然资源确权登记工作。

二、我国自然资源确权登记存在的问题

自然资源产权具有资源、资产和资本三重属性，在经济社会转型和生态文明建设过程中，我国自然资源产权登记面临以下几个方面突出问题：

（一）交易市场不成熟致配置效率不够高[①]

当前，在交易市场方面只对土地、矿产、排污权等有局部范围内的规定，对于大部分自然资源的管控而言，一般是以行政分配为主，不存在交易市场。重庆施行的地票制度，其运作实质是在本市区域的市场活动范围内将土地的规划与用途管制予以调整。在土地用途管制背景下，建设用地指标的跨区域置换具有可行性，但由于交易市场、收益分配等问题并未得到实施。交易市场是市场配置资源的重要载

---

① 李丽莉：《生态文明体制下自然资源产权登记制度的思考》，《国土资源》2018 年第 3 期。

体，成熟的交易市场可以有效保障信息对称，降低整体交易成本，缺少成熟的交易市场，即便自然资源可以交易，其交易成本也会较高。

（二）自然资源价格的形成体制存在缺陷①

在分税制②背景下，一方面自然资源相关权利的收益无法实现收益由全民共享。另一方面自然资源相关权利的处分机制不透明，忽视自然资源的非财产价值而盲目开采资源、追求最大财产利益现象层出不穷。近年来，在企业资产排行中，涉及矿产、土地等自然资源的企业多居前列，且资产庞大。资源的配置是由市场决定的，而在早期对于自然资源保护、监管不到位的情况下，部分企业以行政分配、低价中标等无成本或低成本方式从政府手中获得自然资源的相关开采权利。其实，自然资源本身具有财产价值，应该建立成熟的交易市场，通过市场行为决定资源价格。

（三）制度依据不够

自然资源统一确权登记工作以《办法》为主要依据。之前出台了《自然资源统一确权登记试点方案》等相关实施细则，并在全国设定了多个试点区域，但仍不能满足自然资源统一确权登记工作复杂性和多样性的需求，对成果质量检查和验收方面的要求尚未建立起来。③

（四）技术支撑不足

1. 规定的自然资源类型还缺乏标准与指导依据。水流、森林、山岭、草原、荒地、滩涂等自然资源类型，与传统的土地利用分类类型和资源管理部门所划分的类型都有所不同，难以依据现有的资料及标准规范对其进行范围清晰、互不交叉的认定和划分。技术人员只能依

---

① 李丽莉：《生态文明体制下自然资源产权登记制度的思考》，《国土资源》2018 年第 3 期。

② 2018 年税务机构改革后，分税制事实上已被新的征管体制取代。

③ 魏易从、曹建君：《自然资源统一确权登记成果质量控制研究》，《矿山测量》2018 年第 3 期。

据其在各类字典中的定义进行认定，影响了实际自然资源登记调查工作的进行。

2. 缺乏可依据的规范要求供作业人员进行自然资源确权及登记调查参考。自然资源统一确权登记需要以相关调查的成果作为登记依据，而调查本质上是一种工程作业，任何工程作业都需要有相应的规范、标准进行指导和制约。在《试行办法》颁布时，没有对自然资源统一确权登记调查的相关标准进行规定，对其相关调查的目标、过程、技术手段、成果、检验的实施方法也不明确。[①]

3. 缺乏相应的自然资源登记数据库标准以进行整理入库，制约了登记数据的进一步应用。《试行办法》中要求将自然资源登记信息纳入不动产登记信息管理基础平台，实现自然资源登记信息与不动产登记信息的衔接。缺乏数据库标准，则无法进行自然资源登记的信息化建设。只有建设了数据库，才能确保数据汇总和核算的正确性，确保自然资源登记成果的完整性，确保入库的质量。

4. 目前各省市的试点工作正在陆续开展中，但基本以土地调查及土地利用调查成果为依据，结合实地调绘为主进行自然资源的调查，着眼于自然资源的类型，而忽视了自然资源的数量和质量的精确记载，使得调查工作本质上成了一种数据汇总和分析。[②]

第四节　我国自然资源确权登记的推动

我国自然资源确权登记工作起步较晚，但确权登记工作对于完善自然资源产权制度意义重大，要想对自然资源进行有效管理，就要厘清家产，越早完成自然资源确权登记工作，越有利于自然资源保护。

---

① 王丽欣、崔涛：《自然资源统一登记中的测绘地理信息支撑作用》，《测绘工程》2017 年第 8 期。

② 邱琳等：《广州市自然资源统一确权登记技术路线探索》，《城市规划》2017 年增刊。

从当前我国针对自然资源确权的相关规定及实务操作问题看，推进自然资源确权工作应重点从以下几个方面着手：

一、加快健全自然资源确权登记制度体系

一是建立健全自然资源相关法律制度体系。法律制度的完善有助于推进自然资源确权登记规范化，有利于登记机构依法依规办理登记事务。同时根据各地自然资源确权登记试点情况，应适时启动《自然资源登记法》立法，针对确权登记中存在的各项问题以及新形势对确权登记提出的要求，修改完善有关规定，从而逐渐实现自然资源确权工作的以点带面，推动由试点向全局展开。二是制定统一的技术标准体系，按照我国自然资源的实际情况制定不同类型自然资源的具体登记方法以及相应技术实施细则。当前"放管服"背景下，现在的自然资源确权登记技术标准已经开始与现实需求脱节，自然资源统一确权登记所涵盖的信息是巨大的无形资产，数据分析成果在国家提升自然资源管控能力、科学规划水平上作用重大，因此对于登记的具体流程能否衔接、与不动产登记内容能否互补、具体各项登记信息如何匹配，这些问题均需要在具体的登记实施技术标准中予以解决。

二、自然资源确权登记的目的设定为多元化[①]

自然资源确权登记最主要的目的在于加强自然资源保护，但确权登记目的不是单一的，而是多元的，通过自然资源确权登记，可以在厘清自然资源综合状况、推动自然资源相关制度政策制定、加强自然资源管理规划等方面有所助力。

我国在自然资源权能的规定上相比一些其他市场经济国家还是偏少，导致自然资源权能相对简单，因此其在发展中必然受限。可以通

---

① 陈丽萍等：《国外自然资源登记制度及对我国启示》，《国土资源情报》2016年第5期。

过在自然资源确权登记制度中创新资源的相关权能，或者为自然资源权能拓展留下空间。

三、进一步明确自然资源确权登记应遵循的原则

中央全面深化改革领导小组第 29 次会议明确自然资源统一确权登记工作要"坚持以资源公有、物权法定和统一确权登记的原则"，这三项原则也在《办法》中予以明确。我国《宪法》确定自然资源公有制度，我国自然资源的所有权主体为国家和集体。坚持物权法定原则，按照法律规定的物权种类对自然资源进行登记，从本质而言，自然资源确权登记也是确权登记的一种，所以应该按照法定的物权种类和内容进行登记。统一确权登记，就是该工作是在国家层面整体推进的，首先是登记机构职责范围的统一，其次是登记程序的统一，最后是实现登记簿的统一。

四、逐步拓展自然资源确权登记的对象、事项①

对于自然资源统一确权工作来讲，摸清我国自然资源类型、储量、利用状况等情况是工作信息的重中之重，因此在需要登记的自然资源范围要根据工作及实际需要不断拓展。《中国自然资源学丛书》将自然资源划分为 10 种，各个行业管理部门对所管辖范围内的自然资源也进行细致划分，因此伴随自然资源确权登记工作由试点范围向全国范围的推开，其登记对象也要逐步拓展，先登记主要类型以及关系国计民生的自然资源，再登记小类型或位置偏远登记难度高、耗时长的自然资源。对于所有权只能由国家所有的矿产、水流等，则不登记其所有权。对于跨境水流使用权登记，其初始分配登记由国家层级完成，鉴于水流存在流动性致使登记难度大，可以以取水点、用水

---

① 陈丽萍等：《国外自然资源登记制度及对我国启示》，《国土资源情报》2016 年第 5 期。

点、具体水域范围等较为固定标志作为登记内容。对于水资源使用权的再次分配以及水域范围较小的水权，可以由基层自然资源确权登记部门负责登记。

对于全民所有的自然资源，其登记信息上既要明确所有权人，同时也要明确监督管理主体。对于关乎国计民生或需要重点保护的自然资源，在符合相关制度及程序要求下尽可能明确国家对其权利归属。

自然资源确权登记内容主要包括权利人、权利情况、利用现状等信息，政府部门对于自然资源所做出的约束性规划也应包含在内，该规划作为约据进行登记，但由于我国正在对自然资源加强立法，因此原先所做的各项自然资源规划会随时调整，因此约据也要因时而变。

五、完善自然资源确权登记程序

程序规范对于保证自然资源确权登记结果准确有指引作用。以何种登记程序，对于整体登记工作开展意义重大，一套适应社会需求及登记机构自身发展的登记程序规范，能够有效促进登记工作开展，大幅度提升登记机构自身效率，有力降低申请登记人负担。借鉴我国《不动产登记暂行条例》对于登记程序的规定，我国自然资源确权登记程序应从登记申请、受理审查两大阶段着手。

（一）自然资源确权登记申请阶段

一般而言，自然资源相关权利经过确权登记后具有对世性，可以排除他人非法干涉。但是确权主要是根据权利人自主意思表示依申请进行登记，一般而言登记机构不会在没有相关权利人申请的情况下主动进行确权登记。

1. 申请主体。申请主体即意味着该主体须具备登记制度要求上的主体资格。自然资源物权的申请主体理应包括自然资源单元所有人、全民所有人、集体所有人、不同层级政府所有人。

2. 登记对象。在传统的不动产登记中，登记对象多为独立的单一客体。但是自然资源不同于一般的物，复合状态下的自然资源占据一大部分，无法在物体上进行详细区分登记，所以要通过登记单元的确定对来确定自然资源范围及权利人。

（1）自然资源确权登记信息与其他信息。自然资源确权登记信息与不动产登记信息不同，其在类型、数量、复杂状态等方面都具有独特性。自然资源领域的信息具有数据量大、时空变化、隐蔽性、多尺度性、结构多样、高度关联等特性。① 伴随互联网信息技术发展尤其是数据库系统建设，自然资源物权信息的分析整理更为便利，与其他相关信息联系更为密切。登记信息通过数据处理以及数据库建设，民众可以通过相关官网查询公开的登记确权信息。同时，对于行政机关审批信息、法院判决及执行信息、专业机构所收集信息通过平台数据统一处理、整理，这些信息与自然资源确权登记信息产生更为紧密的联系，其作用和影响不容小觑。（2）两种及以上类型自然资源重合情形。一般而言，在一定范围仅有一种自然资源，其用途功能亦仅有一个。但是复合状态下的自然资源不在少数，例如山地与森林的重合，水流与各种土地资源的重合，对于这种复合状态下的自然资源，可以以主要自然资源作为登记客体，其他次要自然资源作为辅助资源在登记时予以备注。（3）跨行政区域自然资源登记情形。一般情形下，自然资源确权登记应该是一权属主一宗地。但在一权属主多宗地或者一宗地多权属主的情况下，通常将其所有自然资源登记在一个部门，如果这些自然资源分属多个行政区域，则需分别登记。在遇到不同自然资源登记机构存在争议时，可协商解决，无法协商解决时，由双方共同上级主管部门解决。在涉及因行政区域变更致使土地界限变动时，则需要重新进行确权登记，原有登记信息相应进行更改。

3. 申请材料。主要包括：（1）登记申请书。其内容含申请人身份、登记原因、登记类型、标的等。各个国家和地区现在通行的做法

---

① 陈丽萍等：《国外自然资源登记制度及对我国启示》，《国土资源情报》2016 年第 5 期。

为统一标准申请书，这样做有助于方便当事人，减少交易成本。①
（2）相关证明文书。主要有登记申请人的身份证明、自然资源物权变
动书面说明、登记理由、自然资源所有权证书或者其权利证明、地籍
资料、登记申请人住所等。

（二）自然资源确权登记受理审查阶段

登记机构收到自然资源的登记申请文件后，应当按照受理申请的
时间安排先后顺序，并向申请人出具收据。登记机构受理申请后，必
须严格按照法定程序、手续、时间和方式进行工作。②

1. 登记机构。《试行办法》中规定自然资源确权登记由国土资源
部门（现为自然资源部门）指导、监督。但是该办法中没有具体规定
如何对地方登记机构进行监督管理以及完整的可供操作的登记统一做
法。从各个国家及地区实践来看，自然资源统一确权登记主要分为两
种模式，一是基于登记体制单一而实现的登记统一；二是将原先负责
各类自然资源登记机构职责统一到某具体部门从而实现登记统一。从
我国具体情况看，自然资源统一确权登记是新时代下生态文明建设的
新举措，而各地在试点工作中具体做法根据地方情况有所差别，因此
我国的自然资源登记机构可以按照中央的统一部署实现登记机构职责统
一，这有利于确权登记工作自上而下的延续性及统一性，便于各项信息
共建共享，但是在具体登记方法上各地可以结合地方情况有所变化。

2. 审查书面材料。《民法典》第 212 条规定了登记审查的相关事
项。③ 从确权登记规定及实务操作看，对于自然资源登记申请材料的
审查为实质审查，如果登记机构认为申请材料不足或无法对该自然资

① 向明：《不动产登记程序研究》，《宁夏社会科学》2011 年第 7 期。
② 许明月、胡光志：《财产权登记法律制度研究》，中国社会科学出版社 2002 年版，
第 213 页。
③ 《中华人民共和国民法典》第 212 条规定："登记机构应当履行下列职责：（一）查
验申请人提供的权属证明和其他必要材料；（二）就有关登记事项询问申请人；（三）如实、
及时登记有关事项；（四）法律、行政法规规定的其他职责。申请登记的不动产的有关情况
需要进一步证明的，登记机构可以要求申请人补充材料，必要时可以实地查看。"

源相关事项有效证明，可以要求申请人补齐相应资料，或者向有关部门核实情况。在登记申请材料上，登记机构进行审查时如有必要，可以要求申请人继续提交相应资料，或向相关部门核实情况。同时，登记机构需对所申请登记的自然资源权属范围、界限和地籍面积进行核查，用以判断资源权属是否明确、界址是否准确等相关情况。权利人自行处分自然资源相关权利时发现与登记簿上的信息不符时，可以申请变更登记，如果该自然资源上已设置负担登记，如已进行抵押或设置用益物权，需要登记申请人出具相关权利人同意变更的证明。

3. 查阅不动产登记簿。国家的公信力是自然资源登记簿得以被社会强烈认可的支撑，登记信息的真实、有效、权威为自然资源相关权利交易提供信息基础，有利于减少交易纠纷。从这方面看，自然资源登记簿在自然资源相关权利正常交易构建中意义重大，对于自然资源物权设立、变更和丧失等信息得到司法、行政机关及当事人认可。《民法典》第216条对登记簿作了规定。① 对于非首次登记的自然资源确权登记，负责登记人员应该详细核查登记簿上的信息是否与申请登记信息相符。

六、加强自然资源统一确权登记机构建设

（一）实施分级管理，加强登记机构的纵向协调

建设自然资源物权统一机构，一方面需从顶层制度设计着手，另一方面要对原先各自然资源登记部门进行整合，从职责、权限范围多予规范。登记机构自上而下层层领导，便于职责统一、信息共享，也有利于减轻登记人负担及登记机构压力。同时，各级登记机构内部也要明确职责分工，有利于出现问题后本级登记机构内部追责与上级登记机构追责及问题纠正。自然资源确权登记机构或者该县所属市的自

---

① 《中华人民共和国民法典》第216条规定："不动产登记簿是物权归属和内容的根据。不动产登记簿由登记机构管理。"

然资源局负责，应该独立运行，尤其在自然资源价值性较高的情况下，不应该受到政府其他部门的无端干预。如果本级登记机构对相关自然资源确权登记存在疑义，可以上报上级登记机构解决，上级登记机构发现下级登记机构登记过程中存在问题，可以以问责、直接纠正方式解决。

当然，政府对于登记机构的监督管理必不可少，这主要是从登记机构成员的廉洁自律方面考虑的。在市自然资源局下设相关行政机构，形成指导与被指导或监督与被监督的关系。同时，相应的行政事务与行政机关一并进行，在工作问题上由该行政机构与其他行政机关统一协调，从而加强部门间分工合作，有力提高行政效率。

（二）登记机构从业人员的专业性

自然资源确权登记工作是在相关法律规定下运行的，对于相关权利人保护以及明确自然资源权利主体的相应信息得到其他行政机关以及司法部门认可，具有行政管理和司法性质。因此，负责自然资源登记工作的相应人员需要有专业水平要求，在工作资格、能力、职责上需加以规范。因此，需要建立登记机构职业准入制度，不断推进从业人员专业化、职业化建设。因为对于自然资源物权的统一登记涉及的职业技能、专业知识较多，从业人员需要熟练掌握登记程序以及计算机数据库等内容，可以通过资格考试方式授予有意向从事登记行业人员相应职业资格，并加强入职前实务培训，促进从业人员有效掌握我国《民法典》等法律专业知识以及登记实务操作要领，大幅度提升从业人员综合素质，从而建立一支新时代下符合我国登记机构发展要求的专业化、职业化服务型人才队伍。

七、明确自然资源登记所需材料具体要求①

《试行办法》第16条规定，登记机构依据自然资源调查结果和

---

① 引自刘守君：《自然资源登记收件》，《中国房地产》2018年第16期。

相关审批文件，结合相关资源管理部门的用途管制、生态保护红线、公共管制及特殊保护规定或者政策性文件以及不动产登记结果资料等，对自然资源确权登记的内容进行审核。从该条规定理解，登记机构在对自然资源进行确权登记时，需要收取整理的材料为对自然资源的调查结果以及相关审批文件，同时登记机构要结合材料对该自然资源是否符合用途管制、环保及其他规范性文件要求做出能否予以登记的判断。除此之外，登记机构还需收取实施自然资源登记的通告。

（一）实施自然资源确权登记的通告

《试行办法》第 13 条第 1 款规定，自然资源物权首次登记程序为通告、调查、审核、公告、登簿。按照对该规定的理解，首次登记的首要程序是通告。按《试行办法》第 14、15、16 条规定，通告由县级以上人民政府成立的自然资源统一确权登记领导小组发布，将相关登记工作方案以及预划登记单元等事宜告之于众。自然资源行政管理部门（不动产登记机构）会同相关资源行政管理部门开展自然资源调查工作，并形成自然资源调查图件和相关调查成果。登记机构依据自然资源调查成果等材料审核登记内容。自然资源统一确权登记统计规模之大、涉及部门之多，与不动产登记工作都是不同的。按照上述规定，在自然资源首次登记中，登记机构需要根据通告内容对该自然资源展开调查及登记内容审查等工作。通告的发布由自然资源统一确权登记领导小组来主导，相应的自然资源调查工作也是在通告发布后展开。从这点来看，自然资源确权登记应为嘱托登记，而嘱托启动登记的凭证就是已发布的通告。

（二）自然资源调查成果报告及图件、相关批准文件

1. 自然资源调查成果报告及图件。按《试行办法》第 9 条规定，自然资源的坐落、空间范围、面积、类型、数量、质量等自然状况，以及自然资源所有权主体等权属状况，这些信息应当都在自然资源登

记簿上予以体现。自然资源调查成果报告及图件作为登记簿上登记内容的原始材料及主要依据，自然也要涵括上述内容。

依据《土地管理法》第14条规定①，森林占用范围内的土地、山岭、草原、荒地、滩涂等以土地形态存在的自然资源，有可能发生权利归属争议，发生该情况时，先由当事人协商解决，无法协商解决再由县级以上人民政府予以确权解决。而这些自然资源都属于《试行办法》规定的登记范围，因此在调查成果报告上要注明纠纷解决结果并附上政府的相关证明文件。

按照《试行办法》第8条规定，自然资源登记单元是自然资源确权登记的基本单位。由此可以得知，自然资源统一确权登记下对自然物权客体有特殊要求，必须具备一定状态、范围，能够用特定的方式，与其他物品区分开，以此才能达到权属明确。确定登记单元，就是确保特定的自然资源及其相关权利归属能够登记入簿。从自然资源登记单元确定方式来看，一是要通过坐落、空间范围、面积等明确自然资源的权属界限，二是要通过类型、数量、质量对自然资源的属性有明确界定，而自然资源调查图件可以准确反映初始状态下自然资源的权属界限。自然资源调查图件对于资源初始状态、范围有直接体现，是自然资源调查成果报告的重要内容，成果报告的其他部分内容需要依照调查图件内容做出。从现在实务登记中对于自然资源调查图件的运用来看，主要是通过自然资源测绘图来展现。

我国对于测绘机构资质及相关审查有详细规定。依据《中华人民共和国测绘法》第27条、第28条第1款、第29条第1款的

---

① 《中华人民共和国土地管理法》第14条规定："土地所有权和使用权争议，由当事人协商解决；协商不成的，由人民政府处理。单位之间的争议，由县级以上人民政府处理；个人之间、个人与单位之间的争议，由乡级人民政府或者县级以上人民政府处理。当事人对有关人民政府的处理决定不服的，可以自接到处理决定通知之日起三十日内，向人民法院起诉。在土地所有权和使用权争议解决前，任何一方不得改变土地利用现状。"

规定①，测绘机构必须具有省级以上人民政府测绘地理信息主管部门核发的测绘资质证书，测绘机构开展测绘业务、出具测绘报告必须在政府核发的资质证书规定的范围内。自然资源测绘报告涉及我国自然资源分布、类型等综合情况，作为自然资源登记的第一手材料，对于信息的准确度要求更高，必须准确无误，部分信息甚至涉及国家秘密及国家核心利益保护，因此其测绘报告必须由具备政府认定资质的测绘机构做出，同时该报告内容应附上测绘机构资质证书及执业范围，既能增加报告的公信力，也有利于测绘内容出错后的追责。

2. 相关批准文件。如依据《中华人民共和国自然保护区条例》第12条规定②，设立自然保护区，须经省级以上人民政府批准。依据《国家级森林公园设立、撤销、合并、改变经营范围或者变更隶属关系审批管理办法》第2条规定③，登记机构办理国家公园、自然保护

---

① 《中华人民共和国测绘法》第27条规定："国家对从事测绘活动的单位实行测绘资质管理制度。从事测绘活动的单位应当具备下列条件，并依法取得相应等级的测绘资质证书，方可从事测绘活动：（一）有法人资格；（二）有与从事的测绘活动相适应的专业技术人员；（三）有与从事的测绘活动相适应的技术装备和设施；（四）有健全的技术和质量保证体系、安全保障措施、信息安全保密管理制度以及测绘成果和资料档案管理制度。"第28条第1款规定："国务院测绘地理信息主管部门和省、自治区、直辖市人民政府测绘地理信息主管部门按照各自的职责负责测绘资质审查、发放测绘资质证书。具体办法由国务院测绘地理信息主管部门商国务院其他有关部门规定。"第29条第1款规定："测绘单位不得超越资质等级许可的范围从事测绘活动，不得以其他测绘单位的名义从事测绘活动，不得允许其他单位以本单位的名义从事测绘活动。"

② 《中华人民共和国自然保护区条例》第12条规定："国家级自然保护区的建立，由自然保护区所在的省、自治区、直辖市人民政府或者国务院有关自然保护区行政主管部门提出申请，经国家级自然保护区评审委员会评审后，由国务院环境保护行政主管部门进行协调并提出审批建议，报国务院批准。地方级自然保护区的建立，由自然保护区所在的县、自治县、市、自治州人民政府或者省、自治区、直辖市人民政府有关自然保护区行政主管部门提出申请，经地方级自然保护区评审委员会评审后，由省、自治区、直辖市人民政府环境保护行政主管部门进行协调并提出审批建议，报省、自治区、直辖市人民政府批准，并报国务院环境保护行政主管部门和国务院有关自然保护区行政主管部门备案。跨两个以上行政区域的自然保护区的建立，由有关行政区域的人民政府协商一致后提出申请，并按照前两款规定的程序审批。建立海上自然保护区，须经国务院批准。"

③ 《国家级森林公园设立、撤销、合并、改变经营范围或者变更隶属关系审批管理办法》第2条规定："由国家林业局实施国家级森林公园设立、撤销、合并、改变经营范围或者变更隶属关系审批的行政许可事项的办理，应当遵守本办法。"

区的自然资源登记时，采用的相关批准文件主要指相应的国家机关批准国家公园、自然保护区等设立的公文。我国对于自然资源相关权利处分以及资源的规划、开发、利用多与政府部门的批准文件紧密相关，甚至政府部门对于某区域范围的某项资源的用途、开发方式都可能单独做出相应的文件批准，例如对于涉及农业的自然资源由农业部门负责，涉及水利的自然资源由水利部门批准，各个行政部门对于自然资源的规划或相关批准通过统一确权登记在登记簿上可以充分展现出来。

（三）用途管制、生态保护红线、公共管制及特殊保护规定或政策性文件以及不动产登记结果资料

《试行办法》第9条规定，自然资源用途管制、生态保护红线、公共管制及特殊保护要求等限制情况属于自然资源登记簿应当记载的内容。因此，登记机构办理自然资源确权登记时，应收取上述相应资料证明，以满足自然资源登记簿记载的需要。

1. 用途管制材料和生态保护红线材料。依据《自然生态空间用途管制办法（试行）》第2条第1款和第7条的规定①，登记机构办理自然资源确权登记时收取的用途管制材料和生态保护红线材料，是指市县级及以上地方人民政府编制的自然资源空间规划中载明该自然资源用途管制、生态红线划定内容的材料。自然资源的多元价值决定其用途多样性，但有些自然资源的用途行政部门或法律对其有明确管制。生态保护红线是在国土空间整体布局下划定的，其体现的是国家对自然资源保护、开发、整治的统筹规划，因此如果自然资源在生态保护红线内则说明该区域自然资源重点突出生态功能，其开发利用则

---

① 《自然生态空间用途管制办法（试行）》第2条第1款规定："本办法所称自然生态空间（以下简称生态空间），是指具有自然属性、以提供生态产品或生态服务为主导功能的国土空间，涵盖需要保护和合理利用的森林、草原、湿地、河流、湖泊、滩涂、岸线、海洋、荒地、荒漠、戈壁、冰川、高山冻原、无居民海岛等。"第7条规定："市县级及以上地方人民政府在系统开展资源环境承载能力和国土空间开发适宜性评价的基础上，确定城镇、农业、生态空间，划定生态保护红线、永久基本农田、城镇开发边界，科学合理编制空间规划，作为生态空间用途管制的依据。"

有一定的管控要求，应在登记簿上予以明确记载。登记用途管制、生态保护等信息，有利于其后对于自然资源的分类规划利用，生态性质强烈的自然资源以保护为主，公共属性强的自然资源则注重保护公众对其平等利用权益，经济价值强的自然资源则注重交易秩序、合理配置财富。

2. 特殊保护规定材料。特殊保护要求也是自然资源确权登记内容之一。依据《矿产资源法》第 17 条①和《草原法》第 50 条第 1 款的规定②，在草原上从事采土、采砂、采石等破坏草原的作业活动的，应当经县级人民政府草原行政主管部门批准，这是法律关于草原特殊保护的规定。自然资源保护是确权登记的重要目的，对于不同类型的自然资源，因其特性不同其保护方式也会有所区别，而为了有针对性地保护某种自然资源，法律法规以及政府规范性文件等会对此作出规定，这些就构成《办法》特殊保护规定材料的内容。

3. 不动产登记结果资料。自然资源确权登记与不动产登记紧密相连，在涉及土地等资源时，不动产登记资料是自然资源确权登记的重要基础。依据《民法典》第 216、217 条和《办法》第 7 条的规定③，登记机构在自然资源登记簿上记载应当记载的自然资源物权时，采用的自然资源登记结果材料是指载明自然资源物权的登记簿打印件、复制件，或者与登记簿记载一致的自然资源权属证书。

———————————

① 《中华人民共和国矿产资源法》第 17 条规定："国家对国家规划矿区、对国民经济具有重要价值的矿区和国家规定实行保护性开采的特定矿种，实行有计划的开采；未经国务院有关主管部门批准，任何单位和个人不得开采。"

② 《中华人民共和国草原法》第 50 条第 1 款规定："在草原上从事采土、采砂、采石等作业活动，应当报县级人民政府草原行政主管部门批准；开采矿产资源的，并应当依法办理有关手续。"

③ 《中华人民共和国民法典》第 217 条规定："不动产权属证书是权利人享有该不动产物权的证明。不动产权属证书记载的事项，应当与不动产登记簿一致；记载不一致的，除有证据证明不动产登记簿确有错误外，以不动产登记簿为准。"《自然资源统一确权登记暂行办法》第 8 条规定："自然资源登记簿的样式由国务院自然资源主管部门统一规定。已按照《不动产登记暂行条例》办理登记的不动产权利，通过不动产单元号、权利主体实现自然资源登记簿与不动产登记簿的关联。"

八、妥善处理自然资源确权登记中涉及的各类关系①

与不动产物权登记相比，相当一部分自然资源与土地资源存在紧密联系，二者均要对相关产权进行保护，从各自登记的内容、权利关联性来看，二者存在紧密相关性，但从目的看，自然资源统一确权登记在生态文明建设中的意义尤为重大。因此，需要正确处理以下四个方面关系：

一是确权与登记的关系。按照自然资源的特性，可以按情况采用只登记不确权、登记即确权等模式。

二是确权中司法与行政的关系。自然资源类型众多，权利涉及面广，所涉及法律法规及规范性文件庞大，这也造成对于自然资源确权的难度大于不动产确权登记，且登记专业性要求高，行政机关在登记确权方面专业人才、自然资源原始信息等资源更为丰富，各类自然资源使用权又以审批许可为主，因此，在自然资源登记确权中以行政机关确权为优先。

三是自然资源登记与土地登记的关系。无论是不动产登记还是自然资源登记，土地登记都是重要内容。从自然资源确权登记内容、资源属性、权利归属来看，众多自然资源与土地密不可分，且与土地以集合物状态存在，因此土地登记在很大程度上是自然资源确权登记基础，例如森林资源、草原资源、矿产资源等均与土地紧密关联，无法与土地登记内容脱离，因此应在确权登记中以土地为核心。

四是登记信息公开与保密的关系。从自然资源确权登记的目的来看，其是在推进生态文明建设下为国家有效掌握自然资源综合状况、科学合理规划开发自然资源提供翔实的数据资料支撑，从而更好地保护自然资源，因此登记信息对于加强资源保护规划以及社会监督具有

---

① 引自陈丽萍等：《国外自然资源登记制度及对我国启示》，《国土资源情报》2016年第5期。

重要作用。对公有公营的自然资源，除非登记信息涉及国家秘密或者公开该信息不利于对自然资源保护，否则登记信息应一律向社会公开。对公有私营的自然资源，涉及的相关权利信息，按照我国法律对个人隐私或商业隐私保护规定，对于不同的主体依其身份、使用目的设置不同权限。

第三章　我国自然资源所有权的行使和限制

第一节　我国自然资源所有权制度现状以及与环境保护理念的冲突

为了缓解我国开发、利用自然资源与生态环境保护之间的矛盾，需要加快建设我国自然资源法律制度。以生态文明建设为契机，分类梳理环境保护视野下自然资源所有权行使及其限制所存在的问题。在生态文明背景下，自然资源所有权的行使及其限制备受关注。《民法典》中的绿色原则，是民法生态化迈出的重要一步。通过分析目前的立法现状，分析最新的立法，从而发现行使自然资源所有权过程中与环境保护理念的冲突。

一、自然资源所有权的有关规定

在我国《宪法》和《民法典》中，都有自然资源所有权的相关规定。从自然资源类型的角度，我国现行法中的自然资源所有权包括矿产资源所有权、水资源所有权、海域所有权、土地所有权、野生动植物资源所有权。具体而言，野生植物资源所有权、土地所有权包括国家所有与集体所有两种形式，其他类型的自然资源则仅有国家所有权。

　　自然资源所有权的上位概念是所有权。所有权主体可以就其标的物做出任何行为，这种行为仅仅受到自身实力以及法律的限制。① 从所有权的角度，结合《民法典》第 240 条②的规定，可以简单地将自然资源所有权理解为：自然资源所有权人对自然资源依法享有的占有、使用、收益和处分的权利。

　　然而，理解"自然资源所有权"一词，应将其视为一个整体的概念，而不能将其简单理解为"自然资源"与"所有权"的叠加。如对于水资源所有权与水所有权，根据《宪法》第 9 条第 1 款以及《民法典》第 247 条的规定，只有国家能够成为水资源所有权的主体，集体与个人皆无可能。个人只能依法享有水的所有权，如从商店购买的纯净水。《森林法》第 20 条第 2、3 款③规定了林木的权属，"个人所有"在本条文则出现了两次。不过，根据我国《宪法》的规定，自然资源所有权的主体，仅有国家、集体两种形式。因此，从合宪性解释的角度，该条文所指的林木，不属于法律意义上的自然资源。《野生动物保护法》第 3 条第 1 款规定："野生动物资源属于国家所有。"根据该法第 2 条第 2 款④，法律意义上的野生动物，特指受保护的野生动物；至于不受本法保护的野生动物，我国现行法律对其权属并未作出明确规定。

---

　　① 周枏：《罗马法原论》（上册），商务印书馆 1996 年版，第 299 页。

　　② 《中华人民共和国民法典》第 240 条规定："所有权人对自己的不动产或者动产，依法享有占有、使用、收益和处分的权利。"

　　③ 《中华人民共和国森林法》（2019 修订）第 20 条规定："国有企业事业单位、机关、团体、部队营造的林木，由营造单位管护并按照国家规定支配林木收益。农村居民在房前屋后、自留地、自留山种植的林木，归个人所有。城镇居民在自有房屋的庭院内种植的林木，归个人所有。集体或者个人承包国家所有和集体所有的宜林荒山荒地荒滩营造的林木，归承包的集体或者个人所有；合同另有约定的从其约定。其他组织或者个人营造的林木，依法由营造者所有并享有林木收益；合同另有约定的从其约定。"

　　④ 《中华人民共和国野生动物保护法》第 2 条第 2 款规定："本法规定保护的野生动物，是指珍贵、濒危的陆生、水生野生动物和有重要生态、科学、社会价值的陆生野生动物。"

二、自然资源所有权立法现状与民法的生态化

我国自然资源所有权制度，主要是国家所有、集体所有两种形式，属于二元主体结构。关于自然资源所有权的立法，我国现行法中，存在大量的自然资源单行法，自然资源所有权制度分散在各个单行法中，《宪法》和《民法典》以及各自然资源法中皆有相关规定，其跨越了宪法、民法、行政法等部门法。这些条文基于各自的立法目的，对自然资源所有权作出规定。其中，多数法律以经济效益为目的，少数法律以保护生态环境为宗旨，且不论法条内容为何，法律名称中含"保护"二字的也是凤毛麟角。这些法律中关于自然资源的规定，不仅内容大量重复，而且表述方式不尽相同，因此含义亦不同，以致权利边界模糊，甚至存在冲突。由于立法思想不统一，缺乏前瞻性与技术性，导致一些自然资源单行法频繁修改，有失法律严肃性。而且，现行立法采用的是分割式立法，将污染防治与开发利用分开。这样的立法模式，未能体现自然资源的特殊性，其存在诸多问题，如自然资源的生态价值如何融入所有权的权利义务之中；作为所有权客体的自然资源，其与民法上的物区别何在；自然资源的行使需要遵循何种环保理念，其救济制度与传统民法有何区别？在环境问题需不断加强治理的今天，这样的立法显然不能满足现实的需要，对于数量庞大的自然资源，我们亟须一个完整的自然资源所有权体系。

现行制度仍在不断向前推进。2016 年 12 月 20 日，国土资源部、中央编办、财政部、环境保护部、水利部、农业部、国家林业局印发了《试行办法》。《试行办法》建立了统一的确权登记系统，促进了自然资源所有权制度的完善。《试行办法》第 2 条第 2 款规定："自然资源确权登记坚持资源公有、物权法定和统一确权登记的原则。"资源公有原则体现出自然资源的公属性，合乎宪法规定；物权法定原则

充分尊重私法。2019 年 7 月 11 日，自然资源部、财政部、生态环境部、水利部、国家林业和草原局印发《办法》，延续了相关规定。因此，我国自然资源所有权制度必将融合公法私法，实现制度的平衡。

《民法典》对自然资源所有权制度更是有深远的影响。《民法典》总则编第一章"基本规定"之第 9 条规定："民事主体从事民事活动，应当有利于节约资源、保护生态环境。"自此，"绿色原则"名正言顺地成了我国民法的基本原则之一，自然资源所有权的行使也必然受此原则的制约。早在 21 世纪初，就有学者提出了物权法的生态化问题，亦有学者称为"绿化"。其具体内涵为：可持续发展是人类发展的绿色道路，从而实现资源环境在代内、代际之间的公平合理配置，并以尽可能少的环境资源损失获取更多的经济价值。物权法作为资源配置的基本规则，应贯彻可持续发展理念，从而实现资源的可持续利用。[1] 该学者进而提出了"绿色民法典"的概念，意在将环境保护理念纳入民法典中。[2] 许多大陆法系的学者试图通过法律解释的方法，用传统民法概念来分析、定性含有环境保护理念的民法制度。虽然也起到了一定作用，但依然存在许多权利现象不能被原有的民法体系包容。在环境问题需不断加强治理的今天，假如仅仅让新的权利现象勉强栖身在旧的权利框架之中，其势必对环境保护理念产生一定的歪曲。然而，这些问题似乎得到了缓解。在绿色原则的指引下，往后的民事立法势必遵循此原则，从而真正实现向生态文明的转变。

此外，《民法典》在自然资源集体所有权方面亦有所突破，对集体所有权的行使主体作出了新规定。依《民法典》第 96、99 条的规定[3]，"农村集体经济组织"的民事主体地位终于确定了，自然资源集体所

---

① 参见吕忠梅：《关于物权法的"绿色"思考》，《中国法学》2000 年第 5 期。

② 吕忠梅：《如何"绿化"民法典》，《法学》2003 年第 9 期。

③ 《中华人民共和国民法典》第 96 条规定："本节规定的机关法人、农村集体经济组织法人、城镇农村的合作经济组织法人、基层群众性自治组织法人，为特别法人。"第 99 条规定："农村集体经济组织依法取得法人资格。法律、行政法规对农村集体经济组织有规定的，依照其规定。"

有权主体不明亦得到一定的缓解。但同时我们也应当看到，虽然在立法上有所突破，然而任重道远。既然立法改变了集体所有权行使主体的性质，为何不直接对农民集体这一真正主体做出定性。这说明目前学界仍然莫衷一是，因此在立法上回避了这一难题。

三、自然资源所有权行使及其限制与环境保护理念的冲突

（一）自然资源所有权在行使上做得不够

行使自然资源所有权自然离不开所有权主体与行使主体。法律规定了国家所有、集体所有自然资源的代表行使，但假如行使不好，行使效能就会存在问题。由于自然资源具有生态功能，其弊端还会直接影响到生态环境的保护。

1. 自然资源国家所有权。自然资源国家所有的本意是"全民所有"，然而有时候难以行使好该权利，也难以保证权利不受侵害。根据《民法典》第 246 条第 2 款[①]关于行使国有财产所有权的规定可知，对于自然资源国家所有权，其各项权能由国务院代表行使。事实上，其权利是由各级政府和各个政府部门来行使。如此一来，在一个所有权下出现了多个行使主体，从而存在地方利益与部门利益，也可能导致各行使主体行使权利的方式违背所有权主体的本意。2006 年，财政部、国土资源部、中国人民银行联合出台了关于探矿权采矿权价款由中央与地方二八分成的政策[②]，其目的就是缓解中央与地方在矿产自然资源收益分配上的矛盾。此外，行使自然资源所有权可能造成生态破坏，地方政府通过税收所获得的收益，很多时候可能比不过治理环境污染的费用。

---

① 《中华人民共和国民法典》第 246 条第 2 款规定："国有财产由国务院代表国家行使所有权。法律另有规定的，依照其规定。"

② 财政部、国土资源部、中国人民银行《关于探矿权采矿权价款收入管理有关事项的通知》（财建〔2006〕394 号）中提到："各级国库在收到库款时，按照规定的分成比例，将库款的 20% 逐级上划国家金库总库，将库款的 80% 部分，按省、自治区、直辖市人民政府规定的省、市、县分成比例进行划解。"

2. 自然资源集体所有权。根据《民法典》第 262 条①，自然资源集体所有权的主体是农民集体。换言之，自然资源集体所有也就是农民集体所有。然而，"农民集体"并非民事主体，在实际运行中很难充分发挥集体所有者的职能。其一，集体自然资源和农民利益并未紧密联系，农民集体在名义上是自然资源的所有权主体，但不能获得所带来的利益，因此会出现无人负责的状况。其二，未规定当自然资源集体所有权遭受侵害之时，谁有权主张权利。② 其三，根据《民法典》第 262 条的规定，集体自然资源所有权由集体经济组织、村民委员会、村民小组代为行使。而这些行使主体如何行使所有权成为一大难题。这些行使主体也有可能干扰农民集体的合法权益。

（二）自然资源所有权的公法私法保护不足

在自然资源开发利用的过程中，行使主体往往只追求经济利益，忽视自然资源的生态价值。法律对于自然资源所有权的保护，可分为公法保护与私法保护。公法保护，依靠法律的强制性规范以实现其目的，具体而言，通过刑事制裁、行政处罚、行政监督等方式，防止生态环境遭到不法行为的破坏；私法保护，则主要依据民法基本原则、环境侵权民事责任制度。③

对于此类环境保护问题，以往通常采用公法保护的手段。公法需要依赖行政机制来实现，行政机关有时候可能为了某些利益，而牺牲社会公益，从而导致在环境保护问题上的政府失灵。公法手段通常是具有强制命令性的管制，其程序相对僵化；而且，由于社会公益需要界定，使得公法保护手段具有消极性、被动性。实际上，这种保护手

---

① 《中华人民共和国民法典》第 262 条规定："对于集体所有的土地和森林、山岭、草原、荒地、滩涂等，依照下列规定行使所有权：（一）属于村农民集体所有的，由村集体经济组织或者村民委员会依法代表集体行使所有权；（二）分别属于村内两个以上农民集体所有的，由村内各该集体经济组织或者村民小组依法代表集体行使所有权；（三）属于乡镇农民集体所有的，由乡镇集体经济组织代表集体行使所有权。"

② 王利明、周友军：《论我国农村土地权利制度的完善》，《中国法学》2012 年第 1 期。

③ 尹田：《民法基本原则与调整对象立法研究》，《法学家》2016 年第 5 期。

段最终只能依赖个人的道德观。因此，公法保护的弊端显露出来，若能够加以私法保护，则能够有效缓解这些问题。由于私法具有自治性的特点，权利可在法律范围内协商、处分。重视私法手段的保护，则可以让每一个主体更加积极地、主动地参与环境保护，从而减轻政府保护环境的重负。

第二节　我国自然资源所有权行使主体考察

在我国，只有国家和集体能够成为自然资源所有权主体。在其他国家和地区的法律中，存在一些不同情况。比如，在德国法中，水资源、森林资源以公有产权为主，但也存在私有。为了能更好地应对各种环境危机，我们考察不同类型自然资源所有权的行使主体，并在不违背宪法的前提下做出更好的制度优化，或许会有不同的气象。

一、自然资源国家所有权的行使

国家所有权的行使，是为了实现全体人民的利益，国家所有是社会全体成员对生产资料的共同占有。[①] 国家所有本身也限制了其他主体对自然资源的取得。国家作为特殊的民事主体，其行使自然资源所有权，必然与自然人、法人有很大区别，国家必须借助其政府部门的力量才能实现。

（一）自然资源国家所有对其他主体的限制及其必要性

自然资源国家所有，在世界范围内并不少见。在社会主义国家，自然资源国家所有更是一种常态。即便是在私有制观念盛行的资本主义国家，也是一种不可或缺的所有权类型。法律规定自然资源属于国家所有，本身就是对其他主体的限制，如可以防止私人基于先占原则

---

① 佟柔主编：《民法原理》，法律出版社 1986 年版，第 158—161 页。

取得无人所有的自然资源。

在国家成为自然资源所有权主体之前，更为原初的一种状态是自然资源无人所有。目前，仍然有许多自然资源属于此种情形。例如，空气资源，目前世界各个国家和地区的法律几乎都没有规定空气资源所有权。假如目前的法律规定了空气资源的权属，那只会无端地将义务强加给某些主体，因此并无规定的必要。再如，我国《野生动物保护法》中所指的"野生动物"，特指受保护的野生动物，即珍贵、濒危的陆生、水生野生动物和有重要生态、科学、社会价值的陆生野生动物。① 所以，那些不受保护的野生动物，实际上是一种无人所有的状态。

然而，大部分自然资源已不是处于无人所有的状态。假如自然资源处于无人所有的状态，那么，任何一个理性人都会期望从自然资源中获得最大化利益，其造成的资源枯竭与环境污染，只能由整个社会承担，这就是哈丁所言的"公地悲剧"。自然资源个人所有虽然可以避免上述悲剧，但仍然会造成其他自然资源的污染，如空气污染与水源污染，这正是经济学上所说的负外部性。所谓负外部性，是指在经济活动中，某主体的活动使得其他主体支付了额外的成本费用但后者无法获得相应补偿的现象。要想消除这种负外部性，就必须把负外部性内部化，让自然资源使用者自行承担环境成本。

因此，自然资源国家所有对其他主体的限制之所以具有正当性，在于其能够兼顾生态利益与经济利益，并且符合秩序价值。

从生态利益的角度，自然资源属于国家所有有利于保护生态环境。自然资源国家所有，其行使主体通常是政府部门。生态环境是一种公共物品，与政府维护公共利益的职责恰好吻合。由于经济利益的驱使，自然资源通常会被过度利用从而导致生态环境的破坏，此时则

---

① 野生动物及其制品，是指野生动物的整体（含卵、蛋）、部分及衍生物。珍贵、濒危的水生野生动物以外的其他水生野生动物的保护，适用《中华人民共和国渔业法》等有关法律的规定。

需要政府行使生态管理权力加以限制。然而，自然资源属于国家所有，政府就能够自行把握开发利用自然资源的限度，相比于私人所有与集体所有，能够更好地保护生态环境。在这种情形下，则需要政府进行自我限制，这种自我限制相比于私人所有、集体所有的生态管理权力，能极大地降低成本。另外，由于生态环境具有整体性，国家所有能够最大限度地进行宏观的把控，从而使得政府对生态环境的管理符合生态整体性的需要。

从经济利益的角度，我国经济制度的有效运作，需要以自然资源国家所有为基础。《宪法》第 6 条第 1 款①规定了我国基本经济制度。为了消除剥削，为了避免资本家不劳而获，就必须确保生产资料在劳动者手中。自然资源国家所有权将"全体人民"法律拟制为"国家"这一人格，对自然资源物权的行使须经民主立法程序而定，如此也就防止了剥削的产生。

从秩序的角度，自然资源国家所有能起到定分止争的作用。自然资源国家所有与个人所有的区别在于，利用国家所有的自然资源，未必都要收费，然而个人主体通常不会如此大方。也就是说，国家所有并不必然意味着有偿使用。任何满足人类生存基本需要的自然资源，自然人都有权利合理使用，这里的使用当然包括有偿使用和无偿使用。因此，自然资源的国家所有与自然人合理利用自然资源并无矛盾。更进一步，自然资源国家所有能有效避免先占取得制度的弊端，能够防止其他主体对自然资源无主物的不当获取。

对于国家所有的自然资源，通常都有相应的自然资源保护法。但我们亦必须意识到，对于自然资源保护法不能抱有太高期望。米歇尔·格里高利教授曾表示：环境问题需要有关部门下定决心，虽然法律能够对非法行为予以制裁，从而影响人的行为，但法律本身也不过

---

① 《中华人民共和国宪法》第 6 条第 1 款规定："中华人民共和国的社会主义经济制度的基础是生产资料的社会主义公有制，即全民所有制和劳动群众集体所有制。社会主义公有制消灭人剥削人的制度，实行各尽所能、按劳分配的原则。"

是几页纸，其施行还是取决于人。[1] 自然资源国家所有可以避免自然资源个人所有的种种弊端，然而，庞大的自然资源交由国家行使，自然也存在很多的难题。

（二）环境保护视野下自然资源国家所有权代表行使

在讨论了国家所有自然资源限制其他主体的正当性之后，我们发现，国家所有这一形式与环境保护的契合度很高。那么，在代表行使国有自然资源时，又如何体现环境保护理念？本部分将对代表行使的相关问题展开论述。

关于国家所有权的行使主体，学界主流观点为"分级所有说"与"统一所有分级代表说"。这两种学说有质的区别，主要是对所有权主体有分歧。分级所有说认为，国家所有的自然资源应当由县级以上政府分级所有，各级政府分别行使自然资源所有权。[2] 而统一所有分级代表说认为，国家所有权是不可分的，国家借助各级政府部门，通过行政管理来行使权利，但政府部门并非国家所有权的主体。[3] 此种观点是合乎解释论的，而分级所有说在目前只是一种设想。假如通过法律解释能够解决国家所有权主体与行使主体的问题，那么也就缺乏修改法律的必要性。因此，本书采取后一观点，即国家所有权的唯一主体是国家，政府部门仅仅是行使主体。

各级政府部门行使自然资源国家所有权，其性质是"代理"抑或"代表"？学界莫衷一是。"代理说"认为，国家与政府部门是两个独立的民事主体，属于委托代理的法律关系。虽然国家是被代理人，但只能通过代理人政府部门来管理国有自然资源，国家本身无法行使所有权。国家所有，即全民所有，但全国人民不能直接行使自然资源所有权。在这个法律关系中，真正的委托人是全民，人大代表是代理

---

[1] Michael Gregory, Conservation Law in the Countryside 110. Tolley Publishing Company Limited.（1994）.

[2] 参见周林彬：《物权法新论》，北京大学出版社 2002 年版，第 292 页。

[3] 王利明：《中国物权法草案建议稿及说明》，中国法制出版社 2001 年版，第 271 页。

人，各级政府则构成多级代理，通过各级政府委托到直接行使国有自然资源所有权的政府部门。"代表说"则认为，国家所有权由政府部门代表行使。此种学说虽然出现较晚，但逐渐被学界接受，并在立法时采用。许多法律都规定，由国务院代表行使自然资源所有权，比如《民法典》。但值得注意的是，在早期的立法中，并没有明言代理行使，抑或代表行使，如1996年《矿产资源法》、1998年《土地管理法》。

从起源的角度，"代理说"产生于英美法系国家，代理制度最早来自经济学领域。在一个企业中，经理人与企业主都具有独立的主体资格，良好的委托代理制度能够有效激励代理人。但假如将其置于法学领域，其概念的使用就不严谨了。代理是两个独立的民事主体之间的关系，双方的法律后果各不相同，且双方都享有诉权。而在国家与政府之间，尚无区分两个独立主体的必要，二者之间也不可能形成诉的关系。而代表则先是出现在法人制度中，因为法人本身不得自为法律行为，须自然人为之。[①] 从这个角度，国家与法人是相似的，都离不开自然人为一定的法律行为。因此，代表制度更为符合国家与政府的关系，而代理制度却难以在行使国有自然资源中立足。相对而言，代表行使也更为符合体系解释。

从公法私法的角度，"代表说"能够有效沟通公法与私法。政府部门行使国有自然资源所有权，是国家意志的体现，是人民共同意志的体现，政府只是代表国家实现人民的意志。[②] 人民对生态环境的要求，通过政府代表行使，最终体现人民的意志。与人民代表类似，假如采用"人民代理"这种说法，就显得与人民疏远了，采用"代表"一词才更为贴近人民，才能体现人民的利益。在我国，国家的最高权力来自人民，正是人民的共同意志组成了我们的国家。唯有代表，才与人民的利益相一致。生态环境问题，最终影响的是每一个自然人的

---

① 王泽鉴：《民法总则》，北京大学出版社2009年版，第417页。
② 参见屈茂辉、刘敏：《国家所有权行使的理论逻辑》，《北方法学》2011年第1期。

健康与生存，环境保护是人民迫切的要求，需要更为直接的"代表"，而不是不同独立主体之间的"代理"。

二、自然资源集体所有权的行使

自然资源集体所有的起源，可能比私人所有更为久远。不论是在古代中国还是西方世界，家族、氏族所形成的所有权形式，在很长一段时期内影响着人类社会。日耳曼社会中的马尔克公社就是一个典型代表。行使自然资源集体所有权，要想符合环保理念，就必须对其行使主体使用资源的行为作出限制。由于环保理念包含了人类的可持续发展，因此就必须考虑自然资源的效益问题。

（一）环境保护理念对自然资源集体所有构成要件的限制

生活在自然资源附近的个体组成的集体，对自然资源享有的所有权，就是自然资源集体所有。根据我国《宪法》的规定，集体所有自然资源的类型，包括森林和山岭、草原、荒地、滩涂。这些自然资源，都分布在集体所有者居住地周围，而且是集体所有者的主要经济依靠。集体所有者的经济利益与生态利益必须同增同减，且集体所有者有能力管理好其所有的自然资源。

由于集体所有者在一定程度上依靠集体所有的自然资源，因此集体所有者不至于为了经济利益而肆无忌惮地破坏生态。但我们仍需警惕自然资源集体所有对于生态的影响。美国经济学家奥斯特罗姆通过对世界各国自然资源集体所有的成功及失败案例的考察和对比分析①，总结出自然资源集体所有权至少要具备八个要件②，才能有效地保护生态环境。笔者将其总结为：其一，自然资源本身需满足一定特质。只有满足可分割、相对独立的自然资源，才适合自然资源集体所有。其二，

---

① ［美］埃莉诺·奥斯特罗姆：《公共事物的治理之道——集体行动制度的演进》，余逊达等译，上海三联书店2000年版，第141—160页。

② 八个要件分别为：清晰界定边界、占用和供应规则与当地条件保持一致、集体选择的安排、监督、分级制裁、冲突解决机制、对组织权的最低限度的认可、分权制企业。

集体所有者内部协调。集体所有者的人数首先必须在自然资源所能承受的范围之内，集体所有的每一个体都按照共同制定的规则获取自然资源，集体成员之间形成相互监督，防止其他成员过度使用自然资源，并排除集体之外的主体对自然资源的使用。其三，法律制裁。法律制裁是任何一种自然资源所有类型都必须有的，能够对自然资源所有权的行使者起到威慑作用，保障自然资源的生态价值。以上三个要件中，资源本身的特质是每一种所有权形式都必须考虑的，法律制裁也是普遍存在的。对于自然资源集体所有权而言，集体所有者的内部协调才是集体所有的实质，如何构建集体所有的使用机制是构建自然资源集体所有权的关键。

（二）自然资源集体所有权行使的完善

环境保护必然包含土地的保护、耕地的保护。中国作为人口大国，想要实现可持续发展，必须保护好集体土地，而且必须保护好集体所有的自然资源。我国自然资源集体所有权的主体是"农民集体"。根据《民法典》第262条的规定，农民集体具体分为三种形式，即乡镇农民集体、村农民集体和村民小组农民集体，并且规定了集体所有权由集体经济组织、村民委员会、村民小组代表行使。由于现行法并未具体规定集体所有权主体行使其所有权的组织形式和程序，导致了行使中可能出现错位。

农民集体有三种具体形式且之间级别不同，如乡镇集体与村集体的关系，它们是否都是独立的民事主体？农民集体虽然是民事主体，但是法律未再作更多规定。《民法典》赋予了农村集体经济组织法律地位，但对农民集体的有关规定还是不到位。

《民法典》规定了三种行使主体，然而农村集体经济组织所发挥的作用不足，实际上，行使主体多为乡（镇）人民政府。前文提到，行使自然资源国家所有需要依靠各级人民政府。因此，总的来说，自然资源集体所有权，应该采用相应机制由农民集体更好地去行使。

第三节　我国自然资源所有权行使 及其限制：公与私的协调

为了解决自然资源所有权的行使及其限制的问题，为了将环境保护理念纳入其中，需要解决传统私权意义上的所有权制度与带有公权性质的自然资源所有权在具体行使过程中的协调与平衡问题。公与私的矛盾，恰恰是自然资源所有权与一般所有权的区别所在。在不违背民法根本属性的大前提下，将"公法支配和公法义务"纳入民事权利体系，是解决自然资源所有权行使和限制问题的关键。

一、自然资源所有权在实际行使中的公私法属性

公法与私法的区分，虽然这种区分标准有一定局限性，但对于每一部法律甚至每一条法律规范，其公私属性又是我们所必须面对的问题。我国的自然资源所有权，不仅规定在诸如宪法、行政法这样的公法中，同时也存在于民法典这样的私法中。由于自然资源所有权在行使中的性质不唯一，所以不能简单地将以私有制为基础的所有权的权能结构生搬硬套到自然资源所有权中。自然资源的特殊性质，决定了自然资源所有权的行使应当兼顾公私利益，既要维护民法上的财产私权属性，又要兼顾公共利益。

（一）自然资源所有权在宪法与民法中的异同

宪法是典型的公法，宪法上的自然资源所有权带有明显的公属性，而民法则是典型的私法，民法中的自然资源所有权则充满私属性。在讨论自然资源所有权的公私属性之前，先厘清宪法、民法中自然资源所有权的异同，有助于定位自然资源所有权的属性。

1. 两者在精神上一致，指向的是同一个所有权。从法律位阶的角

度，任何法律都不得与宪法相抵触，民法自然不能例外。比较法学家勒内·达维德认为，民法在所有部门法中出现最早，其他的部门法在发展过程中，都是借助民法的原则才逐渐成熟的。因此民法在很长一段时期内是法学的基础。① 因此，从法治基础的角度考虑，民法是法治的基础，而宪法上的自然资源国家所有权是以民法上的自然资源国家所有权为基础的。从权利保护的角度而言，我国宪法上的权利需要通过部门法的途径来实现其救济，民法典对自然资源所有权的保护，同样可以保护宪法上的自然资源所有权。

2. 两者又存在差异。"所有权在宪法及其学说上，是所有权应作为什么样的地位而受到保护，而国家又是在何种程度上享有对这种地位的内容予以规定和限制的权限。"② 因此，所有权扮演着不同的角色。宪法上的所有权制度，具有固定国家基本制度的作用。从权利形态的角度考虑，自然资源所有权是所有权的一种特殊形态。市场经济、商品经济社会中的所有权是所有权的典型形态。其具有的让与性，能够实现财产权的效益性。然而这只是一般形态，对于某些特殊的权利制度，则会有所形变。特别是一些公法中的权利制度，承载着一定的社会职能，不能与我国的政治、经济制度相冲突。假如我们以市场经济中的所有权的完整形态来定义所有权，那么就会将自然资源国家所有权、自然资源集体所有权等特殊形态的所有权排除在外。但这对于司法实务、行政运作都没有益处。因此，对于当下的法律适用，应当充分运用解释论的方法，以解决自然资源国家所有权制度中的问题。自然资源所有权虽然具有特殊性，但不影响其具有民法属性。

---

① ［法］勒内·达维德：《当代主要法律体系》，漆竹生译，上海译文出版社1984年版，第25页。

② ［德］鲍尔、施蒂尔纳：《德国物权法》（上册），张双根译，法律出版社2004年版，第513页。

（二）自然资源国家所有权在行使中的属性

对于行使中的自然资源国家所有权到底是公法属性还是私法属性，学术界有诸多看法。主流学说有"公权说""私权说"和"双阶构造说"。

1. 公权说。该学说认为，自然资源国家所有权制度，在设计之初就是以公有制为前提的，与民法所有权有着本质的区别。不论是规定在物权法，还是规定在自然资源单行法，国家一直都在掌握着对自然资源的权力。有学者认为，解决自然资源权属问题的根本之道，应当超越私法的视域，并恢复其公权本色，使得公权、私权泾渭分明。①

2. 私权说。尽管宪法是公法，然而在我国的法律体系中，宪法也是私法的法律渊源之一。② 崔建远教授认为，所有权是私法上的概念，不存在公法上的所有权概念。③ 耶利内克认为，并不存在那种与私法所有权本质不同的"公法上的所有权"。④ 尽管宪法是公法，但公法中可以存在私权规范。

3. 双阶构造说。既然公权说与私权说都有弊端，因此学者提出了双阶构造说。有学者认为，对于自然资源国家所有权，宪法规范是垂直关系，民法规范则是水平关系，其本身就表现为公私法交错的状态。⑤ 由于这种学说看似是一种杂糅，而且这种虚拟的性质在实施中是否有效还不得而知，因此遭到了众多学者的批评。毕竟，从法律关系的角度，宪法上的此种权利是国家与公民的关系，而民法中则是平等主体之间的关系，因此这种学说并不能实现其目的。⑥ 但是，这种学说并非首创，而是早有先例。我国宪法第二章规定了公民的人身

---

① 参见巩固：《自然资源国家所有权公权说》，《法学研究》2013 年第 4 期。
② 佟柔主编：《民法原理》，法律出版社 1986 年版，第 22 页。
③ 崔建远主编：《自然资源物权法律制度研究》，法律出版社 2012 年版，第 31 页。
④ ［日］美浓部达吉：《公法与私法》，黄冯明译，中国政法大学出版社 2003 年版，第 77 页。
⑤ 税兵：《自然资源国家所有权双阶构造说》，《法学研究》2013 年第 4 期。
⑥ 彭成信：《自然资源上的权利层次》，《法学研究》2013 年第 4 期。

权、财产权、继承权，并且以上权利都规定在了民事法律中，因此也同样属于宪法权利与民事权利的双阶构造。

自然资源所有权，不论是出现在宪法中还是民法中，其指向的是同一个所有权。但在行使自然资源国家所有权时，由于主体、行使主体的特殊性，公权力也不可避免地参与进来。因此，双阶构造说也启发了笔者："阶"意为分层，目的在于互不冲突。在坚持自然资源国家所有权的前提下，需要对宪法与民法中的国家所有权做出合理解释，使之不矛盾，这是笔者的初衷。宪法上的国家所有权，具有维护社会经济制度的功能；民法上的国家所有权，目的在于明确权利界限，在于实现物尽其用。

（三）自然资源集体所有权在行使中的属性

1. 宪法中的集体所有属于基本权利。1988 年宪法修正明确了土地使用权可以依法转让。根据我国现行法的规定，集体所有的土地有三种用途，分别是农用地、建设用地和荒地。现行法在农用地和荒地上构造出了土地承包经营权，在建设用地上构造出了建设用地使用权，这些都是《民法典》中规定的物权。

2. "成员集体所有"性质的考察。自然资源集体所有权，体现了民法的权利本位精神。对于自然资源集体所有权的行使效能，我国《民法典》试图通过引入"成员权"的概念来解决这一问题。《民法典》第 261、264、265 条中都出现了"集体成员"。关于"成员集体所有"的性质，在学界颇有争议，主流学说有"共有说""法人所有说"以及"总有说"。

成员集体所有不同于共有。民事主体退出共有组织，可以分割共有财产，然而成员集体所有则不存在财产的分割。

成员集体所有不是法人组织所有。根据《民法典》第 262 条的规定，自然资源集体所有权可由集体经济组织、村民委员会、村民小组代表行使。《民法典》赋予了农村集体经济组织法人资格，但在现实中，大部分集体自然资源属于村民小组所有，然而《民法典》并没有明确村民小组的法人地位。而且，此三者也仅仅是自然资源集体所有权的行使主体，并非所有权的主体。

成员集体所有与总有也有差异。总有是日耳曼固有法所特有的法律制度，其依照团体内部的规约，将所有权的内容分割，其管理、处分等支配权能属于团体，而使用、收益等利用权能属于其成员。① 由于此二者有些许相似，故有学者认为集体所有权在性质上类似总有。② 但此种观点亦有欠缺。其一，在日耳曼法中，所有权通过质的分割转变为各种权能，分割之后的权能也是所有权。因此，日耳曼法独特的地方在于，他物权也是所有权。而我国的土地承包经营权，不能算是所有权，其属于用益物权，是他物权；而集体所有的土地则是自物权。这与日耳曼法总有制度有本质区别。③ 其二，总有这种共同体，由于没有形成法律人格，其会分解为个人的形态。在日耳曼法中，因中世纪后期团体生活脱离了个人生活，造成其演变为法人；④ 在日本法中，总有权所残存下来的入会权，逐渐走向了解体。因此，我国自然资源集体所有权也不适合以总有的路径进行改造。

尽管本部分否定了"成员集体所有"性质的所有学说，但客观而言，目前的民法体系中确实找不到能与之真正契合的理论。看似山重水复疑无路，但通过后文的分析，或许能找到路径。

二、环境保护视野下自然资源所有权的公私法限制

限制是权利的内在属性，行使自然资源所有权，必然包含权利的限制。

---

① 李宜琛：《日耳曼法概说》，中国政法大学出版社 2002 年版，第 75—76 页。
② 王利明、周友军：《论我国农村土地权利制度的完善》，《中国法学》2012 年第 1 期。
③ 参见高飞：《论集体土地所有权主体之民法构造》，《法商研究》2009 年第 4 期。
④ ［日］石田文次郎：《土地总有权史论》，印斗如译，"中国地政研究所"1970 年印行，第 75—76 页。

对于所有权，有学者提出："因为所有权先验地具有绝对性和完全性，就认为所有权的限制指的是从外部对所有权加以限制，这是对这个用语的错误看法。所有权因为具有内在的特殊的历史性的原因本身就包含对自身的限制。"① 因此，限制与所有权并不冲突，限制本身就是所有权的内在属性。自然资源所有权，是一种相对所有权，而不能简单地将其理解为绝对所有权。由于自然资源具有生态功能、社会功能，具有一定的公共属性，因此行使自然资源所有权所受到的公法限制与私法限制，相对于传统民法的所有权，限制也就更为特殊。

（一）环境保护视野下自然资源所有权的公法限制

自然资源所有权的公法限制，指的是公法规范的限制，主要存在于宪法、行政法以及各自然资源法中。通过限制自然资源所有权的行使，从而实现自然资源所有权与社会公共利益的平衡。自然资源所有权的公法规范限制数不胜数，虽然我国的自然资源法数量众多，但以往立法目的相对单一，更多是以经济发展为目的，未完全将生态效益融入法律中。由于宪法具有最高的法律效力，各自然资源法的环保理念与宪法精神是一致的。因此，本部分以宪法限制为出发点，从环境保护的角度审视公法规范的限制。

1. 宪法上的保护义务对自然资源所有权的限制。国家不仅有保护生态环境的义务，还必须在充分发挥市场调节的功能下，确保全体人民能够持续共享自然资源。②

其一，宪法有保护生态环境的义务。我国《宪法》第26条③出现了两次"环境"，规定了国家的环境保护义务，是独立的环境保护基本国策条文。此外，《宪法》第9条第2款④亦涉及自然资源的保护义

① ［日］末川博：《占有と所有》，日本法律文化社1962年版，第170页。
② 王旭：《论自然资源国家所有权的宪法规制功能》，《中国法学》2013年第6期。
③ 《中华人民共和国宪法》第26条规定："国家保护和改善生活环境和生态环境，防治污染和其他公害。国家组织和鼓励植树造林，保护林木。"
④ 《中华人民共和国宪法》第9条第2款规定："国家保障自然资源的合理利用，保护珍贵的动物和植物。禁止任何组织或者个人用任何手段侵占或者破坏自然资源。"

务，但本条文并未出现"环境"二字，主要是对自然资源所有权作出规定。虽然这两个条文的功能不同，看似前者才是真正的保护环境条款，然而，自然资源与环境是密不可分的。生态环境具有整体性特点，因此，自然资源法与环境法的调整对象是相同的。国家作为部分自然资源的所有者，有义务保证可持续地利用自然资源。在行使自然资源权利之时，国家有义务在保护环境与开发利用之间寻求平衡。

其二，宪法有平等保护义务，以实现各主体公平利用自然资源。平等价值与环保价值是两种价值，然而，这两种价值在某些情形下存在关联。比如，公平行使自然资源权利可能与环保理念有所冲突。在某些情况下，环保价值与公平价值高度重合，比如自然资源权利代际之间的公平。因此需要在宪法中寻找理论依据。结合《宪法》第33条第2款①平等条款以及该条第3款②人权条款的规定，每一个公民的人权都受到国家的尊重与国家的保护，而且这种保护必须以平等为基础。宪法设立自然资源国家所有权的目的之一就是避免社会剥削。国家是自然资源的所有者，其面临着分配正义的问题，国家需要保证社会成员能够合理分享自然资源，并且还要避免不当地扩张使用自然资源。从自然资源利用的角度，国家则有义务保护环境利益的公平分配，有义务保护所有主体平等地开发、利用自然资源。

2. 国家征收对自然资源集体所有权的限制。作为集体所有权主要客体的土地属于稀缺自然资源，其关乎社会公共利益。因此，国家为了保护公共利益，可能会对集体所有权的行使做出限制。国家征收就是其中一项重要限制。

国家征收是指国家为了公共利益的需要，依法征收集体所有的土地和单位、个人的房屋及其他不动产。对于自然资源的国家征收，主

---

① 《中华人民共和国宪法》第33条第2款规定："中华人民共和国公民在法律面前一律平等。"

② 《中华人民共和国宪法》第33条第3款规定："国家尊重和保障人权。"

要体现为土地征收。土地是稀缺资源，土地制度会影响一个国家的兴衰。我国的土地资源所有权，不存在私人所有，只有国家所有、集体所有两种模式，因此征收的只能是集体土地。土地征收是国家行使其所有权的体现。[①] 土地征收权的行使，直接导致了土地所有权的改变，国家征收无疑会对自然资源集体所有权构成限制。

土地征收制度如果行使得当，可以促进土地资源的有效开发、利用，但如果土地征收权被滥用，则会侵犯被征收人的财产权。从可持续发展的角度，不适当的土地征收不利于土地的保护，特别是耕地的保护。我国乃至世界范围内都存在土地荒漠化问题，治理土地荒漠化的经济成本是高昂的。土地是最重要的生产资料，耕地的保护事关当代人以及子孙后代的生存。因此，为了保护生态环境，这种国家征收行为应当受到限制。

美国宪法第五修正案中提到："不予公平补偿，私有财产不得充作公用。"[②] 本修正案将征收的目的限于公共使用。对于公共使用的界定，在判例中也在不断变化。一种更早的观点认为，公共使用必须授予公众对征收财产的实际使用。[③] 此种观点重在突出"实际"二字。在此之后，美国最高法院确立了公共目的的标准，法官道格拉斯认为，如果征收目的属于国会职权的范畴，国家当然有征收的权力，征收只是手段，不是目的。[④]

在我国，根据《宪法》第 10 条第 3 款[⑤]以及《土地管理法》第 2 条第 4 款[⑥]的规定，国家征收必须以公共利益为目的，保护生态环境

---

① 龙翼飞、杨一介：《土地征收初论》，《法学家》2000 年第 6 期。

② U. S. Const. amend. V, § 1.

③ Laurence Berger, The Public Use Requirement in Eminent Domain, 57 Oregon L. Rev. 203, 205. (1978).

④ Berman v. Parker. 348 U. S. 26, 33 (1954).

⑤ 《中华人民共和国宪法》第 10 条第 3 款："国家为了公共利益的需要，可以依照法律规定对土地实行征收或者征用并给予补偿。"

⑥ 《中华人民共和国土地管理法》第 2 条第 4 款："国家为了公共利益的需要，可以依法对土地实行征收或者征用并给予补偿。"

正是一项重要的公共利益。卢梭在《社会契约论》中提到："公意永远是公正的，而且永远以公共利益为依归。"① 亦有学者认为公共利益是行使个人权利时不能超越的外部界限，赋予个人权利以实质性的范围是增进公共利益的一个基本条件。② 我国《国有土地上房屋征收与补偿条例》第 8 条③以列举加兜底的方式界定了公共利益的范围。由此看来，似乎从外延的角度更容易界定公共利益。虽然内涵本身很模糊，但是土地征收是否具有正当性是可以明确的。对于土地征收的限制，需要明确土地征收的目的。假如土地被征收之后长期不予使用，或者使用目的与征收时不一致，则应当恢复原土地所有人的所有权。

(二) 环境保护视野下自然资源所有权的私法限制

所有权的私法限制，即确定所有权与其他民事主体权利之间的界限，使得所有权的行使不与其他主体的权利发生冲突。私法对所有权的限制多为民事法律的限制。在民法的发展过程中，所有权由绝对转变为相对，所有权所受限制有增加的趋势。但由于私法公法化对传统民法的冲击，私法保护的范围扩张到公共利益，由此增加了诸多义务，如在一定限度内不得行使其权能的义务、容忍他人侵害的义务、为一定积极行为的义务。④ 所以，私法限制不但明确了所有权与其他民事主体之间的界限，而且划分了公益与私益的界限。

1. 绿色原则对自然资源所有权的限制。依据《民法典》第 9 条

---

① ［法］卢梭：《社会契约论》，何兆武译，商务印书馆 2005 年版，第 35 页。

② ［美］E. 博登海默：《法理学——法哲学及其方法》，邓正来、姬敬武译，华夏出版社 1987 年版，第 297 页。

③ 《国有土地上房屋征收与补偿条例》第 8 条："为了保障国家安全、促进国民经济和社会发展等公共利益的需要，有下列情形之一，确需征收房屋的，由市、县级人民政府作出房屋征收决定：(一) 国防和外交的需要；(二) 由政府组织实施的能源、交通、水利等基础设施建设的需要；(三) 由政府组织实施的科技、教育、文化、卫生、体育、环境和资源保护、防灾减灾、文物保护、社会福利、市政公用等公共事业的需要；(四) 由政府组织实施的保障性安居工程建设的需要；(五) 由政府依照城乡规划法有关规定组织实施的对危房集中、基础设施落后等地段进行旧城区改建的需要；(六) 法律、行政法规规定的其他公共利益的需要。"

④ 史尚宽：《物权法论》，中国政法大学出版社 2000 年版，第 67—68 页。

规定，绿色原则成了民法基本原则之一。在《民法典》通过之前，学界为了将环境保护理念纳入民法，只得通过公序良俗原则进行解释。笔者认为，绿色原则可以被公序良俗原则所包含，因此前后并不矛盾。《民法典》突出绿色原则，看似是一种重复，实则不然。反观民事法律基本原则，不同原则之间存在包含或者重叠。如诚实信用原则在诸民法原则中有一定统领性，被称作民法的帝王条款。查士丁尼曾说："法的准则是：诚实生活，不害他人，各得其所。"[①] 然而，绿色原则扩大了诚实信用原则的内涵与外延。在当前生态文明建设的背景下，绿色原则有其独特的作用。各主体行使自然资源所有权，必然要遵循绿色原则。

根据哲学上的内因外因理论：自然资源所有权受限，其内因是自然资源本身，其受到绿色原则的限制的根本原因，在于自然资源本身的特殊性质。

其一，自然资源的有限性。任何一种自然资源，在固定的时空范围内，其总量是有限的常量。[②] 矿产资源总量有限，属于不可再生资源，人类的利用最终会使之枯竭；水资源、野生动植物资源虽然属于可再生资源，但其循环速率却是有限的，这些自然资源亦是有限的。因此，由于自然资源本身的有限以及科学技术生产力的限制，人类所能利用的自然资源终归是有限的。

其二，自然资源的稀缺性。自然资源的有限性是一种客观情形，然而自然资源的稀缺性却是人为的。只有当人类的需求超过该自然资源的限度时，自然资源的稀缺性才显现出来。不可再生自然资源因其储量有效，开发利用过快加速资源枯竭；可再生资源由于资源的再生能力远远超过开发利用速度；无限自然资源在一定条件下也会变成较为稀缺的资源，比如太阳能的利用方式存在局限性。有限的自然

---

① ［意］彼得罗·彭梵得：《罗马法教科书》，黄风译，中国政法大学出版社1996年版，第5页。

② 谢高地主编：《自然资源总论》，高等教育出版社2009年版，第53页。

资源无法满足人类日益增长的需求，因此，就势必存在不同主体在同一时空内主张权利的情形。由于自然资源的稀缺，不同主体的权利无法共存，所以自然资源物权就会受到限制，自然资源所有权也会受到限制。

其三，自然资源的财产性。恩格斯认为，劳动和自然界相加，才是一切财富的源泉，自然界为劳动提供材料，劳动把材料变为财富。[①] 在他看来，自然资源就是一种财富。既然自然资源具有财产性，那么自然资源就必须有明确的财产权归属。自然资源财产权的归属会涉及各种利益冲突，从环境保护的视角，其矛盾冲突主要存在于经济利益与生态利益之间、今人利益与后人利益之间。因此，自然资源所有权必然会受到限制。

2. 用益物权对自然资源所有权的限制。在我国的物权制度中，对于同一自然资源，所有权与他物权可以同时存在。由于所有权与他物权的权能有所重合，如所有权与用益物权仅在处分权能上有差别。因此，不论是行使所有权还是他物权，通常会限制设定在同一自然资源上的其他物权。然而，自然资源上的他物权，是所有权人行使处分权的表现，体现的是所有权人的真实意愿。也就是说，这种限制是所有权人自愿接受的。从相对所有权的观念来看，自然资源所有权和他物权构成了对自然资源价值的实质分割。从权能分离论的角度而言，通过分离自然资源所有权权能，能够增加自然资源的经济价值。

相比于担保物权，用益物权对所有权的限制更多。自然资源用益物权，由于对自然资源转移占有，所有权人也就难以使用。换言之，只有自然资源的处分权，是所有权人唯一确定享有的权利。相比之下，自然资源使用权这一概念则更宽泛。在国家所有或集体所有的自然资源上设定使用权后，一般民事主体就能够享有开发利用自然资源

---

① 《马克思恩格斯选集》（第3卷），人民出版社1995年版，第508页。

的权利。但此种使用权是否是一种物权，在理论上还存在争议。不论其是他物权，还是一种仅约束相对主体的合意，都会对所有权造成限制。对于其他民事主体，国家、集体不得妨害其正当行使自然资源使用权。对于担保物权，一般而言，所有权人仍然享有所有权的四项权能，提供给抵押权人的，只是物的交换价值。由于抵押权人并不实际享有自然资源的权能，所以抵押权人行使权利并不会直接影响到生态环境，此时对所有权人的限制也较少。

虽然用益物权会限制所有权的行使，但反过来，如果不对用益物权加以限制，会导致用益物权的滥用，进而侵害所有权人的权益。对自然资源所有权而言，用益物权的滥用，还会导致生态环境的破坏。正如前文提到的国家征收的限制，此种限制也必须受到限制。

3. 相邻关系对自然资源所有权的限制。相邻不动产所有人在行使权利时，不得侵害他人利益。由于不动产的相互邻接而对不动产所有权造成的限制，这种限制具有私法的性质。土地、森林、水域、海域资源都属于不动产，在行使权利的过程中，可能会对邻近的权利人造成侵害。《民法典》物权编第七章中规定的相邻用水关系、相邻污染物侵害关系，都与自然资源的使用息息相关。具体而言，相邻关系的民事主体可以依法主张宁静权①、清洁水权、清洁空气权等权利。以上权利皆与自然资源开发利用息息相关。相邻权对所有权的限制，不同于前文他物权的限制。他物权属于物权，所有权受到的是对世权、绝对权的限制。然而，相邻权是一种相对权，仅仅是私人之间的关系。如今，随着人们对居住环境要求的提高，还出现了亲水权、嫌烟权等相邻权，这些权利亦会对自然资源所有权的行使构成限制。从长远来看，相邻关系的限制将会逐渐受到人们的重视。

---

① 宁静权是指免受噪声污染、免受振动污染等权益。

第四节　我国自然资源所有权行使
及其限制制度的完善

在分析了自然资源所有权行使与限制存在问题的内在原因之后，还需要让这一制度在现实中有效运行，使其在自然资源开发利用的过程中发挥作用。因此，在行使自然资源所有权时，必须以维护生态利益为底线，发挥所有权主体以及行使主体的优势，充分体现私法的作用，促进人与自然的和谐。根据前文的分析路径，就我国自然资源所有权行使与限制制度提出如下建议。

一、自然资源所有权行使制度的完善

自然资源所有权行使制度是自然资源所有权制度的核心。在环境保护的视野下，可以尝试分离所有权权能以实现自然资源的效能。在行使所有权之时，也势必涉及公平这一价值。权利的行使，必然要接受监督。

（一）完善自然资源国家所有权权能

为了实现自然资源所有权的生态价值与经济价值，可将自然资源所有权的权能分离。具体而言，可分离使用权、收益权与处分权。在市场经济模式下，所有权的占有权能和使用权能可以与所有权人分离。自然资源所有权权能分离，是对所有权人的自我限制。[①] 从所有制的视角，所有权仅仅是实现所有制的手段，将国家所有权的部分权能分享给其他主体，有助于公有制的实现。[②]

我国物权法律的精神价值，从静态的"定分止争"逐渐转变为动

---

① 王利明：《物权法论》，中国政法大学出版社1998年版，第289页。
② 王旭：《论自然资源国家所有的宪法规制功能》，《中国法学》2013年第6期。

态的"物尽其用"。物尽其用是物权法律制度的重要目的之一，对于自然资源而言，特别是国有自然资源，应当充分发挥用益物权制度的优势，以实现全民所有自然资源的经济效益和生态效益。国家这一民事主体，难以靠自身行使所有权，因此在所有与行使之间存在鸿沟。正是自然资源用益物权制度，使这条鸿沟得以跨越。自然资源用益物权，其权利主体是非自然资源所有人，其依法取得开发利用自然资源的权利，并享有收益权。此外，特别是对于国家所有的自然资源，假如所有保护环境的义务都由国家负担，会使得国家与政府负担过重，亦不能起到良好的效果。通过自然资源用益物权制度，能够将保护环境的义务分散给自然资源使用者。通过全民的共同努力来保护生态环境，而不仅仅是依靠国家。

自然资源用益物权制度是一种私法制度，其增加了市场调节，减少了行政干预。以往取得自然资源使用权主要依赖行政审批或行政许可，具有强烈的公权力色彩。然而，自然资源用益物权制度使得自然资源开发利用权在不同的民事主体之间流转，不仅能够有效降低产品价格，也减少了自然资源的浪费，更符合物尽其用的物权法精神。

（二）保障自然资源所有权的公平行使

在环境保护理念的要求下，需要保障自然资源权利代际之间的公平行使。所有权制度与环境保护理念的根本矛盾之一，就是所有权对物的代内分配与自然资源代际分配的巨大矛盾。[1] 环境保护的价值，其涵盖了今人以及后代的长远利益。由于生态环境具有整体性，就必然要考虑自然资源的纵向分配问题。[2] 今人开发、利用自然资源的行为，不能损害到后人的自然资源权益。对此，政府在代表国家行使自然资源所有权的过程中，不能只追求眼前的经济效益，应当受到代际正义的限制。

---

① 吕忠梅：《关于物权法的"绿色"思考》，《中国法学》2000 年第 5 期。
② 参见郭武、郭少青：《并非虚妄的代际公平——对环境法上"代际公平说"的再思考》，《法学评论》2012 年第 4 期。

此外，环境保护理念还应当体现在企业与个人之间开发、利用自然资源的公平。企业相比于个人，具有更多的资金，具有更先进的技术设备，因此能够更高效地开发、利用自然资源。因此，国家只有赋予企业开发、利用自然资源的权利，才能实现经济与社会的双重效益，故国家必然在个人与企业之间寻求平衡。然而，企业开发、利用自然资源的行为，常常会造成环境污染、开发利用过度等问题，从而损害到个人开发、利用自然资源的权益，甚至威胁到个人生存所必需的自然资源。为了实现企业与个人之间开发、利用自然资源的公平，不能单纯为了保护个人权益而增加企业开发、利用自然资源的负担；同时，为保护公共利益与个人的基本需求，应当有效规制企业开发、利用自然资源的行为，及时地制止和制裁企业的违规行为。

(三) 完善自然资源所有权行使的监督机制

自然资源国家所有，实质是全民所有。因此，即便由其他主体代表行使，其落脚点也必须是人民的利益。政府部门行使自然资源所有权，其权力来自人民代表大会的授权，其行使的结果影响的是人民的利益。既然是全民所有的自然资源，那么政府行使此种权利就应当接受人民的监督。从性质的角度，人民代表大会对国家行使自然资源所有权的监督，属于法律监督。人民代表大会的法律监督有多种形式，其中的听取工作报告和汇报、询问和质询的权利，能够有效制约自然资源所有权的行使。国务院应当向全国人大汇报国有自然资源所有权的行使情况，并作专题性报告。同时，人大代表和人大常委会委员有权质询行使自然资源国家所有权的主体负责人，通过合法程序，强制被监督对象回答，必要时可采取措施，从而实现人大法律监督的效果。

二、自然资源所有权保护制度的完善

国家、集体作为自然资源所有权的主体，其权益不容侵犯。其他民事主体在开发利用自然资源时，所有权主体不得侵害其开发利用自然资源的正当权益。与此同时，自然资源开发、利用者亦负有一定的法律义务和法律责任。在法律上，应当明确自然资源开发、利用者有保护生态环境和自然资源的强制义务。对于公共利益的保护，在民法中只能设置民事主体依法必须履行的消极的不作为法定义务，而不可能设置为民事主体应当履行的积极作为的法定义务。

（一）明确国家作为自然资源所有者的法律责任

前文提到，若将过多自然资源归于国家所有，会产生过多国家义务。当国家所有的自然资源侵害自然人权利时，国家是否应当赔偿取决于国家是否尽到所有者的管理义务。对于国家所有的野生动物，假如因国家的疏于管理导致其进入居民区致人损害的，国家应当承担赔偿责任；假如政府已经在野生动物聚居区予以危险警示，自然人明知危险仍进入该区域的，则由自然人自行担责，国家无须担责。此处的野生动物的范围，应当与《野生动物保护法》中的定义相同。《民法典》侵权责任编仅仅规定了饲养动物损害责任，并没有野生动物损害责任。在立法上，可进一步将野生动物致人损害归为行政侵权，其承担行政侵权赔偿责任。①

（二）明确侵犯自然资源所有权的法律责任形式

在我国现行法中，侵犯自然资源所有权的法律责任，主要是行政责任。其主要弊端在于，行政处罚的力度远不及对自然资源权益造成的损害。因此，在现实中大量出现企业一边上交罚款一边继续破坏生态环境的现象。松花江水污染案，造成上百亿元的直接经济损失，而造成污染的企业依当时的法律上限却仅承担100万元的罚款。行政处罚力过低所带来的后果就是，大部分损失实际上由国家承担。更为严重的是，法律不但没有起到威慑作用，反而助长了违法行为。在这种情况下，非但不能实现保护生态环境的目的，还适得其反。就刑事责

---

① 邱之岫：《野生动物侵权法律探讨》，《行政与法》2006年第5期。

任而言，《刑法》虽然规定了"破坏环境资源保护罪"，但保护自然资源权益的效果也比较有限。就民事责任而言，《民法典》侵权责任编规定了环境污染责任，明确了污染环境造成损害的侵权责任，但没有明确规定侵害自然资源所有权的侵权责任，也没有相关司法解释补充规定，致使现实中不少自然资源侵权行为逃脱法律制裁。因此，在侵权法中要明确规定侵犯自然资源所有权的法律责任；对于严重的破坏环境资源的行为，在刑法中需要明确并细化此类犯罪行为，做到罪刑相适应。只有刑事法律责任、行政法律责任和民事法律责任三者相辅相成，并通过立法明确开发利用自然资源者有保护生态环境的义务，才能真正保护自然资源所有权。

第四章　我国自然资源准物权的行使和限制

第一节　自然资源准物权的法律属性

一、自然资源准物权属于物权

自然资源准物权是矿业权、取水权、渔业权、海域使用权等自然资源相关权利的总称，是自然人、法人或者非法人组织对自然资源享有的占有、使用和收益的权利。随着保护环境、建设生态文明概念被不断注入法律理念之中，自然资源准物权的法律属性引起了学界的轩然大波，给自然资源相关权利在立法乃至实践过程带来了较大阻碍。随后，各个国家和地区在立法上不断努力，使得自然资源准物权的属性逐渐拨开云雾。我国《民法典》亦对自然资源准物权做了适当定位。虽然《民法典》未对自然资源准物权的行使及其限制作出具体规定，但明确自然资源准物权的法律归属是《民法典》紧跟环境保护理念的先进举措。

矿业权、取水权、渔业权、海域使用权等自然资源相关权利是否属于物权，学界有不同的观点，其关键原因在于学者对物权范围的坚守，认为物权限定于所有权、传统用益物权、担保物权。

自然资源准物权这一权利之中的相关权利，并不完全符合传统物权对物的支配性和排他性。① 有些自然资源准物权满足直接支配性与排他性的性质，如矿业权中，矿业权人对其直接支配的矿区享有排除他人干涉其采矿、探矿的权利。② 这类自然资源准物权属于物权不容置疑。但有些准物权又不完全满足两种性质，如取水权。美国联邦最高法院判例有述，取水权不具有排他性。③ 有学者认为，水权保护的是用水的权利，而非法律保护的所有权。④ 权利人享有直接支配水资源的权利，但原则上不存在排他性，只是在用益过程中，存在优先性。具体而言，一条河流之上可以设立不止一个汲水权、引水权等狭义取水权，当水量不足以满足所有取水权权利人，利益存在冲突时，取水权取得的先后顺序决定了取水权行使的优先性。⑤ 虽然自然资源准物权无法完全满足物权的两大特性，但不能由此片面地将自然资源准物权排除在物权之外，应当看到自然资源准物权与传统物权之间存在的相同相似之处，如二者都具有绝对性、对抗效力、对物的支配性以及都遵守物权法定原则等。⑥

法律是基于社会变化发展的。虽然传统民法所建立的法律体系和法律制度需要坚守，但民法不是止步不前的，物权法定主义不应僵化、压抑新型权利的出现。⑦ 当社会发展出现成熟的新型物权时，在不违背民法制度基本精神的前提下，物权法定原则将发挥其弹性，将其囊括其中。顺着此逻辑思路，物权法规定的物权将由传统物权以及新型物权组成，自然资源准物权作为新型物权，应当属于物权范畴。

---

① 《中华人民共和国物权法》（已废止）第 2 条第 3 款规定："本法所称物权，是指权利人依法对特定的物享有直接支配和排他的权利，包括所有权、用益物权和担保物权。"

② 参见崔建远：《准物权研究》，法律出版社 2012 年版，第 31—32 页。

③ United States v. Willow River Power Co. , 324 U. S. 499, 510. (1945) .

④ Jan G. Laitos, Water Right, Clean Water Act Section 404 Permitting, and the Taking Clause, 60 U. Colo. L. Rev. 905 (1989) .

⑤ 参见崔建远主编：《自然资源物权法律制度研究》，法律出版社 2012 年版，第 238—239 页。

⑥ 参见崔建远：《准物权研究》，法律出版社 2012 年版，第 23 页。

⑦ 参见王利明：《物权法论》，中国政法大学出版社 1998 年版，第 94—95 页。

我国《民法典》印证了此思路，以科学发展的观念，予以承认探矿权、采矿权、取水权、海域使用权等自然资源准物权的物权地位。

二、自然资源准物权属于用益物权

从法学方法角度分析，除非法律另有规定，公民、法人或其他组织行使自然资源准物权需要遵循有偿使用制度。在相关行政审批手续批准后，对国家或集体所有的自然资源进行占有、使用和收益。由此可见，自然资源准物权上述权能与用益物权权能非常吻合。[1] 从法律价值角度分析，用益物权的设立体现了自由与效率的价值。[2] 一方面，用益物权的设立需要以当事人意思自治进行合意为前提，此为自由价值的体现。另一方面，用益物权注重物的使用价值，促进社会财富的充分运用，解决所有权人由于主观或者客观原因无法充分利用资源，非所有人需要利用资源却无法利用的问题，提高了利用效益。此为效率价值的体现。自然资源准物权也是如此，当事人意思自由，通过一定的行政手续设立自然资源准物权，与此同时，非自然资源所有权人通过取得自然资源准物权，利用自然资源，凸显了效率价值。因此，自然资源准物权在法律价值上与用益物权契合，乃其属于用益物权的有力论证。

自然资源准物权定性为用益物权这一观点，被诸多大陆法系国家和地区所认可并载入民法典中。《法国民法典》将以矿藏资源为客体的采矿权，定性为用益物权。[3] 《德国民法典》《瑞士民法典》之中，

---

① 《中华人民共和国民法典》第 323 条规定："用益物权人对他人所有的不动产或者动产，依法享有占有、使用和收益的权利。"

② 参见刘云生：《物权法》，华中科技大学出版社 2014 年版，第 158 页。

③ 《法国民法典》第 598 条第 1 款规定："用益权人也可以按照所有权人相同的方式，对用益权设立之时正在开采的矿场与采石场享有收益的权利；但是，如果涉及非经特许即不得开采经营的项目，用益权人仅在获得共和国总统的许可之后始能享有收益权。"见罗结珍译：《法国民法典》，北京大学出版社 2010 年版，第 184 页。

将森林作为用益物权的标的予以法律保护。[①]

我国《民法典》虽未明确自然资源准物权的概念，但将海域使用权、矿业权、取水权等自然资源相关权利以法律形式，规定于《民法典》物权编第三分编用益物权之中，在法律上对自然资源准物权的用益物权属性予以认定。纵使自然资源准物权行使及其限制的具体方式分散地规定于《矿产资源法》《水法》《渔业法》等现行法中，基于权利客体本身的特殊性，自然资源准物权行使及其限制并未在《民法典》中集中具体体现，且自然资源准物权与传统用益物权存在一些差异。以立法形式明晰自然资源准物权的归属，使得自然资源准物权较易被公民所知，有利于将其中蕴含的环境保护、自然资源生态价值理念顺其自然地灌输给广大民众。

三、自然资源准物权对民法上传统用益物权的发展

无论是从法学方法角度分析自然资源准物权与用益物权的关系、从法律自由和效率价值的角度，还是从我国《民法典》规定的角度，都论证了自然资源准物权属于用益物权。自然资源准物权与传统用益物权的权利主体相同，民事主体均可行使自然资源准物权。但不可忽略的是，自然资源准物权与传统用益物权之间，在客体、取得方式乃至内容上，存在或多或少的差异。自然资源准物权作为新型权利，是对民法上传统用益物权的发展。

（一）自然资源准物权对用益物权客体的扩展

民法上要求传统用益物权客体为他人所有的不动产或者动产，一

---

① 《德国民法典》第1038条第1款规定："（森林和矿山的经营计划）森林为用益权客体的，所有权人和用益权人均可以请求以经营计划确定使用范围和经营上的处理方法。情事发生重大变更的，任何一方可以请求相应地变更经营计划，每一方当事人必须各负担一半费用。"见陈卫佐译注：《德国民法典》，法律出版社2015年版，第370页。《瑞士民法典》第770条第1款规定："（森林）森林的用益权人，可以在合理规划的范围内，享有收益权。"见于海涌、赵希璇译：《瑞士民法典》，法律出版社2016年版，第275页。

般而言，物须是有体物、特定物和独立物。① 自然资源准物权的客体为自然资源，相比于传统用益物权客体存在特殊性。自然资源准物权客体的特殊，主要有以下原因。

1. 自然资源准物权的客体呈现较为复杂的构成。自然资源种类繁多，且各种自然资源之间在物理结构方面差异甚大。作为取水权的客体的水是流动的，呈现液态的形式；矿业权的客体是特定矿区以下土壤和矿产资源，多为固态；野生动植物之间也存在个性化差异。自然资源的特殊甚至导致自然资源准物权客体有别于单一的传统用益物权客体，呈现复合的形式，如上述矿业权的客体不仅有特定矿区以下的土壤，还有埋藏于土壤之下的矿产资源。自然资源作为权利的客体，其多种多样的特征，使得自然资源准物权行使及其限制难以概括出通用的具体规则，需要结合各项自然资源本身特质，进行类型化制定。② 自然资源进入物权之中作为客体，改变了传统物权法中对于物的观念，扩大了物的范围。

2. 自然资源准物权的客体较为不特定。相较于传统用益物权客体的特定性，根据自然资源准物权的客体本身内部构成因素的特征，以不同的判断标准进行划分，往往表现出特定程度不同，甚至是不特定的性质。例如，取水权中，为使物权特定性表达，可以设定期限，在特定期间内的用水限定客体；可以对地下水取水方式，限定特定的水域面积界定客体，还能以特定的水量为标准限定客体。③ 取水权客体认定标准弹性之大，即为客体不特定的体现。再如，探矿权，权利人在取得行政许可后，对特定矿产区域进行工作，但矿产资源埋藏在地表之下，资源具有不确定性，难以直观地了解能够支配的矿产资源的多少。由此，自然资源准物权的客体具有不同程度的不特定性，权利

---

① 参见黄锡生：《自然资源物权法律制度研究》，重庆大学出版社 2012 年版，第 123 页。
② 参见崔建远：《准物权研究》，法律出版社 2012 年版，第 47 页。
③ 参见崔建远：《水权与民法理论及物权法典的制定》，《法学研究》2002 年第 3 期。

主体能够对客体进行多大程度的支配，存在不确定性。[①]

3. 自然资源准物权客体更加注重生态理念。民法自古罗马以来，作为私法，一直致力于主体之间经济利益的定分止争。日耳曼法确立的以利用为中心的物权理念，导致传统物权的物成为用益物权的客体，注重的是物本身的经济属性，更多考虑权利主体占有、使用他人之物，是否能够为其带来收益。[②] 而自然资源准物权的客体在此之上有所发展。自然资源的稀缺、损耗，使得自然资源准物权的客体在传统用益物权客体经济属性的基础上，须更加注重自然资源的生态属性。这就要求权利主体在行使权利时，要承担起相应环境保护的义务，强调生态理念。

（二）自然资源准物权对用益物权取得方式的扩展

用益物权除法律有特别规定外，大部分须经当事人合意，通过民事行为取得，少部分需要经过行政许可的方式取得用益物权。自然资源与人类生存的环境息息相关，考虑到社会公共利益，自然资源准物权的取得必然需要由国家扮演管理者的角色，受到国家的严格监管。因此，自然资源准物权取得方式有别于传统用益物权，多是以行政许可的方式取得，甚至需要行政特许。我国《矿产资源法》第 3 条规定，勘查、开采资源需要依法申请、取得并登记相应的探矿权、采矿权。《水法》第 7 条也明确指出，国家实行取水许可制度。正因为自然资源准物权的取得需要经过严格的行政审批，所以其具有极强的公示效力。2016 年 12 月《试行办法》和 2019 年 7 月《办法》的印发，明确了国家自然资源统一确权登记制度。[③] 因此，可以看到，自然资源准物权的登记制度将随着自然资源统一确权登记制度的完善而不断

---

① 参见胡田野：《准物权与用益物权的区别及其立法模式选择》，《学术论坛》2005年第 3 期。

② 参见李爱年：《论自然资源保护法体系的完善》，《湖南师范大学学报（社会科学版）》2001 年第 1 期。

③ 《自然资源统一确权登记暂行办法》第 2 条规定："国家实行自然资源统一确权登记制度。自然资源确权登记坚持资源公有、物权法定和统一确权登记的原则。"

发展，甚至在未来发展中，会有更为细化的、明确的实施细则。

虽然自然资源准物权人在国家行政监管下取得权利，但公权力介入并未改变自然资源准物权的私法属性。公权力介入目的是加强国家对于自然资源的监管，一定程度上削减了自然资源准物权的私法性，但其重点在于对资源开发和利用的引导和保护作用，不应过多关注于权利公法性质而否认自然资源准物权的用益物权属性。这是出于环境保护考量对用益物权取得方式的扩展，体现自然资源法律价值理念的转变，从注重人类中心主义逐渐转移到生态整体主义，更加注重生态价值。[①]

（三）　自然资源准物权对用益物权内容的扩展

自然资源准物权在排他性方面对传统用益物权进行扩展，有些自然资源准物权弱化了用益物权的排他性。正如前述自然资源准物权属于物权的部分详细论述的取水权，其原则上不具有排他性。但若自然资源准物权人能够以独占的方式取得权利，在某种意义上，也对此用益物权享有排他性。[②] 再者，若根据自然资源不足以满足所有准物权人，借鉴王泽鉴教授的观点，将优先性界定为既存权利之间的效力顺序，而不包含同一客体中，已有一个权利就不再有另外一个权利的效力。[③] 那么，基于这个观点，这些既存权利是含有排他效力的。

自然资源准物权不仅在物权效力方面体现用益物权的发展，同时，相较于传统用益物权的基本权能方面，也存在些许不同。

1. 在通常情况下，传统用益物权人对所有权人的物进行转移，即占有他人之物，从而实现使用、收益的目的。不同于此，自然资源准物权不必以物的占有为前提。比如，取水权只是使用水，从而获得收

---

① 参见程守太、邓君韬：《整体生态价值——经济法域价值取向之匡正与补充》，《生态经济》2007 年第 5 期。

② 参见黄萍：《自然资源使用权制度研究》，上海社会科学院出版社 2013 年版，第 25 页。

③ 参见王泽鉴：《民法物权》（第 1 册），中国政法大学出版社 2001 年版，第 50—53 页。

益的自然资源准物权。通过取水权取出之水，离开江河湖泊或者地下土壤，就不再是取水权的客体了。水是流动的，权利人的使用并不代表对于整片水域的占有和垄断。未来自然资源的客体可能越来越丰富，客体未必呈现有体形态，如此一来，对于这些资源更加不可能实现现实占有，更多地表现为抽象占有。

2. 由于自然资源本身的特质，有些自然资源属于消耗品，如矿产资源的开发，其生成需要亿万年的积累，用益物权人开发完毕，矿产资源也随之被处分。因此，自然资源准物权比传统用益物权拥有更多的处分权能。①

3. 为了使自然资源准物权的社会公共利益性和生态属性得到发挥，自然资源准物权人行使权利时须承担保护生态环境的义务。然而，传统用益物权占有、使用、收益的权能是从物本身经济价值角度出发，无法体现环境保护的理念。环境资源讲究贯彻环境资源的开发、利用与保护、改善相结合的生态平衡原则。如同上述对自然资源准物权客体的分析，其客体不仅有经济价值属性，还有生态价值属性。为了体现自然资源准物权生态价值属性，还应当有保护、改善和管理三个权能。② 保护、改善和管理的权能与用益物权三大基本权能并不相互独立，前者贯穿于三大基本权能之中，是出于尊重自然资源的生态价值，对权利人行使自然资源准物权的限制。自然资源准物权的设置不是为了实现某些私人或者某些团体的经济利益，以可持续发展的眼光看待，必须从整个社会公共利益，乃至全人类的共同福利出发，实现环境保护目的。

根据以上分析，自然资源准物权在客体、取得方式和具体内容上，与传统用益物权存在差异，但此间的不同并不能动摇自然资源准

---

① 参见黄锡生：《自然资源物权法律制度研究》，重庆大学出版社 2012 年版，第124—125 页。

② 参见章鸿等：《自然资源物权与民事物权之比较——兼谈自然资源物权制度的构建模式》，《国土资源科技管理》2005 年第 5 期。

物权属于用益物权的属性。以发展、包容的眼光看待这些差异，为物权法的发展注入生态价值理念，丰富了传统用益物权的内涵，应当视之为自然资源准物权对用益物权的发展。

第二节　我国自然资源准物权行使及其限制的现状和存在的问题

自然资源准物权的行使及其限制需要对基本权属做出明确认定，在此基础上谈及权利行使及其限制。如同上文论述，自然资源准物权属于用益物权，并且对传统用益物权客体、取得方式和内容进行扩展。自然资源准物权以其特殊的客体种类，在权利行使和限制方面，必然与传统用益物权存在些许不同。自然资源准物权行使及其限制中，众多规定渗入了环境保护的理念，是立法进步的体现。但法律是随社会发展不断完善的，当下自然资源准物权行使及其限制的规范建立还有待加强。现行法律法规虽对自然资源准物权的行使与限制予以规范，有了长足的进步，但在实践过程中仍然存在种种问题，亟须探讨。

一、自然资源准物权行使及其限制的现状

我国现行法律规定没有使用自然资源准物权这一名称，但自然资源准物权之下的矿业权、海域使用权等自然资源相关权利，随着我国《民法典》的颁布和施行，确认属于用益物权，在法律上得到私法的保护。由于自然资源准物权较为复杂，不论是从立法技术层面还是权利本身，都难以梳理权利行使及其限制的统一规则，加以规制行为。因此，《民法典》未对自然资源准物权的行使及其限制作出具体规定。而自然资源准物权行使及其限制的法律，依据单个资源种类，规定在

单行法律之中。① 我国关于自然资源准物权的现行法律对权利的行使及其限制作了初步的规定，是自然资源准物权制度立法进步的表现。

1. 我国《民法典》以立法形式明晰矿业权、取水权、渔业权、海域使用权等自然资源准物权的归属，明确了自然资源准物权属于用益物权。一方面，由于物权相较于债权具有优先性，自然资源准物权规定于《民法典》之中，更加强有力地保护权利人权利的行使。另一方面，自然资源准物权无不彰显着重视环境保护的生态价值理念，权利明确地列入法条之中，能够被公众知悉，起到教化的作用。

2. 我国《民法典》明确国家实行自然资源有偿使用制度。② 《矿产资源法》第 5 条、《水法》第 7 条，以及《森林法》《海域使用管理法》都对自然资源有偿使用作了明文规定。自然资源有偿使用制度是市场经济发展的客观需要，市场供求关系和自然资源的稀缺，要求自然资源的使用必须建立有偿使用制度。2016 年 12 月《国务院关于全民所有自然资源资产有偿使用制度改革的指导意见》对自然资源有偿使用制度的规定，强调了未来自然资源使用权注重生态效益、经济效益和社会效益三者的平衡，避免造成自然资源的浪费，减少生态破坏导致的全球气候变暖、水资源枯竭、海洋污染等严重影响人类生存的环境危机。同时，自然资源有偿使用制度也顺应社会经济发展，为自然资源准物权进入市场、进行权利交易创造了必不可少的条件。

3. 自然资源准物权的行使以受到公权力限制为前提。自然资源准物权的取得、变更、出让等行为，需要由当事人申请，经过国家行政机构的严格审批予以获准。国家作为自然资源的管理者，需要平衡个人利益与社会公共利益。用外部性理论举例解释，河流的上游的水资源被过多使用以至于下游水资源枯竭，导致下游取水权权利人无法实

---

① 参见崔建远：《准物权的理论问题》，《中国法学》2003 年第 3 期。
② 《中华人民共和国民法典》第 325 条规定："国家实行自然资源有偿使用制度，但是法律另有规定的除外。"

现权利，造成一定程度的经济损失，并造成生态问题。[①] 非由取水权权利人本身行为造成的获益或损失，即为外部效果。因此，为了避免外部不经济的情况，国家必须对取水权的行使加以干预，一是满足个人利益与社会公共利益之间的平衡关系；二是达到环境保护的目的，避免自然资源过度开发、利用效率低下的问题。

综上所述，公权力限制自然资源准物权的行使和自然资源准物权人的生态义务的凸显，对自然资源准物权制度，乃至国家立法水平而言具有重要意义。在自然资源日益宝贵的当下，法律法规等对自然资源准物权行使及其限制的规定，在一定程度上有助于促进社会公平的实现，同时，使得自然资源的经济价值和生态价值得到持续、充分挥发。

二、自然资源准物权行使及其限制与民法"生态化"

当前对环境保护的重视，使得保护生态环境观念逐渐渗透到民法之中，成为学界乃至立法界重视的课题之一。一方面，自然资源准物权行使及其限制需要民法"生态化"相关规定的支撑。自然资源准物权对民法中传统用益物权的发展，重要原因之一在于其生态保护属性。在民法的框架下，自然资源准物权行使及其限制要充分发挥其生态价值，必然需要民法中有相关的绿色环保理念的法条规定，为自然资源准物权保驾护航。另一方面，自然资源准物权行使及其限制充实了民法"生态化"的内容。自然资源准物权是物权，是民法中的权利。自然资源准物权行使及其限制相关立法规定中，透露的环境保护理念，能够丰满民法"生态化"的羽翼，增添生态环境保护色彩。

在《民法典》颁布之前，就有诸多学者对民法"生态化"提出了宝贵建议，吕忠梅教授便是其中的代表。她认为，自然资源使用要

---

① 参见曹明德：《论我国水资源有偿使用制度——我国水权与水权流转机制的理论探讨与实践评析》，《中国法学》2004 年第 1 期。

充分考虑效率，以最小的环境资源损失取得最大的经济发展，就必须走可持续发展的"绿色道路"，实现资源环境在代内、代际之间的公平合理配置。物权法作为资源配置的基本规则，应贯彻可持续发展理念，从而实现资源的可持续利用。① 在此基础上，吕忠梅教授提出了"绿色民法典"的概念，意在于民法典中突出生态环境保护理念。② 而后，民法"绿化"在学界引起广泛讨论。之所以提出绿色民法的概念，必然是因为学者考虑到环境问题涉及的相关民事权利的特殊性，倘若仅仅在原先旧的权利框架之中寻找合适的解决之道，无法体现环境生态理念的重要性。民法"生态化"的价值由此体现出来，将生态环保理念写入民法中，能够为生态环境保护的新型权利出现铺垫基石。

在法律界努力之下，《民法典》明确体现了生态环境保护理念，对自然资源准物权行使及其限制有深远的影响。《民法典》第 9 条规定了民事主体的民事活动要践行生态环境保护，将保护生态环境原则与诚实信用原则、公序良俗原则等民法基本原则一同规定于第一章"基本规定"中。由此，明确地将生态环境保护作为一项基本原则，写入《民法典》中，使民法"生态化"之路更为有章可循。

不但《民法典》总则编有民法"生态化"相关规定，而且《民法典》物权编之中同样存在生态环境保护的相关规定。《民法典》强调用益物权人行使权利，应当保护和合理开发利用资源。③ 保护资源与资源合理开发利用的要求虽然较为笼统，但在一定程度上匡正了自然资源准物权行使过程中，享受生态权利却不负生态保护义务的失衡状况。负有义务性也是自然资源准物权与传统用益物权的差别

---

① 参见吕忠梅：《关于物权法的"绿色"思考》，《中国法学》2000 年第 5 期。
② 参见吕忠梅：《如何"绿化"民法典》，《法学》2003 年第 9 期。
③ 《中华人民共和国民法典》第 326 条规定："用益物权人行使权利，应当遵守法律有关保护和合理开发利用资源、保护生态环境的规定。所有权人不得干涉用益物权人行使权利。"

之一。① 保护生态环境、合理利用自然资源，上升为自然资源准物权的义务性内容。

总体而言，当前民法"生态化"是符合现实社会需求的。《民法典》中的"生态化"规定，对于自然资源准物权行使及其限制有着重要意义。一是使得生态环境保护理念在民法中有迹可循，自然资源准物权的生态价值实现能够有民法基础；二是自然资源准物权作为新型民事权利的出现，其行使及其限制在日后必然需要细化、具体化，民法"生态化"能够帮助展现其中生态环境保护理念，促进法律的适用。因此，自然资源准物权行使及其限制需要遵循民法绿色原则，在这个框架之下，发挥好生态价值功能。

三、自然资源准物权行使及其限制与环境保护理念的冲突

我国自然资源准物权制度的现状有诸多进步之处，《矿产资源法》等几部以自然资源划分的单行法、《民法典》和行政法规、地方性法规，为自然资源准物权行使及其限制也作了或多或少的规定，使司法实践有法可依。加之《民法典》的"生态化"，使生态环境保护理念进入人们视野。但由于自然资源的特殊性，造成较大的立法难度。自然资源准物权行使及其限制制度不够完善，导致实践过程中，自然资源准物权权利行使出现问题，使得自然资源准物权行使及其限制中环境保护理念未落实到位，无法体现自然资源准物权之中的生态价值，引起自然资源准物权行使及其限制与环境保护理念之间的冲突。

（一）忽略自然资源准物权概念及其包括的某些权利

我国相关法律规定尚未明确统一自然资源准物权这一称法。统一自然资源准物权称法的规定，能够使权利之中包含生态属性的特殊性，在权利行使过程中充分体现出环境保护理念。没有明确自然资源

---

① 参见高富平：《中国物权法：制度设计和创新》，中国人民大学出版社 2005 年版，第 279 页。

准物权，谈何实现自然资源准物权之中的环境保护理念。纵使《民法典》规定了用益物权制度，并且列举了矿业权、取水权、渔业权、海域使用权等自然资源常见物权，但法律运用于实践，仍然会出现一些争议。1. 以列举的方式立法，无法满足新的自然资源准物权出现的情况。法律是社会发展的产物，民法需要为自然资源准物权预留发展的空间，以适应社会实际需要。2. 没有以立法形式统一自然资源准物权的称法，容易造成自然资源准物权概念的模糊，不利于自然资源准物权的行使及其限制制度的完善。

我国现行立法中，自然资源准物权具体的行使及其限制，规定于各类自然资源的单行法中。然而，立法往往呈现出滞后的一面。并不是每一部自然资源单行法中，都明确规定了自然资源准物权所包含的权利。如《水法》仅仅明确取水权而未规定其他具体水权名称，《渔业法》未规定渔业经营者的权利。[1] 如此一来，未被《民法典》以列举方式列明，并且在自然资源单行法之中未被提及的，应当归属自然资源准物权的部分，在实务过程中可能导致无法可依的局面。从个体角度看待，法律没有为自然资源准物权预留发展的平台，随着社会发展而较为成熟的准物权没有被囊括其中，依据物权法定原则，本应受到保护的公民难以主张权利，将会出现个体利益受到侵害的情形。从生态建设的眼光看待，自然资源准物权的设立与环境保护休戚相关，权利的设置提醒着权利人在享受权利的同时，应积极主动履行应当承担的环境保护义务。权利与义务二者是同时存在的，自然资源准物权权利的行使难以得到保障，环境保护的义务必然缺位。

如此，忽略自然资源准物权的概念及相关权利，便无法顺应当下生态环境建设的要求，容易致使自然资源这一特殊而稀缺的资源无法得到最高效率的使用，导致资源浪费，这是无视环境保护的体现。同时，也会影响自然资源物权化，导致自然资源准物权的物权救济沿用

---

[1] 参见崔建远：《准物权的理论问题》，《中国法学》2003 年第 3 期。

较少。以取水权为例，对自然资源准物权的物权化不足进行说明。在通常情况下，物权的效力更有利于权利人主张权利。但对于取水权，现行制度虽然可以通过物权保护取水权的行使，但也存在社会政策等相比物权请求权更为及时有效的行政手段、刑事的制裁手段以及债权救济方法等保护效果更佳的救济方法。① 面对取水权无法行使时，为达到救济效果，权利人往往采取行政救济、刑事救济乃至债权请求权等救济方法而非物权请求权。因此，明确自然资源准物权概念及其包括的某些权利具有深刻意义。

（二）自然资源有偿使用制度不够健全

自然资源有偿使用制度是自然资源准物权行使之中的重要制度之一，自然资源准物权的生态环境保护理念能否落实到位，与自然资源有偿使用制度运行是否流畅息息相关。根据《民法典》规定，我国实行自然资源有偿使用制度。法律特别规定，基于社会公共利益，可无偿使用自然资源。我国目前法律法规对公共利益的范围界定有所规定，但对公共利益的规定内容不一，且是否能够作为一般性规定通用于自然资源案件中有待商榷，以至于一些假借公共利益需要而从事经营性利用的行为时有发生。除了此类不诚信行为被没有规制之外，自然资源有偿使用制度落实到具体自然资源项目下，还存在不足之处。以下将以矿业权为例，进行论述。

1. 有偿使用制度中自然资源价值定位存在偏差。自然资源的价值与有偿使用时对价支付的市场商品价格挂钩。自然资源准物权开发利用，一般而言，能够给权利人带来巨大的商业利润或者较大收益。由于自然资源的特殊，有偿使用制度支付的对价一般由国家进行规定。自然资源有偿使用价格规定是市场经济重要的发展环节，定价的难度之大，容易出现无法真正体现自然资源该有的市场价值的情形。② 举

---

① 参见崔建远：《水权与民法理论及物权法典的制定》，《法学研究》2002 年第 3 期。
② 参见黄萍：《自然资源使用权制度研究》，上海社会科学院出版社 2013 年版，第177 页。

例而言，我国 1998 年确立采矿权价款制度，《矿产资源开采登记管理办法》规定采矿权使用费标准为每年每平方公里 1000 元。[①] 采矿权使用费明显过低，与矿产的开采带来的巨额利润形成鲜明反差。抛开资源税、资源补偿费而言，采矿权使用费明显与矿产资源价值不匹配。

2. 有偿使用制度缴费项目多，功能重复交叉。制度设立缺乏宏观、系统的设计，自然资源的收费项目不一。有些不同收费项目之间指向的目的重合，造成自然资源有偿使用制度功能交叉。我国矿业权中的煤炭采矿权有偿使用费由煤炭采矿权使用费、煤炭资源补偿费、煤炭资源税、煤矿企业增值税构成。2011 年国家将焦煤资源税提高至 8—20 元/吨，其他煤炭 0.3—5 元/吨。[②]《矿产资源法》第 5 条规定："开采矿产资源，必须按照国家有关规定缴纳资源税和资源补偿费。"矿产资源补偿费征收金额 = 矿产品销售收入 × 补偿费率 × 开采回收率系数。煤炭产品增值税按煤炭产品销售收入征收 17% 税率的税费。[③] 煤炭采矿权有偿使用收费项目数量多、计算方式复杂，且不同收费项目之间存在功能交叉重复。[④] 四项收费项目的收益调节功能明显重复交叉，资源税与资源补偿费的资源有偿使用功能交叉重复。自然资源有偿使用收费制度不合理，造成我国存在煤矿企业税负较重，而总

---

① 《矿产资源开采登记管理办法》第 9 条规定："国家实行采矿权有偿取得的制度。采矿权使用费，按照矿区范围的面积逐年缴纳，标准为每平方公里每年 1000 元。"

② 国务院《关于修改〈中华人民共和国资源税暂行条例〉的决定》第九项《资源税税目税额幅度表》（《资源税法》2020 年 9 月 1 日起施行，《资源税暂行条例》同时废止）。

③ 《中华人民共和国增值税暂行条例》（2016 年）第 2 条规定："增值税税率：（一）纳税人销售或者进口货物，除本条第（二）项、第（三）项规定外，税率为 17%。（二）纳税人销售或者进口下列货物，税率为 13%：1. 粮食、食用植物油；2. 自来水、暖气、冷气、热水、煤气、石油液化气、天然气、沼气、居民用煤炭制品；3. 图书、报纸、杂志；4. 饲料、化肥、农药、农机、农膜；5. 国务院规定的其他货物。（三）纳税人出口货物，税率为零；但是，国务院另有规定的除外。（四）纳税人提供加工、修理修配劳务（以下称应税劳务），税率为 17%。税率的调整，由国务院决定。"

④ 参见潘伟尔：《论我国煤炭资源采矿权有偿使用制度的改革与重建（上）——我国煤炭资源采矿权有偿使用制度现状与问题》，《中国能源》2007 年第 9 期。

体煤炭资源采矿权有偿使用费用较低的局面。

自然资源有偿使用制度是在实践过程中摸索成长的，须顺应国情。自然资源准物权人开发利用自然资源支付自然资源的经济价值和生态价值的对价，能够避免自然资源不合理浪费，促进宝贵资源的充分利用。自然资源有偿使用制度促使立法与时俱进，具体设计出合理的自然资源有偿使用制度，能避免制度设计的目的落空。

（三）自然资源准物权流转不合理

目前我国自然资源准物权流转存在规定不清晰、流转限制过多的问题，使得自然资源配置不合理，自然资源利用无法最大化，不利于环境保护。自然资源准物权被《民法典》明晰为用益物权的范畴，有助于权利主体对自然资源占有、使用，并产生收益。而自然资源准物权进入市场进行流转，是权利人获得经济收益的重要方式。自然资源准物权能否进行有效的交易，关系着自然资源能否得到高效的市场配置。自然资源准物权流转规定不清晰会导致实践中权利流转困难。而自然资源准物权是兼具私法性质与公法性质的权利。由于自然资源准物权客体的特殊性，加之环境保护的需求，在自然资源准物权流转问题上，国家的干预必不可少。国家限制自然资源准物权流转的目的，一方面为维持自然资源的国有和集体所有状态，另一方面又希望自然资源准物权的流转对经济发展有所帮助。[1] 然而，过多的限制看似有利于自然资源的管理和生态环境的保护，实则会使自然资源配置的效率遭到损失。

我国现行《渔业法》没有明确养殖权流转规定，但禁止捕捞许可证转让。[2] 捕捞许可证作为从事捕捞行为人的敲门砖，禁止其转让相当于明文禁止捕捞权的流转。立法初衷一方面是贯彻落实捕捞限额的

①　参见周珂：《我国民法典制定中的环境法律问题》，知识产权出版社 2011 年版，第 154—155 页。

②　《中华人民共和国渔业法》第 23 条规定，国家对捕捞业实行捕捞许可证制度。捕捞许可证不得买卖、出租和以其他形式转让，不得涂改、伪造、变造。

规定，避免渔业实务中过度捕捞的情况；另一方面是避免渔民因捕捞权的流转丧失生活经济来源。① 但实践过程中，暴露出捕捞权流转的需要。因此渔民便将捕捞渔船买卖、出租，与此同时，捕捞许可证随着捕捞渔船的流转而流转。然而，现行法律并未明文禁止这种行为。渔业权流转的规范存在漏洞，过分限制捕捞权的流转无法顺应实务需要。

2008 年发布的《取水许可管理办法》对取水权流转作了明确的规定。取水权转让须向原取水审批机关提出变更，得到同意后依法办理取水许可证变更手续。② 但由于取水权的市场机制尚未建立、现行法律对水权的概念规定不明确、水权具体内容不清晰等种种配套法律制度建设的缺失，导致实务中取水权的流转存在困难。③ 浙江省"东阳—义乌"水权转让案件曾引起法律界对两市政府签订的"水权转让"协议的实质是商品使用权转让，还是水资源使用权的转让的争论。争论焦点基于法律法规对水权界定不清的不足，要厘清案件性质是否是水权流转，需要明晰何谓水权以及水权转让等相关理论。④ 由此可见，取水权的流转仍然需要相关理论基础的支持，为取水权市场流转机制创造条件。

我国现行《矿产资源法》对权利流转做了严格的限制。探矿人欲转让探矿权，要满足最低标准的勘查投入，并且通过行政批准。只有在企业合并分立、股权资产出售等企业资产产权变更的情形下，才能

---

① 参见崔建远：《论渔业权的法律构造、物权效力和转让》，《政治与法律》2003 年第 3 期。

② 《取水许可管理办法》第 27 条规定："在取水许可证有效期限内，取水单位或者个人需要变更其名称（姓名）的或者因取水权转让需要办理取水权变更手续的，应当持法定身份证明文件和有关取水权转让的批准文件，向原取水审批机关提出变更申请……"

③ 参见黄萍：《自然资源使用权制度研究》，上海社会科学院出版社 2013 年版，第 181 页。

④ 参见张香萍：《试析义乌—东阳"水权转让"的法律性质》，载《水资源、水环境与水法制建设问题研究——2003 年中国环境资源法学研讨会（年会）论文集（上册）》，第 229 页。

转让采矿权，且禁止以承包方式转让。① 除上述两种情形之外，其他情形一律禁止。② 矿产资源准物权流转过多的限制，不利于矿业权在市场经济中的发展。矿产资源准物权人对矿产资源的投资符合意思自治原则，矿产资源准物权出让人与权利受让人对进出矿产开发市场理应是自由的。③ 过分强调对矿产资源准物权流转的限制，而忽略矿产资源环境保护，不能最大限度合理利用矿产资源难免可惜。

综上，自然资源准物权的流转是市场经济体制发展的必备要素之一。法律法规对自然资源准物权相关理论界定不清、国家对自然资源准物权流转过多地限制或者自然资源准物权流转规定的缺失等自然资源准物权流转存在的问题，必然阻碍自然资源的合理开发利用。同时，自然资源准物权的流转运用市场运行机制，能够更好地令自然资源的供求关系、市场关系显现出来，有助于以市场价值准确地衡量自然资源的价值，进而完善自然资源有偿使用制度。自然资源准物权的流转立法的不足之处，也对未来自然资源准物权进入市场，提升市场化程度的趋势造成阻碍。

（四）自然资源准物权行使及其限制管理和奖惩机制不力

我国现行立法对自然资源准物权行使及其限制的环境保护规定较为零散，存在行政机关多头管理、处罚措施力度不够、缺乏有力激励制度的问题。由此导致在实务过程中，自然资源准物权行使及其限制的环境保护规定流于形式。自然资源准物权与传统用益物权最大的区

---

① 《中华人民共和国矿产资源法》第 6 条第 1 款规定："除按下列规定可以转让外，探矿权、采矿权不得转让：（一）探矿权人有权在划定的勘查作业区内进行规定的勘查作业，有权优先取得勘查作业区内矿产资源的采矿权。探矿权人在完成规定的最低勘查投入后，经依法批准，可以将探矿权转让他人。（二）已取得采矿权的矿山企业，因企业合并、分立、与他人合资、合作经营，或者因企业资产出售以及有其他变更企业资产产权的情形而需要变更采矿权主体的，经依法批准可以将采矿权转让他人采矿。"

② 《矿业权出让转让管理暂行规定》第 38 条规定："采矿权人不得将采矿权以承包等方式转给他人开采经营。"

③ 参见张广荣、刘燕：《探矿与采矿权权利流转立法刍议》，《南京师范大学学报（社会科学版）》2006 年第 2 期。

别在于自然资源准物权包含的生态价值理念。虽然我国《民法典》对民法"生态化"作了原则性规定，对这些自然资源准物权的开发利用，起到一定的生态环境保护作用。但是，《民法典》没有明确权利人的环境保护具体义务，而是将环境保护义务指向其他单行法律法规。① 如此一来，自然资源准物权行使及其限制的环境保护义务的规定过于零散，不利于权利人在享受自然资源准物权带来的好处的同时，主动积极地承担相应的环境保护义务。

自然资源准物权的行使，出现多个行政部门共同监管环境保护问题。根据《中华人民共和国环境保护法》（以下简称《环境保护法》）的规定，国务院及各级人民政府环境保护行政主管部门对同级范围内的环境保护工作有监督管理的权力。同时，又赋予县级以上人民政府各行政主管部门依照有关单行法的规定，对权利人履行环境保护义务实施监督管理的权力。② 例如，采矿权的行使，须要受到《环境保护法》规定的同级人民政府环境部门的监督管理、《土地管理法》规定的土地主管部门的监督管理等。自然资源准物权行使的环境保护监管受到行政部门的多头管理，一来，不方便各个部门间环境保护的协调管理，造成执法混乱、效率低下。③ 二来，交叉重复的管理对没有尽到环境保护义务的自然资源准物权人而言，可能会产生一事多罚、重复处罚的情形。

有些自然资源准物权违反环境保护义务受到的处罚过轻以及缺乏有力的环境保护激励机制，致使权利人肆意利用资源而不承担环境保护义务。处罚是环境保护事后救济的措施之一。自然资源准物权人开发利用资源大多追求经济效益，会衡量经济效益、违法成本。较低的

---

① 参见王利明：《〈物权法〉与环境保护》，《河南省政法管理干部学院学报》2008 年第 4 期。

② 《中华人民共和国环境保护法》第 7 条规定："国家支持环境保护科学技术研究、开发和应用，鼓励环境保护产业发展，促进环境保护信息化建设，提高环境保护科学技术水平。"

③ 参见黄锡生：《自然资源物权法律制度研究》，重庆大学出版社 2012 年版，第 191 页。

处罚在巨大的经济利润面前，必然使得追求经济效益的企业冒险违法，以破坏环境交换经济收益。举例说明，《矿产资源法实施细则》规定采矿权行使完毕后，须要承担土地复垦的环境保护义务。① 对于不履行此义务的处罚措施，则责令改正。逾期不改正的进行罚款，罚款金额为 200 元到 1000 元。② 由于土地复垦须要投入成本，加之土地复垦处罚过轻，二者衡量之下，采矿权人极有可能不履行土地复垦的环保义务。

现行立法不仅存在对不履行环保义务的采矿权人处罚过轻的问题，还存在缺乏有力的环境保护激励机制的问题。不同于事后救济的处罚措施，激励机制是防患于未然的事前保护措施。在环境保护面前，事前保护尤为重要。遗憾的是，对于自然资源准物权行使后权利人承担环境保护义务，我国现行法律法规缺少有力的激励。以上述采矿权人履行土地复垦义务为例，《土地复垦规定》中用土地复垦的该土地使用权，激励以自己的资金进行土地复垦的采矿权人。③ 但土地复垦后，难以恢复到资源利用前土地的优良状态，得到的土地使用权的价值可能不敌土地复垦投入的成本。由此，难以激励自然资源准物权人的环境保护行为，不利于自然资源准物权人落实环境保护义务。

概言之，对于自然资源准物权的行使及其限制，存在的与环境保护相冲突的上述问题应当受到关注。自然资源准物权行使及其限制制度不够完善，将阻碍实务中权利的行使。自然资源准物权无法顺畅地行使，从某种意义上说，与可持续发展的法制理念背道而驰，不利于环境保护。

---

① 《中华人民共和国矿产资源法实施细则》第31条规定，采矿权人应当履行下列义务：……（四）遵守国家有关劳动安全、水土保持、土地复垦和环境保护的法律、法规。

② 《土地复垦规定》第20条规定："对不履行或者不按照规定要求履行土地复垦义务的企业和个人，由土地管理部门责令限期改正；逾期不改正的，由土地管理部门根据情节，处以每亩每年二百元至一千元的罚款……"

③ 《土地复垦规定》第17条规定，企业采用承包或者集资方式进行复垦的，复垦后的土地使用权和收益分配，依照承包合同或者集资协议约定的期限和条件确定。

第三节　环境保护与自然资源
准物权行使及其限制

立法上、实践中暴露的我国自然资源准物权行使及其限制的问题，其背后必然反映着来自传统物权法律理念的影响、来自行政管理的影响、来自现代生态文明理念的影响、来自社会经济发展现状的影响，甚至是来自个体的主观理念的影响。自然资源准物权作为不同于传统用益物权的新型权利，其出现必然对原有的法律制度造成一定的冲击。探索我国自然资源准物权行使及其限制现存问题的背后深层原因，对解决我国自然资源准物权行使及其限制存在的问题有所裨益。

一、自然资源准物权贯彻环境保护理念的发展

我国虽地大物博，但因人口众多导致自然资源人均占有量较为贫乏。① 对于自然资源而言，"明智地利用蕴含着保护"②。促进人类社会的发展与减少环境资源的利用之间是矛盾的。无论是发达国家还是发展中国家，经济的发展不会停下脚步，但自然资源确实是有限的。因此，加强自然资源利用的效率，注重生态环境建设是重中之重。在不影响经济发展的情况下，尽可能保护环境，减少因开发利用自然资源对环境的破坏。

自然资源准物权作为用益物权，其客体的特殊性，要求《民法典》以及相应的单行法律、法规注重环境保护。自罗马法以来，民法围绕着解决平等主体之间财产关系的问题，物权法更是注重物本身的

---

① 参见杨京等：《符合中国国情的资源节约策略探索》，《产业与科技论坛》2014 年第 16 期。

② 参见戴星翼：《走向绿色的发展》，复旦大学出版社 1998 年版，第 10 页。

经济价值属性，用益物权看重的是物权人占有、使用他人之物后能够为其带来收益。① 当人类社会还未意识到环境保护的重要性时，物权人更多奉行的是人类中心主义。② 人类在生存体系中，本质上并未优越于其他生物。③ 在自然资源面前，没有意识到自然资源的紧缺，也没有体会到自然资源的不可再生性，产生了自然资源能够无限地无偿使用的片面认识。由此，人们关注自然资源的经济价值，而忽略其中蕴含的巨大的生态价值。自然资源拥有的生态价值不是人类创造的，也不是人类付出劳动力与自然相结合而产生的，而是自然资源本身具有的。④ 而自然资源经济价值的体现，需要借助自然资源所有权人、准物权人对自然资源进行利用、开发，借助科学技术手段和经济手段，取得自然资源产品进行交易，获取经济价值。自然资源的稀缺性和不可再生性、片面追求经济效益而过度开采导致自然资源损耗，使得自然资源生态价值逐渐受到关注。自然资源准物权的客体在传统用益物权客体经济属性的基础上，更加注重自然资源的生态属性，由人类中心主义逐渐过渡到生态中心主义。权利和义务二者是同时存在的，自然资源准物权人在行使权利时，要承担起相应的环境保护义务，贯彻自然资源的生态理念。而自然资源准物权的行使及其限制，需要有配套的法律法规加以规定，给权利人在行使权利时一个良好的参照标准，积极主动地履行环境保护的义务。这就要求《民法典》以及相应的单行法律、法规需要改变传统以经济发展为唯一目的的理念，克服片面追求经济效益而忽略环境保护的局限。规定自然资源准物权的行使及其限制时，应当注重生态环境保护理念。

---

① 参见李爱年：《论自然资源保护法体系的完善》，《湖南师范大学学报（社会科学版）》2001 年第 1 期。

② 参见赵惊涛：《科学发展观与生态法制建设》，《当代法学》2005 年第 5 期。

③ Paul Tayor, Respect for Nature: A Theory of Environment Ethics, Princeton University Press. 99, 100. (1986).

④ 参见［英］艾琳·麦克哈格等主编：《能源与自然资源中的财产和法律》，胡德胜等译，北京大学出版社 2014 年版，第 397 页。

二、环境保护与自然资源准物权公私法限制的协调发展

基于当前环境污染、自然资源过度开发使用导致自然资源枯竭的状况，我国立法明确了自然资源准物权的行使适用的私法规定，如生态保护原则等。与此同时，在各单行法中，赋予行政机关监督管理自然资源准物权行使的权力。私法、公法的双重限制，目的是令自然资源准物权在行使时，能够结合生态价值与经济价值。特别是公权力限制过多的情况下，自然资源准物权私法、公法限制的协调的明晰，有利于在自然资源准物权的行使过程中，生态价值理念的释放。

（一）自然资源准物权属于用益物权且应保护生态价值

自然资源准物权属于用益物权。自然资源准物权的行使及其限制是以私法规定为基础进行设计的。但基于自然资源的特殊性质，强调环境保护、注重生态理念的要求，对如何避免非自然资源所有者的准物权人在利用开发自然资源时不过度开采，以免造成"公地悲剧"，这给自然资源准物权行使及其限制的制度建立带来了难度。① 自然资源的过度利用开发，一方面是对环境保护的破坏，另一方面导致其他权利人无法行使权利而造成经济损失，这些都属于外部不经济。如何将外部性内化，避免自然资源过度开采，以及实施开采后履行环境的恢复义务和生态补偿的落实，甚至是过度开采的处罚，自然资源所有权人的管理和监督往往是效率最高的。为了保证自然资源高效利用，平衡个人利益与公共利益之间的关系，国家监督和管理自然资源准物权的行使和限制，大多以行政法律法规规定。国家扮演管理者和监督者时，与自然资源准物权人并不是平等的民事主体关系，行政干预自然资源准物权行使及其限制即公权力介入的体现。

如同上述从自然资源的内因角度进行的分析，为了避免因缺少直

① 参见［英］艾琳·麦克哈格等主编：《能源与自然资源中的财产和法律》，胡德胜等译，北京大学出版社2014年版，第397—380页。

接的经济效益体现而忽视自然资源生态价值，以及自然资源准物权人功利地开采导致的环境破坏，适当介入公权力进行管理与监督尤为必要。自然资源准物权在行使中公私法属性兼具，从外因角度分析，同政府和市场间的自然资源配置有关。① 自然资源准物权行使后，所得的自然资源产品投入市场进行交易，产生的一系列民事行为由民法进行规制，是用益物权的体现。政府为防止自然资源供应的市场失灵而进行监管，有公法的影子。在我国社会经济发展下，或政府或市场的倚重，使得公法与私法在自然资源配置中得到体现。市场发挥的作用和政府的监管作用在自然资源准物权领域中的交替出现，使得自然资源准物权行使及其限制规定须"公"与"私"兼具。

传统法学思维，有国家、政府等行政权力的参与即归为公法范畴的机械划分模式，在面对现代民法，乃至自然资源准物权这一较新的自然资源权利时，明显不合适。现代民法发展至今，基于立法技术的需要，典型的私法制度中时而也有公权力的适当参与。但两者之间并不对立，不影响民法属于私法的范畴。自然资源准物权也是如此，权利的公法性质往往不占主导地位，不应当影响权利的私法属性。② 比如，采矿权的取得需要行政部门的严格审批，颁发采矿许可证。但采矿权此项权利的重点，在于采矿权人依法在特定矿产工作区域内进行开采活动的权利。因此，根据权利的内容，私法性才是采矿权的主要性质，不应当机械地因采矿权取得时公权力的介入而否认采矿权的私法属性。因此，自然资源准物权属于私法范畴。况且自然资源准物权行使及其限制制度的建立，目的在于对自然资源生态价值的注重。从目的出发，过分注重自然资源准物权制度存在公法性质，偏离了制度设计的重点。因此，"公""私"之间并不矛盾对立。在自然资源准物权行使及其限制制度完善上，充分发挥"公""私"之间的长处，

---

① 参见周珂：《我国民法典制定中的环境法律问题》，知识产权出版社 2011 年版，第 135—136 页。

② 参见崔建远：《准物权研究》（第 2 版），法律出版社 2012 年版，第 55 页。

最终实现权利的行使与限制保护环境的目的才是明智之举。

（二）自然资源准物权的法律限制与防止自然资源被滥用

我国现行立法对自然资源准物权的行使进行了限制。私法上，通过《民法典》的规定，提供自然资源准物权行使的原则性限制，力求保证民事主体行使权利时，保护生态环境。公法上，通过各单行法、法规和规章，多以行政管理的形式规定自然资源准物权行使的限制。对于自然资源准物权行使而言，不论是私法还是公法限制，都需要进行分析，有利于自然资源准物权能够在环境保护视野下行使。

1. 自然资源准物权私法限制。自然资源准物权属于用益物权，其所包含的矿业权、取水权、渔业权、海域使用权等诸多自然资源权利，被规定于《民法典》中，必然需要受到私法限制，以更好地规范自然资源的合理使用，走可持续发展道路。《民法典》中的生态保护原则、自然资源有偿使用原则等，都为自然资源准物权在环境保护视野下的行使提供了良好的私法限制规定。

（1）《民法典》生态保护原则限制。《民法典》第9条规定了民事主体的民事活动要节约资源、践行生态环境保护，将保护生态环境原则与诚实信用原则、公序良俗原则等民法基本原则一同规定于第一章"基本规定"中。由此，明确地将生态环境保护作为一项基本原则。生态环境保护原则的提出，是基于当前环境日益恶劣，自然资源开采、使用无度的情况。作为一项原则明确写入《民法典》中，是具有先进性的，为我国民法"生态化"之路奠定了基础。

在《民法典（草案）》审稿阶段，不少学者对于生态保护原则进行了广泛的讨论。有学者认为，生态保护原则列入第一章"基本规定"中，如《中华人民共和国婚姻法》《中华人民共和国继承法》等法律没有适用该原则的余地。也有学者对于生态保护原则与公序良俗这一民事基本原则之间的关系展开探讨。① 不得不说，在环境问题渐

---

① 参见尹田：《民法基本原则与调整对象立法研究》，《法学家》2016 年第 5 期。

入人们视野的当下，如何立法保护生态环境受到了诸多关注。我们认为，生态保护原则写入《民法典》意义重大，学者的讨论不无道理，但生态保护原则仍然有发挥效果的余地。如在涉及财产分割情形，如何使资源得到合理配置，实现资源使用效益最大化，就需要遵循生态保护原则。[①] 生态保护原则与公序良俗原则之间的确存在一部分价值重合，但二者侧重不同。生态保护原则遵守公共秩序的价值，虽同公序良俗间重合，但生态保护原则更侧重于环境保护的价值理念，强调民事主体对自然资源乃至对生态环境保护的重视。

生态保护原则对于环境保护的作用大有裨益，特别是对于自然资源准物权行使及其限制而言，从私法的角度给权利行使带来了限制。一方面，生态保护原则作为一项基本规定，指导自然资源准物权的行使，要切实遵循环境保护的规则。自然资源准物权之所以区别于传统用益物权，重要的一点就在于权利本身需要发挥生态属性，而生态保护原则正好契合这一点，有利于自然资源准物权彰显生态属性。立法明确规定生态保护原则，权利人行使权利受到限制，从而避免出现自然资源过度开发、使用浪费的情况，实现环境保护的目的。另一方面，生态保护原则规定于《民法典》中，为自然资源物权化发展提供了基础。我国自然资源准物权未得到完全的物权化，其中一个原因是自然资源准物权行使的限制多由公权力规范。另一个原因是自然资源准物权作为物权，其生态价值如何量化、生态价值在市场中如何体现以及生态价值的民法保护和救济，基本处于空白。[②]《民法典》的生态保护原则正好可以填补上述二者空白之处。生态保护原则对自然资源准物权的行使的限制，通过民法原则的形式进行规范，让私法在该权利行使的限制中占有一席之地，避免了私法权利的私法限制过分不足的尴尬。同时，如同上述，有助于体现自然资源准物权生态价值。因此，生

---

① 参见张素华：《〈民法总则草案〉（三审稿）的进步与不足》，《东方法学》2017 年第 2 期。

② 参见黄锡生：《自然资源物权法律制度研究》，重庆大学出版社 2012 年版，第 129 页。

态保护原则对于自然资源物权化的发展起到了举足轻重的作用。

（2）《民法典》自然资源有偿使用制度的限制。制定自然资源有偿使用制度，其目的是通过制度的设计，稳定自然资源使用的秩序，以此来保护生态环境，避免自然资源的无序使用和浪费。《民法典》规定，除法律特别规定外，原则上全面实行自然资源有偿使用制度。与此相对应的具体的单行法律、法规规章之中规定了自然资源准物权人行使权利需要履行的有偿使用制度的义务。必须清晰地认识到，自然资源准物权的行使必然受到有偿使用制度的限制。诸多自然资源的占有、使用、收益要体现生态环境保护理念，需要立法者通过一定的制度，通过切身的经济利益的约束，让自然资源准物权人能够尽可能地不破坏生态环境，在有限的自然资源下，实现利用效益最大化，从而避免资源浪费。因此，自然资源有偿使用制度进行合理的自然资源估价，发挥市场运行作用。有偿使用能够让自然资源准物权人意识到自然资源使用需要付出代价，不敢肆意挥霍、浪费自然资源，最终实现自然资源准物权权利行使与生态环境保护的双赢。

2. 自然资源准物权的公法限制。我国自然资源准物权的行使具体如何限制，多规定于各类自然资源的单行法和法规规章中。这些法律大多从行政管理的角度对自然资源准物权的行使加以规定。[①] 如采矿权须进行行政性质而非物权性质的登记，领取采矿许可证后才能取得。[②] 采矿权行使完毕后，没有按照《矿产资源法实施细则》的要求进行土地复垦的，采矿权人将被责令改正，对逾期不改正的进行罚款。[③]

---

① 参见高富平：《中国物权法：制度设计和创新》，中国人民大学出版社 2005 年版，第 494 页。

② 《中华人民共和国矿产资源法实施细则》第 5 条规定，开采矿产资源，必须依法申请登记，领取采矿许可证，取得采矿权。

③ 《土地复垦规定》第 20 条规定："对不履行或者不按照规定要求履行土地复垦义务的企业和个人，由土地管理部门责令限期改正；逾期不改正的，由土地管理部门根据情节，处以每亩每年二百元至一千元的罚款。对逾期不改正的企业和个人，在其提出新的生产建设用地申请时，土地管理部门可以不予受理。罚款从企业税后留利中支付，依照国家规定上交国库。"

虽然自然资源准物权行使的限制的具体要求大多冠以公权力色彩，物权化程度不高，但出于自然资源准物权行使的公权力限制，应当具体分析看待。

（1）自然资源准物权的行使需要公权力进行限制。自然资源准物权人自由地行使权利，需要受到以环境保护为目的、社会公共利益需要的国家管理与监督。反过来，国家管理与监督是公权力对自然资源准物权制度的介入，需要受到保障自然资源准物权权利的实现、市场交易顺利进行等要求的约束。自然资源准物权人的行使与国家作为所有权人管理与监督之间的利益是冲突的，需要相互制约。

为了保护环境，防止自然资源遭到过度开发、利用，同时，为了保护其他用益物权人权利的行使，对自然资源准物权的行使介入国家的管理和监督，是对自然资源准物权人行使权利的限制。具体表现在自然资源准物权取得、流转等的行政要求，以及违反行政要求后须承担的法律责任。举例而言，在捕捞权取得方面，我国现行《渔业法》规定我国实行捕捞许可制度，渔业活动者取得捕捞许可证后才能进行捕捞活动。① 在权利的流转方面，我国禁止捕捞权人取得的捕捞许可证以买卖、出租和以其他形式转让，以控制捕捞许可证流转的方式，禁止捕捞权的流转。在权利行使方面，规定了行使捕捞权时禁止使用或者限制使用的渔具和捕捞方法，比如禁止使用最小网目尺寸的捕捞工具，禁止使用炸鱼、毒鱼等破坏渔业资源的捕捞方法。② 在违法承担法律责任方面，《渔业法》专章规定了违反法律从事渔业捕捞活动需要承担的法律后果。如转让捕捞许可证，应没收违法所得、吊销捕

---

① 《矿产资源开采登记管理办法》第23条："违反本办法规定开采石油、天然气矿产的，由国务院地质矿产主管部门按照本办法的有关规定给予行政处罚。"

② 《中华人民共和国渔业法》第30条第1款规定："禁止使用炸鱼、毒鱼、电鱼等破坏渔业资源的方法进行捕捞。禁止制造、销售、使用禁用的渔具。禁止在禁渔区、禁渔期进行捕捞。禁止使用小于最小网目尺寸的网具进行捕捞。捕捞的渔获物中幼鱼不得超过规定的比例。在禁渔区或者禁渔期内禁止销售非法捕捞的渔获物。"

捞许可证，并且可以处以一万元以下的罚款。①

（2）公权力对自然资源准物权行使的介入需要限制。自然资源准物权人行使权利需要限制，国家行使公权力对自然资源准物权的行使进行控制和监管的行为，同样需要限制。平衡公共利益和个人私益之间的关系成为重点。国家的管控行为是为了满足公共利益的需要，而自然资源准物权的行使往往是私益的体现。个人在行使自然资源准物权时不得侵害社会公共利益，国家行政公权力在维护公共利益时，也不得过度干涉合法权利的行使、剥夺使用者合法利益，为了公共利益牺牲使用者合法利益时，应当及时予以补偿。

行政机关依法享有限制自然资源准物权行使的权力，但并不意味着可以肆意、过度甚至无限地限制自然资源准物权的行使。② 自然资源准物权行使及其限制制度建设上，同样需要运用行政法的思维，对公权力进行限制，如遵守比例原则对行政权力进行限制。设计限制自然资源准物权的行使的权力应当符合适当性，即法律法规规定的公权力的限制行为能够实现制度设计的目的，预防、禁止自然资源准物权人做出破坏环境保护的行为。在多种能够实现制度设计目的的方法中，根据必要性原则，挑选出对自然资源准物权人的权益损害最小的方法。同时，还要通过狭义比例原则，平衡执法行政成本与自然资源准物权人损害权益之间的关系。避免存在自然资源准物权行使的限制措施虽然对权利人损害最小，但措施执行行政成本过高，变相转化为社会公众共同承担，损害公共利益的情形。③ 政府的行政行为不能打

---

① 《中华人民共和国渔业法》第 43 条规定："涂改、买卖、出租或者以其他形式转让捕捞许可证的，没收违法所得，吊销捕捞许可证，可以并处一万元以下的罚款……"

② 参见黄萍：《自然资源使用权制度研究》，上海社会科学院出版社 2013 年版，第 161 页。

③ 参见胡建淼、张效羽：《有关对物权行政限制的几个法律问题——以全国部分城市小车尾号限行行为例》，《法学》2011 年第 11 期。

着公共利益之需的旗号，作为其行为合法性与合理性的当然依据。①
纵使在公共利益面前个人私益需要让步，公权力在限制自然资源准物
权行使后，应当适当补偿自然资源准物权人的损失，以此协调公共利
益与个人利益之间的关系。

（3）自然资源准物权公权力限制须遵行公平价值。国家公权力作
用于限制自然资源准物权行使时，还要注重公平的法律价值理念追
求。我国的自然资源所有权归属于国家或者集体，对于自然资源利用
开发，国家享有自然资源的最高支配权。阿根廷联邦最高法院在布宜
诺斯艾利斯省诉布兰卡港电力公司一案中，对国家最高支配权和对资
源开发利用国家采取的限制之间进行了讨论，认为国家对用益物权人
采取的资源开发利用的规定，无法同化运用于国家最高支配权。② 于
是，在自然资源开发利用权利的问题上，国家因拥有最高支配自然资
源的权利，往往成为自然资源准物权的非国有主体的潜在的竞争者。
以矿业权为例进行说明。历史上存在"共有公用""资源无价"的片
面认识。而市场经济体制是国有与非国有主体共存的，国有矿业权人
与非国有矿业权人同属于市场经济主体，存在竞争关系。国有矿业权
人在政府的支持下，可能会借着维护国家矿产资源所有权或者为了满
足社会公共利益的噱头，取得不符合市场规律的政府特权。③ 如此，
同样享有自然资源开发利用权利的非国有矿业权人权利行使，便可能
受到不公平对待。消除此种不公平对待，则需在建立自然资源准物权
行使及其限制制度时，更加追求法律公平价值。当主体资质相当，国
有自然资源准物权人与非国有自然资源准物权人应当受到平等对待，

---

① 参见胡鸿高：《公共利益的法律界定——从要素解释的路径》，《中国法学》2008
年第4期。
② 参见［英］艾琳·麦克哈格等主编：《能源与自然资源中的财产和法律》，胡德胜
等译，北京大学出版社2014年版，第380页。
③ 参见周珂：《我国民法典制定中的环境法律问题》，知识产权出版社2011年版，第
294—295页。

避免出现假借维护所有权及滥用公共利益名义的情形出现，为自然资源准物权的行使创造良好的环境。

由此可知，为了使自然资源得到尽可能高效的开发利用，要对自然资源准物权的行使介入国家公权力的干预。但国家限制自然资源准物权的行使是有限的，在公权力参与的同时，公权力本身也要受到限制，以防止公权力被滥用，保障自然资源准物权发挥其用益物权权能。另外，自然资源准物权的行使还应追求公平的法律价值，公平地对待国有自然资源准物权人与非国有自然资源准物权人。把握、协调公私法属性之间的关系，正确地认识自然资源准物权行使及其限制制度，对解决当前该权利制度存在的不足大有益处。

三、环境保护与自然资源准物权市场机制的发展

自然资源准物权的行使受到私法及公法的限制，且偏重行政公权力的限制。如同上述分析，自然资源准物权行使中公私法属性之间需要协调发展，而培育自然资源准物权制度的市场，通过市场介入，发挥市场运行的作用，平衡行政公权力过度的干涉，便是促进自然资源准物权行使及其限制公私法属性之间协调发展的有力举措。

（一）市场与行政对自然资源准物权行使及其限制的环境保护作用

自然资源准物权的行使不仅需要公权力的介入，还需要市场发挥作用使得权利能够更好地实现生态价值。市场与行政之间需要依靠何者，或者偏重何者，以此更好地发挥市场对自然资源准物权行使及其限制的作用，值得分析。

1. 自然资源准物权行使及其限制不可单纯依靠行政公权力。如同上述分析，国家的行政公权力在自然资源准物权的行使上起着不可或缺的作用，但单纯依靠国家行政的监督和管理，势必无法全然解决自然资源准物权行使及其限制的问题。国家公权力的管理监督大多站在

维护公共利益的角度，这会受到人类本身自利性的功利心理的挑战，公共利益往往被私利所忽视。政府不是万能的，政府的行为如若无法提高经济或生态价值的使用效率，将会发生政府失灵的情况。①

首先，政府的决策受到人类认识局限的约束。由于实践调研、人类思维、工作者相关知识水平及工作经验、主观判断等因素的局限，在自然资源准物权行使的国家监控和管理问题上，政府的决策有一定失误的可能。加之自然资源是环境重要的组成部分，人类对于环境资源的感知往往滞后，无法及时应对环境的变化，这给国家行政决策时对现状的判断造成一定的难度。②

其次，面对自然资源准物权，公权力监管的行政成本并不低。政府是组成部门众多的庞大的组织体。个人的行为往往追求自身经济效益的最大化，不同于此，政府行为的基础点在于社会公共利益，由于缺乏社会公共效益的评估标准和评估技巧，社会公共效益的价值往往难以估计。③ 自然资源准物权单纯依靠国家行政管理，必然需要较为深入的管理模式和监督措施。加之中国地大物博，总体资源丰富，政府的事务量将随之增多，公权力监管自然资源准物权行使的成本必然升高。当行政成本超出政府承受能力时，公权力无法解决自然资源准物权的所有问题，环境保护就会落空。

最后，政府间维护的公共权利时有冲突。对自然资源准物权进行限制的国家公权力主体数量是非常庞大的，各个行政机关都在一定范围内拥有权力，且运用于维护一定范围内的各自的公共利益。各个公共利益之间往往是此消彼长的利益冲突关系。因此，出于自身公共利益的考量，部分政府行政决策的做出，未必拥有整个国家乃至整个世

---

① 参见［美］保罗·A. 萨缪尔森等：《经济学》（上），胡代光等译，北京经济学院出版社1996年版，第567页。

② 参见吕忠梅：《环境权力与权利的重构——论民法与环境法的沟通和协调》，《法律科学》2000年第5期。

③ 参见叶知年主编：《生态文明建设与物权制度变革》，知识产权出版社2010年版，第51—52页。

界生态环境保护的全局观。如此便无法保证行政决策的做出能够达到防止破坏环境的效果。

2. 自然资源准物权行使及其限制不可单纯依靠市场运行。由上述分析可知，单纯依靠国家公权力解决自然资源准物权的行使及其限制问题，存在一定的局限。自然资源准物权的行使及其限制离不开市场的介入，但仅仅依靠市场，也无法实现自然资源的高效开采利用，出现破坏环境的情形。20世纪爆发的全球经济危机显示，政府不加干预，完全放任市场自由运行的经济模式并不可行，会造成市场失灵的情形。美国罗斯福新政开启了政府干预市场经济运行的模式，政府从"守夜人"的角色逐渐转变为"干预者"的角色，缓解经济危机。[①]自然资源准物权更是如此。

从自然资源的经济价值角度出发，自然资源准物权人开采利用自然资源，得到自然资源商品，投之于市场交易取得经济收益。理想状态下，市场自由运行体现的供求关系、自然资源的稀缺和不可以再生的性质可以反映出物本身的经济价值。但个体参与市场交易的目的是换取收益，具有很强的功利性。单纯的经济交易，自然资源准物权人通过一定的生产技术和劳动力的投入，取得的自然资源商品在市场交易过程中同其他商品相同，可能出现不正当竞争，从而贬低自然资源原有的经济价值。

从自然资源的生态价值角度出发，自然资源与普通物相较之下，拥有普通物不具有的巨大的生态价值。在传统意识中，自然资源是全人类共同资源，往往被认为是无偿的、任意取用的。受到人类自利心理的驱使，自然资源仅仅依靠市场规律发展，缺失权力规制时，会大量出现自然资源准物权人资质低下、自然资源准物权行使时开采利用效率低下以及自然资源准物权行使后环境破坏严重、缺

---

① 参见陈家宏等：《自然资源权益交易法律问题研究》，西南交通大学出版社2012年版，第79—80页。

乏修复的后果。而自然资源低效利用、环境严重破坏等环境问题，单纯依靠市场经济无法解决，最终将作为经济外部性由公众共同承担。缺乏有效的管理和监督，自然资源准物权主体的个体收益与社会整体公共利益背离，生态价值遭受漠视，环境问题将日益突出。[①] 因此，如何改变公众对自然资源无偿、任意取用的错误认识，使得市场经济运行中，自然资源商品能体现出本该具有的生态价值，不能只靠市场规律调节。

3. 自然资源准物权行使及其限制应市场与政府共同作用。从上述分析得知，自然资源准物权的行使与限制无法单独依靠政府、抛开市场，也无法仅仅依靠市场而忽略干预。自然资源准物权行使及其限制需要市场与政府之间相互协调，共同作用，才能较为完整地保障自然资源商品经济价值和生态价值，才能更好地促进自然资源准物权进入市场流通，才能使自然资源商品和自然资源准物权在市场流通过程中健康、有序地发展。

我国现行立法中，公权力规制自然资源准物权的行使，体现了国家对生态环境和自然资源的保护。但市场始终是资源配置的基础，政府有形之手与市场无形之手间讲究相互配合。国家的干预需要恰到好处，其对自然资源准物权行使的限制，必须遵守行政法比例原则。政府在自然资源市场中不能缺位，但也不能越位。缺乏相关权利的行政立法和过多的行政限制必然影响自然资源商品或相关权利在市场经济中的发展。比如，我国现行《渔业法》没有明确养殖权流转规定，在实务中，不利于渔业养殖权在市场中的流转以及国家行政对于养殖权的管理。另外，我国禁止捕捞权人转让其取得的捕捞许可证，从另一个角度看，此规定阻碍了捕捞权的转让。但此规定不符合国情，实践存在捕捞权流转的需要。虽然国家禁止以转让捕捞许可证的方式转让

---

① 参见叶知年主编：《生态文明建设与物权制度变革》，知识产权出版社 2010 年版，第 48 页。

捕捞权，但渔民会将捕捞渔船买卖、出租，捕捞许可证随着捕捞渔船的流转而流转。但遗憾的是，现行法律尚无明文规定，禁止这种流转行为。

自然资源准物权行使及其限制的发展仍然应以市场调节为主导，公权力的干预必须是适当、有限的。基于历史发展的因素，政府较多地主导我国自然资源的供给，没有认可和重视自然资源和自然资源准物权的商品经济属性，排斥自然资源的市场化。① 如今，随着我国市场化进程的深入发展，有些立法规定有意推动自然资源商品进入市场流通领域，不过由于缺乏自然资源和自然资源准物权的商品经济市场基础，还达不到预期效果。自然资源的发展，从政府主导转向投入市场经济运行，不是一蹴而就的，公权力与市场规律的配合尤为重要。面对市场经济发展，尊重、顺应市场发展规律是基础，而政府对自然资源准物权行使的限制只能是有限的。在理想的状态下，政府对权利的限制应当只在市场调节出现失灵状况时发挥作用，为自然资源准物权的市场交易创造良好的环境。

（二）培育自然资源准物权制度的市场以保护环境

正如上述分析，自然资源准物权面临着从政府主导转向投入市场经济运行的转变。自然资源准物权交易的市场还未真正培育完全。如此，自然资源的生态价值和经济价值便无法在市场交易中得到应有的体现。实践中，有些自然资源准物权交易市场会出现尴尬的局面。自然资源准物权流转形式规范尚不完善，比如矿业权。矿业权存在"炒矿"现象，流转过程中矿业权市场价格不科学，缺乏有效机制、出让不规范、政府在市场化中"干预者"的角色对矿业权限制过度等情况。② 自然资源准物权市场制度尚未培育完全，主要表现在以下几个方面。

---

① 参见周珂：《我国民法典制定中的环境法律问题》，知识产权出版社 2011 年版，第 151 页。
② 参见尚宇、卜小平：《对矿业权市场若干问题的思考》，《中国矿业》2009 年第 4 期。

1. 市场上自然资源准物权的评估体系。当前自然资源准物权缺少健全的评估体系，一方面是缺乏精准的社会公共效益的评估的标准，导致自然资源准物权的经济价值和生态价值估算不尽如人意，市场价格的估算没有相应的参考标准。另一方面是估算自然资源准物权的公共效益难度较大，目前市场上缺乏相应的评估技巧。自然资源准物权作为财产权益，进入市场流通前的评估工作必不可少。良好的评估体系是对自然资源准物权的生态价值和经济价值正确评价的体现，同时，有利于市场上对于权利或者自然资源商品的准确定价，使其蕴含的价值不被贬低。从正确认识自然资源价值的角度而言，市场建立较为完善的自然资源准物权评估体系是对环境保护、生态系统保护的有力举措。

2. 市场上为自然资源准物权服务的中介组织机构。自然资源准物权作为财产权益，在市场流通过程中必然会出现当事人之间财产权利纠纷、财产本身的价值评估、财产投资风险等实践问题。与此相对应的是自然资源准物权的法律咨询服务、资产评估服务、财产投资保险服务，甚至还包括有关自然资源准物权的委托代理服务、融资服务等。① 这些自然资源准物权的服务需要是否有专门的中介组织机构，是衡量自然资源准物权市场发展成熟与否的重要因素。中介组织机构的服务，有助于自然资源准物权在市场上的流通。然而，我国自然资源准物权中介服务队伍仍在建设当中，尚未发挥强有力的作用。一是市场上自然资源准物权的中介服务组织数量较少；二是为数不多的此类中介组织机构中，存在服务范围有限，且服务质量无法保证。

3. 自然资源准物权的市场信息对称。市场想发挥作用需要有良好的信息传递渠道，让自然资源准物权的供求信息能够得到及时、准确的反映，避免出现想要流转权利的自然资源准物权人无法通过市场信

---

① 参见陈家宏等：《自然资源权益交易法律问题研究》，西南交通大学出版社 2012 年版，第 79 页。

息找到受让对象，而欲通过市场流转取得自然资源准物权的受让人苦求权利人转让无门的现象。遗憾的是，我国目前存在自然资源准物权市场信息不对称的情况，自然资源信息的生成和信息的传递缺乏有效应对机制。以矿业权交易尤为明显。由于矿产资源存在于深度不等的地下，没有行使探矿权进行勘探，一般情况下无法得到该特定范围内矿产资源的数量、质量以及开采操作难易程度等重要矿业权信息。加上我国国土面积所跨经纬幅度大，各个矿区的矿产资源储量水平差异不小，且同一矿区内分布格局不匀称，矿产资源的相关信息不经过勘探难以证实。因此，矿产资源的正确信息难以被第三方得知，甚至会出现正确信息被误传或者提供虚假信息的情况。比如，探矿权人勘探矿产资源后，故意夸大该区域矿产资源储量、虚高矿产资源的品格、吹嘘该地区矿产资源开采的操作程度等，都将引起市场信息不对称的情况。[①] 当自然资源准物权受让后，权利受让人得知真相寻求司法帮助时，由于矿产资源勘探信息不对称，法院在事实认定方面也存在很大难度，最终导致投放虚假信息者难以得到惩戒的局面。因此，在市场流转过程中，减少信息不对称，加强信息的生成和信息的传递是保证自然资源准物权市场化的重要因素。

自然资源准物权的发展的基础在于市场配置，我国目前处在逐渐走向较成熟的市场化道路中，其间离不开市场和政府的共同作用。自然资源准物权行使及其限制只有在市场和政府相互协调、共同作用下，才能更为完整、正确地体现自然资源商品本具有的经济价值和生态价值。自然资源准物权市场化的转型非一朝一夕能够完成的，需要经过逐渐改进的漫长过程。不断培育自然资源准物权制度市场，形成较为完备的自然资源准物权评估体系、加强自然资源准物权的中介服务团队建设、加强自然资源准物权信息交流对称性，完善自然资源准物权制度市场的意义重大。如此一来，自然资源准物权进入市场的流通能够

---

① 参见晏波：《矿业权不同转让方式比较》，《中国矿业》2008 年第 5 期。

充分发挥市场的功能，环境保护的价值观在其中得到良好体现。自然资源准物权在逐步走向较为成熟的市场化中，能够健康、有序地发展。

综上所述，我国自然资源准物权制度的构建仍在实践过程中不断完善、发展。我国自然资源准物权行使及其限制存在的问题，可以从自然资源环保理念的发展、自然资源准物权行使及其限制的公私法协调发展、市场机制的发展等角度进行分析。不论从哪个角度审视当前制度存在的问题，都是基于充分体现自然资源经济价值和生态价值的考量。因此，自然资源准物权行使及其限制制度的完善，要以自然资源经济价值和生态价值为出发点，结合当前制度存在的不足和相关问题的审视，符合国情地进行制度完善，实现生态环境保护目的。

第四节　我国自然资源准物权行使及其限制制度的完善

自然资源准物权行使及其限制制度构建，应当围绕在如何充分体现自然资源经济价值和生态价值的问题上。在此基础上，私法与公法、市场和政府之间相互协调、发挥作用，才能发挥自然资源准物权的权能。我国自然资源准物权制度还在以政府主导逐步向市场化发展，为此，下文的论述将结合我国自然资源准物权行使及其限制存在的不足和对存在不足的审视，提出完善我国自然资源准物权行使及其限制的建议。

一、立法应以概括式加列举式规定自然资源准物权

为了在民法范围内预留自然资源准物权的发展空间，使立法更加顺应社会实际的需要，我国《民法典》对自然资源准物权的规定，应当改变原有将矿业权、取水权、渔业权、海域使用权列举入法的立法

方式，将自然资源准物权的概念纳入法律之中，以概括式加列举式的立法方法规定自然资源准物权。

自然资源准物权以概括式加列举式的立法方法相比单独的列举式立法，具有更多好处。其一，自然资源准物权采用概括式加列举式的立法方法，能够避免社会发展出现较为成熟的自然资源准物权时，由于现有法律没有列举新出现的自然资源准物权，使得权利人行使权利时无法可依，法律无法对新型准物权进行规制的尴尬。这也是顺应国情需要，给自然资源准物权预留更多的发展空间。其二，明确了自然资源准物权概念，能统一学界对相关自然资源权利的不同称谓，减少因内容相同但名称不同而产生的分歧，使学界集中精力研究自然资源准物权的行使及其限制的具体制度完善。其三，自然资源准物权以概括式加列举式的混合立法方式，能够更清晰地指向所属权利，方便民众知悉相关概念。一方面，熟知自然资源准物权，能够方便民众行使权利，使法律的可操作性更强，避免出现对权利认知的分歧；另一方面，预防的作用大于惩戒。自然资源准物权透露着保护环境的生态价值理念，清晰地说明自然资源准物权的权利指向。而从中透露生态环保的价值追求，对公民而言起到教育作用，潜移默化地将环境保护理念灌输到民众之中，有利于预防行使自然资源准物权产生的人为的环境破坏。因此，我国立法应以概括式加列举式规定自然资源准物权，满足实践中的需要。

二、完善自然资源有偿使用制度

自然资源有偿使用制度的健全，需要私法与公法、市场与政府之间相互协调，共同作用。政府或市场的单一调控模式无法满足自然资源有偿使用制度的现实需要。① 当前复合性的经济体制之下，政府的

---

① 参见周珂：《我国民法典制定中的环境法律问题》，知识产权出版社 2011 年版，第 134—135 页。

公权力作用和市场的自由经济作用二者之间并不是对立矛盾的关系，自由与管理控制二者相互制约，缺一不可。市场与政府相互间取长补短，共同作用于自然资源有偿使用制度的完善，更好地保障自然资源商品经济价值和生态价值，为自然资源商品和自然资源准物权健康、有序地在市场发展创造条件。为此，在市场经济作用下的，具有私法与公法限制的自然资源有偿使用制度的健全，可以从以下方面进行。

（一）建立自然资源评估体系，科学定价

自然资源有偿使用制度要求自然资源准物权人利用自然资源时要支付相应的对价，而如何确定支付价格的多少，需要有一套较为完备的自然资源价值评估体系，作为自然资源有偿使用科学定价的前提。

在市场上建立自然资源的评估体系，应当培养、会集评估人才，加强人才队伍建设，研究出适合国情的、符合社会发展规律的评估技巧。自然资源评估属于自然资源投入市场的必由之路，国家可制定政策，鼓励成立自然资源中介服务机构。自然资源价值评估的中介组织机构的发展与自然资源市场化之间将会呈现双赢局面。自然资源价值评估的中介组织机构成立，有助于明晰自然资源价格，对自然资源进入市场、自然资源准物权的行使有长远的帮助。反过来，随着自然资源市场化进程日益扩大，自然资源价值评估的需求会越来越多，进而促进自然资源价值评估这一行业的发展。自然资源中介服务机构数量的多少、其服务的范围和服务的质量，都是衡量自然资源评估的市场化是否成熟的重要因素。有专门的自然资源价值评估人才队伍、较为完备的评估技巧，对准确评估自然资源价值具有重大意义。

对自然资源的价值进行准确评估后，才能对自然资源有偿使用制度进行科学定价。政府行政公权力介入，是自然资源有偿使用制度的定价必不可少的要素。同时，需要充分发挥市场价格规律的作用。自然资源有偿使用制度的完善须符合国情，纵使市场优化资源配置的功能在当下是立法追求的效果，但我国自然资源准物权的市场尚未培育完全。因此，要逐渐培养自然资源准物权的市场土壤，以国家公权力参与自然资源价格制定为基础，积极探寻符合我国国情的自然资源科学定价的市场化道路，并在法律规定中得到反映。① 集市场与政府二者之力，以科学的自然资源价格引导自然资源准物权制度的发展。

(二) 改变政府主导逐渐转向市场运行

自然资源有偿使用制度须对过度的政府干预加以限制，要满足社会发展的需要，逐渐由政府主导转向市场化运行。自然资源有偿使用从本质上而言是一种交易，是带有管理性质的交易。国家拥有自然资源所有人和管理者双重身份，对自然资源准物权行使及其限制制度作出规定，一定程度上改变了交易自由的价值取向。但当前适当的政府干预是必需的，同时也要培育自然资源市场。

对于公权力方面，以立法的形式对其加以一定限制。一方面，对政府定价、收费加以监督，避免价格过高或过低、多部门重复交叉收费等不合理的收费现象出现；另一方面，强调市场主体的平等，对资质相同的国有企业和非国有企业一视同仁。对市场培育而言，可以立法规定合适的自然资源严格地适用招投标、合同等多种方式，筛选自然资源准物权人，从市场方面辅助实现市场主体平等。另外，逐渐培养自然资源准物权的中介服务机构，如自然资源准物权法律咨询服务机构、财产投资保险服务机构、委托代理服务机构、资产评估服务机构、融资服务机构等，减少市场的信息不对称对自然资源有偿使用制度发展的阻碍。②

同时，可以通过立法，推动公众参与，充分发挥公民、法人和其他组织在自然资源有偿使用制度和自然资源市场中的积极主动性，实

---

① 参见陈家宏等：《自然资源权益交易法律问题研究》，西南交通大学出版社 2012 年版，第 229 页。

② 参见陈家宏等：《自然资源权益交易法律问题研究》，西南交通大学出版社 2012 年版，第 79 页。

现市场主体自主权和自由交易。① 自然资源投入市场交易是社会发展趋势。为了减少开采利用自然资源带来的环境破坏，最大效率地利用自然资源，有偿使用制度须从"管理的交易"逐渐步入"买卖的交易"，最终实现其交易的功能。②

三、完善自然资源准物权流转机制

目前我国自然资源准物权流转的市场仍然在培育中，自然资源准物权流转机制大多依靠国家权力的限制。因此适当的国家干预必不可少，这样才能够起到保障自然资源的生态功能以及自然资源准物权流通的作用。然而，过多倚靠国家行政的监督管理达不到预期的效果。过多的限制看似有利于自然资源的管理和生态环境的保护，实则会使自然资源配置的效率遭到损失。以下将针对目前我国自然资源准物权流转制度规定不清晰、流转限制过多的问题，提出完善建议。

（一）修改法律法规中不合理的自然资源准物权流转限制规定

自然资源准物权进入市场进行流转，是权利人获得经济收益的重要方式之一。自然资源准物权有效的市场交易，与自然资源高效的市场配置密不可分。法律法规中过多的自然资源准物权流转限制，阻碍了权利的市场流转，应当修改法律法规中不合理的自然资源准物权流转限制。限制的合理与否，应当根据自然资源本身的属性单独分析，以是否能够达到自然资源高效利用为目的，并且以顺应自然资源准物权实务中的社会需要为标准，修改相关的法律法规中对自然资源准物权行使的不合理的限制。

---

① 参见蔡守秋：《自然资源有偿使用和自然资源市场的法律调整》，《法学杂志》2004年第6期。

② 参见周珂：《我国民法典制定中的环境法律问题》，知识产权出版社2011年版，第155页。

（二）完善法律法规中自然资源准物权流转对象的规定

目前我国自然资源准物权流转规定不够清晰。有些自然资源准物权没有明确规定是否可以流转；有些自然资源准物权虽明确为流转对象，但实践中因对准物权本身界定不清而难以判定是否为自然资源准物权流转。因此，应当完善法律法规中我国自然资源准物权流转对象的规定。

1. 应当立法明确自然资源准物权的流转受到民法保护。对于规定自然资源准物权流转的民事法律和行政法律法规而言，通常采用法无明文禁止即可为的方式。有些自然资源准物权没有法律法规关于该权利流转的规定，如渔业权中的养殖权。现行法律没有禁止某些自然资源准物权的流转，但流转程序规定的缺失，导致实践中有些自然资源准物权流转无法可依。因此，可以对自然资源准物权作通用的立法规定，其他法律法规对自然资源准物权流转有特殊规定的，按照该规定，没有规定的依照当事人意思自治自由交易，其行为受到民法保护，促进自然资源准物权流转物权化的发展。

2. 对于实践中因准物权本身界定不清而难以判定是否为自然资源准物权流转的，应当明晰相关权利的理论基础，通过立法厘清此项自然资源准物权的内涵和外延，以便实务中权利的流转。如取水权的流转，应当清晰界定取水权，明确取水权转让的法律构成要件，为取水权市场流转机制创造条件。[①] 但对自然资源准物权的界定不意味着单独采用种类固定方式，立法应当具有前瞻性，以概括式加列举式的立法方式，为将来可能出现的同一自然资源的不同类型准物权预留空间。[②]

[①] 参见张香萍：《试析义乌—东阳"水权转让"的法律性质》，载《水资源、水环境与水法制建设问题研究——2003 年中国环境资源法学研讨会（年会）论文集》（上册），第229 页。

[②] 参见裴丽萍：《水权制度初论》，《中国法学》2001 年第 2 期。

四、完善自然资源准物权行使及其限制管理和奖惩机制

实务中自然资源准物权行使及其限制应当健全自然资源准物权权利义务关系、理顺管理体制、建立有效的处罚和激励措施，从而避免自然资源准物权制度的环境保护规定流于形式。通过立法健全环境保护制度，达到促进自然资源可持续利用的生态环境保护发展的作用。

1. 《民法典》应当明确界定自然资源准物权人的权利义务关系。明确自然资源准物权行使及其限制规则，有助于权利人按照法律的规定，在行使权利的同时，担负起环境保护的重任，同时，便于制度的管理和奖惩机制的落实。鉴于自然资源准物权的庞杂的状况，不适合将权利的行使及其限制全部规定在《民法典》中。《民法典》贯彻环境保护理念、设计自然资源准物权行使及其限制，不应包揽一切。[①]《民法典》在明确自然资源准物权概念的基础上，应当采用原则性规定的方式，对自然资源准物权人应负的环境保护义务作一般性规定，呼应《民法典》"绿色"原则的规定，以总体性的规定指导自然资源准物权环境保护理念的执行。

2. 应当理顺自然资源准物权行使及其限制的管理体制，避免出现多个行政部门共同监管环境保护的问题。自然资源开发利用后，造成的环境污染的恢复，具有很强的专业技术性质，因而监管环境保护问题的行政部门应当具有较强的专业技术。例如，矿业权的环境保护监管，应当由具备矿产开发利用与开发利用后环境保护专业知识的国土资源部进行统一的监管。这样一来，自然资源准物权的环境保护监管问题得到解决，确保对症下药，避免病急乱投医。

3. 应当建立有效的自然资源准物权行使处罚和激励措施，有助于自然资源准物权人积极主动地履行环境保护义务。对于环境保护事后

[①] 参见叶知年主编：《生态文明建设与物权制度变革》，知识产权出版社 2010 年版，第 73—75 页。

惩罚，应适当提高自然资源准物权违反环境保护义务受到的处罚额度。准确评估自然资源经济价值和生态价值后，综合考量自然资源准物权开采利用自然资源的经济收益，最终确定处罚额度，解决权利人不履行环保义务处罚过轻的问题。对于环境保护事前预防，可采取如下方式：

第一，通过政府的介入，加强环境保护的事前预防，适当给予积极主动履行环境保护义务的自然资源准物权人奖励。比如，利用税收减免等税收优惠政策、适当放宽贷款要求等优惠政策，给在积极履行环境保护义务方面表现优秀的企业以激励措施，促进自然资源准物权环境保护义务的履行。

第二，可以参考借鉴澳大利亚、美国设置保证金的方法。自然资源准物权人取得权利许可证时，要求自然资源准物权人缴纳保证金，用于保证开采利用自然资源后，权利人履行环境保护义务。[1] 如果权利人履行环境保护义务符合标准，事后退还保证金。否则，事前提交的保证金不予退还，并使用保证金进行自然资源开采后的环境保护修复。

---

① 参见黄锡生：《自然资源物权法律制度研究》，重庆大学出版社2012年版，第192页。

第五章 自然资源物权受限下的生态补偿

第一节 自然资源物权限制与生态补偿概述

我国在保护生态环境的过程中，重点在于防治污染以及治理公害，形成了以行政管理为主要手段的法律制度，明显改善了生态环境的质量。然而，这种行政管制，只能使自然资源物权人在占有和使用自然资源的过程中，形成一种强制约束，缺少利益诱导或者利益激励等机制，致使权利人保护自然资源的积极性难以被调动。再者实施过程中，直接管制手段也存在偏差现象，达不到预期效果。因此，我国环境法律体系的工作重点，应集中于能够促使自然资源物权人内心认同并激发其对创造生态价值的积极性，从而采取相应的保护生态环境措施。

构建生态补偿制度，可帮助实现上述工作目标，是我国生态建设不可缺少的内容，亦符合当前可持续的发展理念。无偿使用自然资源和"搭便车"现象近年来层出不穷，究其原因，是环境服务不具有独占性。长期以来，我国注重对自然资源收取使用费，但现实中"生态建设者"的付出以及"生态牺牲者"的损失未获得应有的补偿，造成自然资源物权的使用权人为获得更多经济利益而无节制开采、使用自然资源。"生态建设者"和"生态牺牲者"利益受损而无法得到补偿，使得该类群体不愿再投入过多精力甚至放弃保护环境。最终不能激励其他社会群众加入生态文明建设中，环境状况日益恶化。以生态补偿的手段，填平"生态建设者"和"生态牺牲者"损失，通过对"人"的补偿，使其建设、治理生态环境，加强生态系统的环境承载力、提高自然资源的生态价值，尽最大的努力恢复生态系统原有的调控功能。

目前实行的生态补偿制度，主要根据环境资源保护法的相关规定，包括各类有关自然资源的单行法等。一直以来，人们存在"保护环境和自然资源应当由环境法进行调整"的狭隘认识，这种认识造成我国当前环保事业主要依靠行政控制的局面。行政手段虽然在短时间可以形成良好的效应，但基于人力和财力无法满足全部诉求，仅仅以行政手段实行生态补偿，不仅不具有现实意义，而且容易出现行政异化现象。促进人与自然之间的和谐，实现代内和代际可持续利用自然资源，应当将生态补偿置于整个法律体系中进行规制。同时，生态补偿资金渠道的单一，缺乏市场化导致实践中补偿不到位，这些都让我们深刻认识到，必须在私法中增加关于生态补偿的规定，在资源配置中引入市场机制，进而提高资源配置的有效性和缓解利益冲突。基于此，学术界开始从私法的角度，针对生态环境所具有的生态价值以及自然资源物权制度的构建等，对生态补偿制度进行了深入的研究。

自然资源物权因其所具有的经济价值与生态价值而区别于其他物权，作为个体私益代表的自然资源物权人以追求经济收益最大化为终极目的，但同时，自然资源的自然性和生态性，决定了自然资源物权的公共性。对自然资源的开发利用，必然影响到自然资源物权人及相关利益者正常的生产和生活秩序。为此，需要建立起科学的、可行的自然资源物权限制下的生态补偿制度，从而协调好维护自然资源物权人利益与环境保护之间的关系。

自然资源物权作为权利的一种，意味着其会受到义务的约束。自然资源物权除了具有权利限制的一般属性外，还因本身蕴含巨大的经济价值和生态价值而有别于一般物权。从 20 世纪 60 年代开始，自然资源物权人为追求经济收益的最大化而肆意开采，从而引发多起环境事故。各地层出不穷的公害事件，不仅威胁到了人类的生存环境，阻碍经济的进一步发展，甚至会直接影响社会稳定。为此，需要对自然资源物权进行限制。

为避免权利人因滥用自然资源物权而带来的外部不经济性，法律对该物权加之诸多限制，这些限制多基于对环境的保护，但从一定意义上而言，亦损害了自然资源物权人的利益。生态补偿制度能够调节自然资源物权人与相关利益群体（该群体为因自然资源物权人行使权利而影响其利益的群体）的得益以及损失，从而协调好自然资源物权的经济利益与生态利益之间的关系。

一、自然资源物权的限制

自然资源具有社会性和公共性，承载了社会公益和个体私益，为了确保社会公益的实现和不被损害，有必要对自然资源物权进行一定的限制。法律规定，国家和集体享有自然资源的所有权，但在实践中，自然资源必须由企业或者个人进行开发和利用。[①]

自然资源与一般物权都需受到限制，但自然资源物权的限制更为严格。首先，在权利主体上，自然资源所有权的主体仅限于国家和集体，而一般物权的所有权主体则更为广泛。某些自然资源使用权，如林木的砍伐，矿产的开采还应经过政府的审批才可获得。其次，在权利行使方面，一般物权的主体承担的是消极义务，即不得阻碍和干涉其他物权人合法行使物权，但由于自然资源的共享性，并且处于生态系统中，不当使用自然资源不仅会对邻近地区的环境造成破坏，还会影响其他地域的生态质量，所以自然资源物权人权利行使的范围更

---

① 黄锡生：《自然资源物权法律制度研究》，重庆大学出版社 2012 年版，第 37 页。

小，甚至有时还要采取积极的保护环境行为。最后，在权利流转中，一般物权能自由进行交易，变更权利主体，而在自然资源中的流转范围小，如法律明文规定某些自然资源禁止买卖，而且效率低下，流转之后的用途还是不得改变。做出上述限制都是为了防止自然资源被破坏或者因转让而流失。

本书中讨论的自然资源物权的限制，主要是对其行使方式的限制。自然资源物权人享有占有、使用、收益、处分等物权职能，但国家基于对自然资源物权的保护以及维护生态稳定，在自然资源物权所有人特别是使用者行使权利过程中，对其加以诸多限制，主要分为私法上的限制和公法上的限制。

（一）自然资源物权私法上的限制

私法对自然资源物权行使上的限制主要体现在民事法律中，各种自然资源单行法中既有公法规范又有私法规范，其中私法规范涉及对自然资源物权限制的，也应属于私法限制的范畴。私法限制的目的，在于规制私人之间的经济利益关系，以及防止私人损害社会公益。

1. 相邻关系对自然资源物权的限制。不动产所有人或使用权人在行使自己的合法权利时，应当注意不得侵害相邻不动产权利人的权益。自然资源亦属于不动产，在行使权利时，也应注意避免对邻近的自然资源物权人造成损害，并不妨碍邻近的不动产所有人或者使用人行使权利。相邻关系体现的是私人之间的利益关系，但在现代社会，随着人们对美好环境的追求，相邻环境保护关系成为相邻关系的重要内容。传统民法中的相邻通风关系、相邻采光关系、相邻眺望关系等在当代得到发展，不可量物侵害相邻关系、防止污染物排放环境保护关系的产生和发展亦赋予了相邻关系新的内涵，并成为对自然资源使用权限制的新的表现形式。

相邻关系对自然资源物权的限制，主要体现在不得影响相邻自然资源物权人合法行使占有、使用、收益、处分的物权职能。如在同一流域内，为保证下游水资源的正常使用，上游居民比下游居民需要接受更为严格的限定或者减少发展机会，如遵守更为严格的水质标准等，因而需要对他们的行为做出一定限制和调整，这种调整或限制实际上造成该群体权利的部分或者完全丧失，从而使生态服务功能其他享受者或者受益者的权利得到保障，因此需要一种补偿来弥补这种权利的失衡。

2. 地役权对自然资源物权的限制。地役权是为便利自己使用不动产或者提高不动产效益，而使用他人的不动产或者对他人不动产行使进行限制的权利。自然资源作为不动产的一种，亦会产生地役权。由国家、地方政府或者其他非营利组织作为公众的委托人，与供役地人签订合同，限制其对土地进行可能对生态环境利益造成妨害或者损害的利用，并给予供役地人相应补偿的特殊的地役权，其主要任务是自然资源保护和环境污染防治。[①]

地役权的设定即意味着对需役地的限制，这里的"需役地"既包括建设用地、耕地、林地、草地、矿区，也包括水域、海域、森林等。与相邻关系一样，都以不动产的相邻为前提，但相邻关系是对邻人不动产的较低限度的限制；而地役权是对邻人不动产的较高程度的限制。而且，地役权对自然资源物权的限制不同于对一般不动产。通常，在地役权法律关系中，供役地人只需在一定程度内容忍或者承担不作为义务，并无积极作为的义务。但是基于自然保护而产生的地役权，该供役地人要负担积极的作为义务，这种特殊性主要是出于保护自然资源的目的。为保障实现保护自然资源的目的，除供役地人的一些行为会受到限制外，更重要的是积极采取维护自然资源的行动。如在林地地役权中，供役地人在采伐林木之后，负有及时更新采伐迹地的义务，该义务为积极义务。[②] 当然在该地役权关系中，不作为的消

---

① 唐孝辉：《我国自然资源保护地役权制度构建》，吉林大学 2014 年博士学位论文，第 31 页。

② 李锴：《论我国林地地役权制度的完善》，《江西社会科学》2011 年第 8 期。

极义务也须由供役地人负担，如不得在该片草原上放牧；在耕作过程中不得使用农药或化学肥料，减少面源污染以保护环境。

3. 权利不得滥用的限制。权利不得滥用是各个国家和地区民法中的一项基本原则，即民事主体行使权利，进行各种民事活动都应遵守权利不得滥用原则。① 在保护自然资源、促进自然资源可持续利用的前提下，自然资源权利主体行使权利，进行各种民事活动都应遵守权利不得滥用原则。自然资源物权限制下的权利不得滥用应是指自然资源权利人行使权利时不得超出权利的界限，在依法追求自己的利益时，不得损害他人利益和社会公共利益，并自觉履行法律规定的保护环境和自然资源的义务。这种对自然资源物权的权利限制，相较于一般物权而言更为严苛，在权利限制情形下，势必影响到自然资源物权人的收益，基于公平正义的理念，生态补偿制度应运而生，以此弥补自然资源物权人的损失。

（二）自然资源物权公法上的限制

自然资源物权的权利人在利用自然资源时，主要考虑要以最小的成本获取最大的价值，而不会主动考虑对自然资源的合理利用。只有代表全体人民利益的国家才有能力对自然资源实行统一规划。因此，对权利人开发、利用自然资源的行为，仅靠私法规制是不够的。通过公权力的行使实现对自然资源物权行使的限制，其目的是确定自然资源物权与社会公共利益之间的界限，平衡私人利益与公共利益之间的关系。而自然资源物权公法限制的前提即社会公共利益。对自然资源物权公法限制最为突出的方面是环境或者资源保护、自然资源规划管理制度。

1. 基于环境或者资源保护对自然资源物权的限制。基于环境或者资源保护对自然资源物权的限制，主要体现在权利主体和权利行

---

① 《中华人民共和国民法典》第132条规定："民事主体不得滥用民事权利损害国家利益、社会公共利益或者他人合法权益。"

使方式上。自然资源的开发、利用，与国防安全、国民经济以及公民的基本生存有密切关系，因此，法律对自然资源物权的主体需做出限制。《民法典》中已明确规定，自然资源的所有权主体为国家与集体。由于自然资源具有公共性，国家常以管理人的身份将自然资源物权的权能特许给一定主体行使。而使用权人在行使权利过程中亦并非无限制处分自然资源，并且公法对自然资源物权的限制内容主要体现在自然资源物权使用过程中，对自然资源使用权人的环境保护义务和自然资源保护义务都作了明确的规定。例如，《森林法》中对公益林进行严格的保护，只能进行保护性的采伐，对采伐的方式也有明确规定，原则上只能进行择伐。现实中择伐的受益对象为公益林甚至是整个森林生态系统，但护林员却无法从培育林木中获得实际的经济利益，来满足自己的生活需求和物质需求，严重挫伤了护林员保护生态的积极性，因此国家应当对该类为生态作出贡献的建设者予以一定补偿。

2. 自然资源规划管理对自然资源物权的限制。为使自然资源的开发、利用有序、高效地进行，各个国家和地区对自然资源的开发、利用实行规划制度。之后，政府对自然资源的使用进行重新规划或者调整规划，则可能限制自然资源使用权的权利范围。此种情形下，自然资源规划对已经成立的自然资源使用权的限制，会妨碍自然资源使用权人行使自己的权利，通常有两种处理方法，一种是自然资源规划调整后，重新分配自然资源所有权或者使用权。另一种是规划只对自然资源使用权人的行为做出限制，此种情形下，应给予自然资源物权使用人准征收补偿。

自然资源物权因其具有生态价值和公共性，决定了法律对其限制较其他一般物权的限制更多。作为调整自然资源的基本法，物权法应当充分认识到自然资源的经济价值和生态价值。现有物权法注重自然资源带来的经济效益，对自然资源的权利主体、行使方式等方面作出规定，却并未将生态价值在法律条文中加以明确，人们行使自然资源物权时，必然对自然资源的生态功能产生影响，物权法对生态利益的忽视，会引发并进一步恶化环境危机。生态补偿制度的建立，可有效缓解自然资源物权双重价值的不均衡。

二、生态补偿

(一) 生态补偿的概念

目前关于生态补偿的定义，主要分为狭义和广义：狭义的生态补偿对象是对生态作出贡献或者牺牲而遭受损失的人，主要是对其进行经济补偿，存在于直接补偿活动中，协调环境的利益分配关系以达到环境公正，本质为用以均衡利益的机制。[1] 广义的生态补偿包括对生态环境的补偿，人类为谋取经济的快速发展而肆意开发、利用资源，引起了生态系统恶化，而投入人力、物力保障环境质量恢复正常;[2] 广义所指的补偿活动有治理、修复环境的直接方式，以及减少污染和破坏的间接手段。狭义生态补偿的目的是调动人们的积极性而从事生态建设，通过政府的行政控制，采取各种经济手段和政策，对生态建设者为恢复生态功能所付出的劳动和生态牺牲者的受损利益进行补偿。

生态补偿应仅指狭义范围内的含义。广义生态补偿实际上扩大了该概念的外延，本质上与生态建设无异，成为一种开展生态环境保护的手段。况且广义生态补偿将污染与破坏环境的行为亦归到生态补偿的调整范围内，即将生态补偿与生态赔偿混同，但两者具有不同的功能。生态赔偿目的在于抑制对环境造成消极影响的行为，生态补偿主要对因保护环境而产生积极外部性的主体进行补偿。对于环境污染与破坏，应当根据具体情形，对当事人收取排污费或者追究其环境侵权责任。

只有人与人之间的社会关系，才会受到法律的调整，而环境不具

---

① 李爱年、刘旭芳：《生态补偿法律含义再认识》，《环境保护》2006 年第 10 期。
② 杜群：《生态补偿的法律关系及其发展现状和问题》，《现代法学》2005 年第 3 期。

备法律关系的主体资格，因此本书所指的生态补偿仅仅包括人与人之间的补偿关系。故而本书主要是在狭义范畴上对生态补偿进行讨论，亦符合国际上对生态补偿的定义。即生态补偿是对人的补偿，为了调动人们的积极性进行生态环境保护，国家以及生态环境保护的受益者，应当对生态保护者的损失进行补偿。因此，生态补偿就是指国家以及因环境改善而受益的群体对为生态环境保护而利益受损者或者限制使用资源者，提供资金、技术、实物还有政策优惠等补偿，生态补偿法就是调整该种补偿类型的法律。

（二）生态补偿的权利基础

生态补偿的本质是利益分配，其手段是以权利与义务为内容的利益协调机制。协调的利益应当是自然资源物权中的经济利益与生态利益。经济价值是可直接作为商品在市场上进行交换的资源产品，体现的是直接使用价值。生态利益是指在合理利用自然资源下，生态环境所产生的可为人们所享有的利益，如优美的环境、怡人的气候等。生态利益既是公共利益，也是私人利益。长期以来，我国物权法重视自然资源物权的经济价值，建立了自然资源有偿使用制度，而忽略其生态价值，从而出现了一些环境危机。通过生态补偿协调当事人的生态利益关系，对增加生态价值主体的利益提供保障，可激发社会群体保护环境的积极性，有效减轻因环境破坏带来的治理压力。生态补偿主要分为以下两种，一是对生态建设者的补偿；二是因环境保护而有所牺牲得到的补偿。

1. 生态建设者的补偿权基础。"生态保护者创造的生态系统服务被整个生态系统享有，因此生态保护者享有生态补偿的权利，符合自然法契约的正义要求。"[1] 生态建设者因主动保护生态利益，使得生态功能持续得到发挥，按照自然法契约正义理论，生态建设者基本上能

---

[1]　杜群：《生态保护及其利益补偿的法理判断——基于生态系统服务价值的法理解析》，《法学》2006 年第 10 期。

够获得控制或者支配生态增益的权利，所以生态建设者基于该权利，有权向享受生态增益的受益者请求补偿。由于自然资源的不可再生，生态功能的重要性不言而喻，而生态建设者能够提供生态系统服务功能，由此获得补偿权，符合法律的公平理念。

2. 生态牺牲者的补偿权基础。该种补偿权基于期待利益——自然资源物权的经济价值的损失而产生。自然资源物权可以帮助实现个人利益，可当国家因维护公共利益而限制或者禁止私人权利的行使时，不仅损失自然资源的经济价值，自身的利益亦会受到损害，故生态保护做出牺牲的主体享有补偿权。生态牺牲者有权获得与因牺牲而产生的生态利益相当的补偿，但由于生态利益难以计量，为避免增加生态补偿的工作难度，实践中常采取与期待利益价值对等的补偿。换言之，若出于对公共利益或者私人利益的保护，限制自然资源物权人行使权利，或者行使权利的条件极其严苛，实践中根本无法行使，在此情形下，生态牺牲者有权获得补偿，即补偿权。

（三）生态补偿的法律性质

关于生态补偿在法律层面性质的认定，学者们主要分为以下几种观点：一是认为生态补偿性质是因享受生态环境资源，受益者需为此给付成本，实际上是对生态责任和利益重新做了调整。但这一定性并未确切指出生态补偿具有何种法律属性。二是认为生态补偿是一种合同关系，主要分为两种，一种是国家与保护者之间的行政合同，另一种是受益者与受损者即平等主体之间的合同。这一定性，表明了生态补偿应受到行政法和民法的调整。三是直接点明生态补偿既是行政行为的一种，也合民事行为的特征。但由于目前我国的生态补偿是以政府为主导型的，因此生态补偿的性质应当是行政法律行为。四是以行政法视角分析生态补偿，从而定性为行政补偿。[①] 五是分析生态补偿

① 赵春光：《我国流域生态补偿法律制度研究》，中国海洋大学 2009 年博士学位论文，第 52 页。

的法理依据可知，生态补偿代表了社会的公益，是以公共利益为基础，补偿受损者损失的关系，不同于一般民事关系，体现了社会的公共利益，是更具有公平性质的经济补偿。[①]

上述观点对生态补偿性质的认识不够全面，应当综合看待生态补偿的性质，生态补偿应当是经济、行政和民事三种行为的统一。生态补偿形式的多样，意味着不能将其简单地归类为上述三种行为的一种。在不同生态补偿中，其体现的是不同的法律性质，亦有可能兼具了两种以上的法律性质。如政府与其他主体签订了有关环境保护的合同，约定生态补偿的款项从财政中支出，或者是提供扶贫项目，在该生态补偿中，表现出了经济法律行为和行政法律行为的统一，因此生态补偿的法律性质是兼具经济、行政和民事行为。

1. 生态补偿经济法律行为。生态补偿中的经济法律行为是依据当事人的意思表示而引起经济法关系变动的事实，国家的公共政策是生态补偿的主要方式，而使其具有经济法律行为性质。国家政策下的生态补偿方式分为三种，一是财政转移支付，亦是最主要的生态补偿，体现了经济法行为的性质。二是减少税收，扶贫和开展援助项目。对受偿地区实行减少税收、扶贫和开展援助项目的政策，能够配合财政转移发挥作用。三是促进经济合作和技术改革。通过经济合作，带动受偿地区的资金运转，并且引进先进技术，有效治理受偿地区的环境污染，改善当地环境质量。以上三种行为都受到经济法的调整。

2. 生态补偿行政法律行为。生态补偿中的行政法律行为主要涉及环境行政合同。国家为更好地管理和维护环境，会与生态保护者之间达成协议，该协议则为行政合同，属于行政法律行为。例如，我国《退耕还林条例》第 24 条[②]规定的退耕还林合同，就具有行政

---

① 杜群：《生态补偿的法律关系及其发展现状和问题》，《现代法学》2005 年第 3 期。

② 《退耕还林条例》第 24 条第 1 款规定："县级人民政府或者其委托的乡级人民政府应当与有退耕还林任务的土地承包经营权人签订退耕还林合同。"

合同的属性。行政合同的一方当事人虽为行政机关，但该合同并不具有行政强制性，充分表达了行政主体通过与相对人的协作，共同保护环境的思想，减轻国家管理环境的压力，并且有权追究相对方的违约责任，相对方也可主动发挥其创造性履行合同。在生态环境保护工作中，该行政合同也是一种行政管理与市场交易相结合的模式。

3. 生态补偿民事法律行为。生态补偿中的民事法律行为可以物权与债权的形式成立，通过转移交付等方式确定物权，以合同之债进行生态补偿，物权与债权在生态补偿中的转换，亦体现了生态补偿方式的灵活和多元化。

设立生态补偿物权，主要表现为物权所有权、使用权。通常情形下，经济补偿主要以给付金钱或者实物方式进行，这是最原始的物权处分行为，物权的所有权在标的物交付后，转移给新的所有人，在此不再展开叙述。生态保护者提供的生态服务亦是一种自然资源，具有物的属性，人们可以占有和控制，应当设立物权并加以明确规定。

生态补偿之债主要为合同，不局限于民事合同。可在合同中约定对特定的主体给付的义务，权利人享有义务人履行义务的期待权利。合同可分为两种，一是即期给付，二是预期设立。即期给付就是一次性给付补偿，时间跨越较短，具有高效性；预期设立是针对一系列的生态维护活动，持续时间长，对建设者或牺牲者以后可能的损失所设定的预见性的补偿之债。此外，合同之债可与上述的生态补偿物权相结合，如当事人可签订承包经营合同，在合同履行期间，当事人对其承包经营所得的自然资源享有所有权。

三、自然资源物权限制与生态补偿的关联

自然资源物权是生态补偿的权利基础，因此自然资源物权也限制着生态补偿的主体、范围等。为保障利益关系协调和良好的生态环

境，而对自然资源权利人的权利进一步限制而造成利益损失时，生态补偿机制可以对该权利人予以补偿，由此可体现出社会公平理念，有助于维护社会稳定，以便更好地推动国家生态文明的建设。

（一）自然资源物权限制是生态补偿的前提

我国自然资源物权的设置模式为，国家和集体占据自然资源物权的所有人地位，但由于主体的虚化，现实中真正使用自然资源的权利人为管理者和经营者。管理者和经营者作为自然资源物权使用人，可在法律规定的限度范围内行使权利，在特定情形下管理者和经营者也可成为自然资源所有人。国家以这种下放经营管理的方式，使自然资源成为有形的资产，并且保障自然资源物权人的合法权利，有利于强化主体的物权意识，使得主体行使权利时会自觉接受法律关于自然资源物权的限制。

自然资源物权的行使本身就受到一定限制，但在生态保护工作中，有时须再度限制权利的行使，限制过程中就会损害到自然资源物权人的利益。生态补偿机制遵循"受益者付费、保护者（受损者）受偿"的原则，自然资源物权人可以通过生态补偿弥补自己的损失，但补偿需根据自然资源物权的限制程度以及损失，确定最终的补偿标准。

（二）生态补偿是自然资源有偿使用的重要内容

生态补偿机制是对自然资源有偿使用的延伸发展。曹明德认为，自然资源使用的有偿性，是指为获得自然资源的使用权而向所有人支付使用费，以及生态受益者对生态保护者的补偿。[①] 该定义将自然资源的有偿使用分为两种情形：一是自然资源可以作为资产进行交易，使用权人向所有权人缴纳使用费用，所有权人由此获得经济效益，体现自然资源的经济利益；二是生态受益者不能免费享受生态建设的成果，生态保护者有权向生态受益者请求补偿所受损失，体现了自然资

---

① 曹明德：《对建立生态补偿法律机制的再思考》，《中国地质大学学报（社会科学版）》2010 年第 5 期。

源的生态价值。

生态保护者包括生态建设者和生态牺牲者，一般情况下，生态保护者也是自然资源的使用权人。生态保护者在支付自然资源使用费后，有权进行开发利用，由于国家环境保护政策或者法律规定，而限制该主体物权的行使，主体无法开展经济活动致使预期利益落空。自然资源使用费作为生态保护者支出的成本，对该类主体进行生态补偿时，应当将自然资源使用费计算在补偿金额内，充分补偿生态保护者的损失，以此激励他们保护环境的积极性。

第二节　自然资源物权受限下生态补偿机制的构建

自然资源权利人在自然资源物权的限制下，可以对自然资源进行投资和保护，由此产生的生态效益以市场交易的模式而转化为收益，投资的回报能够激励自然资源权利人持续保护自然资源，亦能促进全体社会成员环境保护意识的形成。环境作为一个整体，个体的污染和破坏环境行为产生的影响会波及其他地区和居民，国家运用法律和统一的政策以减少这种外部性，但生态保护工作的复杂以及地区间的差异性，使得法律和政策不能普遍适用。自然资源物权制度能够充分反映自然资源的生态和经济价值，并在交易市场中，实现资源的最大效益，补偿的力度亦将达到最大化。

一、自然资源物权受限制下生态补偿的主体

实施生态补偿，首先必须确定生态补偿的主体。生态补偿实质上也是给付关系的一种，关键在于主体的确定。生态补偿的主体分为两类：补偿主体和受偿主体。自然资源物权限制下的生态补偿，应当确

认补偿主体和补偿对象，即"谁补偿谁"。自然资源物权的权利归属，是界定主体的基础。保护生态、维持生态平衡，不论是在法理还是法律规定上，都明确是所有人类共同的责任。当然，人类也平等享有享受生态服务的基本权，即能够利用自然资源满足利益需求以及自身的发展，但是，自然资源分布不均，导致无法统一协调权利人的利益关系，必然出现一方受益而另一方受损的现象。自然资源物权受限下的生态补偿是自然资源利益关系的协调机制，生态补偿的主体，应是自然资源利益关系中的受益者与受损者。

（一）自然资源物权受限下生态补偿的补偿主体

关于生态补偿的主体，我们可引入公共物品理论以帮助理解。在经济学中，产品的种类包括私人物品和公共物品。由政府供应的公共物品，不具有竞争性和独占性。即使不进行支付，使用者仍可享有该产品，产品不会因使用而有所损耗。这种特性，导致公共物品有可能被无偿使用。

运用公共物品理论分析生态补偿主体，应考虑以下问题：一是由于公共物品的非竞争性和非排他性的程度各有不同，有纯粹公共物品和准公共物品之分，生态补偿的主体也会被分为两种。若供应的是纯粹公共物品，国家应当是主要的补偿主体，如涉及多个流域的生态补偿，国家应发挥统筹全局的作用；对于准公共物品而言，由于其具有一定的排他性和竞争性，因而生态补偿主体可以确定，由该特定的受益者补偿。如公益林的护林员，自然保护区内的居民等。二是由于公共物品本身范围的广泛，使得生态补偿不同于一般的行政补偿，而是兼具经济、行政、民事三种法律性质的制度。

自然资源物权受限下的生态补偿主体，即有义务对生态保护者的损失进行补偿的主体，是指"根据法律规定或者合同约定，承担保护环境以及自然资源职责或义务的政府机构、企业、社会组织和个人，该类主体享有因环境改善产生的生态效益，应向生态保护者给予补偿资金、技术、实物甚至劳动服务"①。

1. 政府机构。生态补偿的主体，可以分为生态受益者和生态保护者。生态补偿的市场化建立在明晰的自然资源物权制度上，主体是直接参与生态服务的当事人，包括自然资源物权的使用人等。政府机构作为补偿主体，主要是源于该政府组织位于生态受益地区之内。《宪法》中已明确规定，大部分土地、森林、水流、草原等自然资源的所有权归属于国家或者集体，中央及地方各级人民政府享有使用自然资源的权利并承担保护义务，因此，政府机构应当被认定为自然资源物权限制下生态补偿的补偿主体。相较于纵向生态补偿，相邻地区间的横向生态补偿虽适用范围小，但其补偿主体更加明晰，能够清楚地界定政府之间的补偿关系。所以，在多个地方人民政府主体共同享受生态效益时，应由中央对地方、上级对下级的纵向生态补偿来实现，而对于可以具体确定享有生态效益的区域，该受益地区的人民政府应当承担主要的生态补偿责任。

自然资源物权限制下生态补偿的补偿主体为政府机构，具体可分为以下两种情形：一是其他的社会主体对生态环境进行保护，改善了环境质量，提升了自然资源生态价值。虽然政府机构的财政收入没有因该行为得到直接的增长，但减少了政府机构进行污染防治，以满足公民对公共环境服务日益高涨的需求的财政负担，在一定程度上也是政府机构间接获益的一种方式。党的十八届三中全会指出，着力打造服务型政府，因此政府机构在提供公共物品过程中，应当保证公民居住环境的优良，而一般社会主体分担了政府机构提供生态服务的义务，基于公平理念，政府机构应对该社会主体做出一定补偿。二是政府机构在公共环境服务提供过程中，因开展专项环境整顿，处于生态保护区或者生态环境建设范围的某些地区或群体，不能自由开发、利

① 曹明德：《对建立生态补偿法律机制的再思考》，《中国地质大学学报（社会科学版）》2010 年第 5 期。

用自然资源，其发展的基本权得不到实现，对他们造成的机会成本损失，政府机构应予以补偿。此外，政府作为地区事务的管理者，应当协调当地群体之间的利益关系，避免利益失衡现象发生，进而阻碍经济的可持续发展。

2. 企业。生态补偿的理论基础是自然资源有偿使用，而企业每年都会消耗大量的自然资源，理应将其纳入生态补偿的主体范围内，并让其承担起因自身制造出环境危机而应负担的责任。根据环境生产要素理论，生产性企业通过生产要素的市场化交易为环境补偿工作提供了大部分的资金，在这个角度来说，生产性企业也理应是最主要的环境补偿主体。

再者，国家作为自然资源所有人，企业即使是在限制额度内排放污染物，也必然损耗了国家利益，同时国家提供的生态服务并不具有排他性，企业作为受益者也享受了服务，应对国家进行补偿。国家享有自然资源的所有权，有权对自然资源进行管理，但管理权应在法律规定的范围内行使，尤其是企业对国家补偿时，应注意对公权的限制，防止权力滥用。

3. 自然人和社会组织。自然人亦会成为生态补偿主体，但仅包括享受奢侈性环境消费的自然人。也就是说，自然人是非基于生活必需而消耗自然资源，如生态旅游、购买附带优良环境的别墅等。国家的主要义务，是提供基础性的生态服务，奢侈性环境消费应由消费者负担费用。因奢侈性环境消费致使生态补偿法律关系的发生，国家在一般情形下无须承担生态补偿义务。生产与提供奢侈性环境消费品都需要成本的投入，包括产品生产过程中的成本，还有向国家申请行政许可而支付的费用。在奢侈性环境消费关系中，产品的提供方与购买者以及产品的物权都是确定的，按照交易合同的约定，奢侈性环境产品的提供者构成了奢侈性环境消费者生态补偿的对应主体。

社会组织是指从事环境保护事业、非营利性的社团组织，在特定情形下，社会组织亦可成为生态补偿主体。如民间环境保护组织、环境发展基金会为防止林区资源被过度开发、利用，劝导附近居民减少砍伐数量，由此对居民造成的损失予以经济补偿，因为提供生态服务的义务主体为国家，而非这些社会组织，而且社会组织是不固定地开展环境保护项目，所以其只能作为生态补偿的辅助型补偿主体。

（二）自然资源物权受限下生态补偿的受偿主体

对于生态补偿的受偿主体，可以运用利益相关方理论进行分析，以确定能够获得生态补偿的群体有哪些，哪些群体是主要的，哪些是次要的。利益相关者分析是指"在一个系统中，首先寻找出主要角色和与此相关的主体，分析他们在该系统中起到的影响和所处的地位，以此全面认识系统的方法"①。该分析方法的核心是找出并确定系统中的相关主体，分析其对系统的影响程度，具体操作如下：明确哪些问题和困难要予以重点关注；论证目的和预期效果是否能一一对应；谁发挥主要作用；利益相关方的确认；最终总结在系统中各相关方的相应利益关系和起到的作用。

通过利益相关方的分析方法，可以帮助我们正确认定受偿主体。受偿主体应该是与生态增益行为相关，即对生态作出建设或者贡献并受有损失的群体。自然资源物权人本身在行使权利过程中就受到限制，但其出于法律规定、保护环境或者其他原因，需再次对自己的物权行使方式进行限制，由此造成的损失应当得到补偿。因此，自然资源物权受限下生态补偿的受偿主体应当是因保护生态环境而获得生态补偿，具体包括以下几种类型：一是被征收征用者；二是生态建设者；三是生态牺牲者。

1. 被征收征用者。我国《宪法》中已有关于对被征收征用者进

---

① 中国生态补偿机制与政策课题组：《中国生态补偿机制与政策研究》，科学出版社2007年版，第89页。

行补偿的规定。① 对于被征收征用者的生态补偿，是为确保生态保护政策顺利实行而征收征用自然资源所有人或者使用人的财产而进行的。但还需注意实践存在该种情形：公民以承包经营的方式，取得了林地使用权，对该林地投入大量资金进行培育，但因国家政策而将该片林地划定为公益林，林地使用权人的使用权能受到限制，不能采伐、交易林木，不仅不能获得预期的经济利益，还付出了建设成本。物权的处分权和使用权，是其最重要的职能。承包经营者不能处分或者使用林木，所享有的林地使用权也失去了意义，林木的所有权也只是名义上归属于承包经营者。此种情形下，应当将其视为对自然资源的征收征用，应当补偿被征收征用者的财产损失。

2. 生态建设者。生态建设可以对人类赖以生存的居住环境进行维护，恢复生态系统原有的功能，预防和治理污染，维持自然环境的动态平衡和保护生态系统。人类无节制的生产活动引发了自然灾害，危及生态系统的稳定性，生态建设的修复行为可调动生态系统的自我调节，加速生态的自我恢复过程，以人为的修复工程进行生态系统的重建工作，从而恢复生态系统的功能。根据以上生态建设的定义，从行为的实施对象而言，生态建设针对的是遭受污染的生态系统，行为方式是停止人类开发利用，并加以维护，通过生态系统的自我修复能力，逐步改善生态质量；对于受益对象的确定，由于生态建设创造出的受益效果，使得整个生态系统都能享有，并且受益效果能持续向外部扩散，受益者为居住在生态建设区内的人群以及毗邻生态建设区的地区。

生态建设者多为自然资源使用权人，该权利人不仅遵守自然资源物权限制的规定，同时还对生态进行修复。生态建设的外部经济效应使得社会共同享有建设成果，建设者如果得不到应有的补偿，就会出

---

① 《中华人民共和国宪法》第13条规定："公民的合法的私有财产不受侵犯……国家为了公共利益的需要，可以依照法律规定对公民的私有财产实行征收或者征用并给予补偿。"

现大规模的"搭便车"现象，供给无法满足需求。按照生态建设者的损失进行补偿，可以有效防止上述现象发生，生态建设不再仅是政府的行政管理手段，而是成为一种投资获得收益的经济活动，可将建设产生的生态效益转化为经济利益，调动人们加入环境保护事业的积极性，实现生态文明的目标。

3. 生态牺牲者。因保护生态环境而限制其自然资源物权行使的权利人，应当认定为生态补偿的受偿主体。自然资源物权的限制主要是限制地役权的行使。与第一种的生态受偿主体相比，前者的损失是减少了财产和收益，而后者的损失体现为机会成本以及其他不以收益为直接形式的损失。如在流域生态补偿中，为保持下游的水质的优良，保障水土不流失，污染较大，但是获利较多的养殖业和化工业不能在上游地区发展，而只能发展一些对环境产生较小影响的产业，造成当地的失业率，并且该地区的经济发展水平会受到阻碍。不言而喻，该地区作为生态的牺牲者，有权向上游地区请求生态补偿。

除上述主体外，自然资源物权限制下生态补偿的受偿主体，还应包括除上述原因外的为生态做出牺牲的主体。如在保护野生动物过程中，导致个人权益有所损害。再者，在非基于征收征用或者权利限制情形下，主体因需维护生态平衡而减少经济来源或者变更生产方式，所支付的必需费用也应得到补偿。

二、自然资源物权受限下生态补偿的标准

补偿标准的不确定性，会成为完善自然资源生态补偿制度的巨大阻碍，要想建立完善的自然资源生态补偿制度，必须先建立自然资源物权制度，针对自然资源物权人的权利限制程度所对应的利益损失以及对生态利益增量，最终确定补偿标准，缓解补偿主体与受偿主体之间的利益不均衡。

（一）自然资源物权受限下生态补偿标准的计算方法

目前学界通过两种方式，探讨自然资源生态补偿的标准：一是认

为按照国际通行的生态补偿标准，以购买生态服务的方式，对价补偿自然资源物权人产生的生态环境效益；二是采取"机会成本法"，依据生态建设者所作出的贡献和牺牲者丧失的发展机会，然后再考虑地区之间不同的资源环境条件等因素，制定出有针对性的区域补偿标准。

生态补偿虽说是对"人"的补偿，但最终目的是鼓励社会群体积极参与保护环境，以此修复被破坏的生态系统。毛显强等认为，"我国现有技术测量生态系统服务功能价值具有一定困难，并且支付生态功能价值的金额高昂，无法普遍适用于我国各个自然资源领域，第一种方式理论上可行，但不具有现实意义。相对于生态效益，可以参照市场价格，计算生态建设者和牺牲者付出的机会成本"[①]。在采取"机会成本"的补偿标准下，由于生态建设者和牺牲者创造的生态效益，往往高于实际情形中的补偿额度，可实现自然资源物权经济利益和生态利益的双重调节。国际上如欧盟等地区，较多采取"机会成本法"，环境受益主体对促进生态维护的行为以及对生态建设的投入进行补偿，激励生态建设者继续对环境进行有利的保护。对于生态牺牲者，由于其权利被限制或者放弃发展机会而受到的损失，补偿时应使补偿额度与生态牺牲者可预期获得的受益对等。因此，补偿标准应根据受偿主体的机会成本，而不是以实际生态效益补偿，不合理的利益诉求在实际工作中也可以得到有效避免。

另外，我国对生态补偿的认识存在理论和实践的偏差，致使生态补偿无法填平受偿主体的损失。究其原因，在于将生态建设者和牺牲者两者的补偿混为一谈，尤其是在重大生态保护项目中，受偿主体可能存在双重身份，既是生态建设者，也是生态牺牲者。因此，作为项目负责人的政府或者企业，实际上需向具有两种身份的受偿主体支付两笔补偿。一是作为牺牲者的补偿；二是参与生态建设而应得的酬

①　毛显强等：《生态补偿的理论探讨》，《中国人口·资源与环境》2002年第4期。

劳。而在立法及其实践中，时常仅对主体发放劳动报酬，遗漏了其作为牺牲者应得的补偿。

（二）自然资源物权受限下生态补偿标准的内容

生态补偿是否能实现分配公正，关键在于标准的合理性，亦是自然资源物权限制下生态补偿制度的重点。本书并不详细论证生态补偿的实际金额计算方法，而是探讨补偿标准的具体内容以及如何确定标准。

一般而言，生态建设者和牺牲者可获补偿的内容，主要有投入和损失两个部分，损失又包括直接损失和机会损失。投入主要针对的主体为生态建设者，即建设环境所需的人力、物力等各种投入。如在公益林的培育中，种植、养护以及看护都需要一定的费用。直接损失则是在为改善环境而使权利人现有利益受损的情形下产生，如基于治理污染的考虑而被征收征用的财产就属于直接损失。机会成本，体现的是一种预期利益，自然资源物权的使用被严格限制，以至于权利人无法利用资源获得收益。如自然保护区已明令禁止采伐、畜牧等利用资源的行为。①

由于我国自然资源丰富，生态补偿范围广泛，为明确自然资源物权限制下生态补偿标准的内容，下文将以自然资源为类别，阐述各个资源下具体的生态补偿项目。

1. 土地、森林、草原生态补偿。因生态安全或生态改善所需，在个人享有的土地、森林、草原的使用权及其相关产品的所有权受到限制时，生态补偿应当补偿权利人因此而遭受的各种直接和间接损失，因此，土地、森林、草原的具体补偿项目有以下几项：

（1）生产成本投入的补偿。主要用于因权利人的权利受到退耕还林、退牧还草、禁牧等制度下的限制，补偿其对土地、林木、草原已投资的相关生产经营性成本。首先，该成本必须是权利人已经实际投

---

① 何立华：《产权、效率与生态补偿机制》，《现代经济探讨》2016 年第 1 期。

入，不予以补偿计划投入或者理论上应当投入的成本。其次，成本的表现形态为实物，能够量化为一定的货币数值，如种子、肥料、幼苗，也包括投入的必要费用，如自然资源使用费、人工费用等。最后，成本是权利人为获得特定生产经营收益而投入的，而且必须不得超出原有土地使用权、林权、草原承包经营权的权利范围，若投入的成本用于其他用途，导致超出权利界限甚至违反法律规定或者约定，比如擅自改变原土地用途进行的不以农业生产经营为目的的相关建设性投资等，都不能纳入补偿范围。

（2）预期收益的补偿。该项目主要用于权利人基于原权利的本质内容及其现实的成本投入，合理预期权利实现将得到的利益因相关公权力措施的限制而无法实现时，所受损失的补偿。就土地使用权而言，主要是指权利受到限制后，在相关土地权利市场上土地可出售的价格与未受限制之前的价格差额，就林木所有权而言，则是指因该林地划归入生态公益林区域内，或者其他原因而被控制采伐数量时，承包经营者种植的林木产品与权利限制前的差价。就草原承包经营权而言，影响最大的是畜产品的预期收入，即因禁牧后畜产品数量的减少，受市场价格波动而产生的差价。

（3）因管理规划而支出的补偿。因维护生态安全与平衡，国家会对已有的自然资源物权重新进行规划管理，使得权利人无法享有原有权利，应当对被剥夺权利人的损失予以生态补偿，具体包含以下各项：①原权利补偿。主要适用于因需要改善生态而丧失所有权或者使用权，突出表现在生态移民。自然资源物权人丧失的权利，一是被剥夺的土地所有权与土地使用权；二是地上附着物的所有权，即依附于土地之上的农作物与建筑物的所有权，农作物包括粮食作物、林木、牧草等，建筑物主要是与农作物生产经营相关的建筑物及构筑物等。②迁移费补偿。搬迁费用应根据搬迁方式确定，如果是以自由迁徙的方式，迁移费需因个人需求和必要而具体发放，但在一般情形下统一搬迁方式的迁移费是统一的。不论采取何种迁移方式，迁徙费都至少应当包含搬用费、路费、在途财物的保险费这三项补偿内容，具体确定标准则因为搬迁方式与具体财物的不同而有所不同。③安置费补偿。重新安置家庭生活所必需的费用，应确保安置后权利被消灭主体的家庭生活水平不低于原先的生活水平。补偿费用包括基本生活设施重置费用，用于重新购置、营建房屋等基本生活设施，以及生存方式的调适补偿，补偿为调整与适应新的生活环境而支出的相关费用，具体分为以下几种：若依旧生产经营农业活动，取得的新土地使用权费，购置农产品的生产资料以及农业现代化的相关技术与知识培训费用等；转业从事其他工作，教育培训所需从业知识或者基本资格与技能的费用，创业投资的资金等；短期内不能适应新的从业环境而导致失业的，国家还应通过补偿，维持失业者在调整期内的基本生活水平。①

2. 矿产资源生态补偿。矿山生态环境恢复与治理保证金制度，是矿产资源生态补偿的主要形式，在开发矿产资源过程中，有助于开发者积极保护和恢复生态环境。该项制度也在各个国家和地区中推行。生态环境部门根据矿山企业制作的生态环境规划、矿产资源开发项目可能会造成的环境影响，要求缴纳矿山环境治理和生态恢复保证金。征收保证金，是用于修复矿山环境，因此征收标准可适当高于修复所需费用。此外，矿产资源的保证金数额，还会因企业成立年限的长短而不同。对于老旧矿山企业，生态环境部门要加大对其的管理力度，避免企业因拖欠保证金而引起旧账无法收回，同时政府应积极引导企业缴纳保证金，以各种优惠手段如减免增值税、引进先进设备、提供优惠的银行信贷减轻企业负担。矿产资源的生态补偿，目的是激励矿山企业尽量避免损害矿产所处的生态环境及周边居民，促使矿山企业

---

① 李永宁：《生态利益国家补偿法律机制研究》，长安大学 2011 年博士学位论文，第 26 页。

在采矿过程中保护矿山环境，并确保在采矿结束后能治理恢复受到破坏的矿山生态环境。[①]

3. 流域生态补偿。在对流域生态补偿主体进行明确时，可以通过签订合同方式，上下游政府间签订生态补偿合同，约定上下游政府的权利义务，并可追究双方的违约责任。上游政府具体承担其范围内水域生态保护的职责，下游政府对其进行生态补偿，应以上游政府支付的成本和因受保护所获收益来确定补偿标准。值得注意的是，因上下游处于同一流域中，上游亦会因自身保护环境的行为而受益，因此下游政府支付的生态补偿标准要结合其基于上游保护而带来的相应收益进行具体确定。如果生态补偿标准处于上游成本收益和下游整体收益之中，则地方人民政府通过签订协议达成一致；若流域生态补偿额度超出以上范围，则国家需要进行中央财政转移支付，填补超出下游收益部分的补偿额度。

流域生态补偿的计算途径可以有以下几种：一是为使水质达到标准，上游地区为此做出的环境保护建设，主要包括上游地区对于涵养水源、环境污染综合整治、农业非点源污染治理、城镇污水处理设施建设、修建水利设施等项目的投资；二是下游地区因未获得达标水质而遭受的损失计算，包括一、二、三产业的发展，人们生活水平的提高和旅游业的发展等方面；三是上游地区为进一步改善水环境质量和数量而新建生态保护和建设项目、环境污染综合整治项目、新建水利设施等项目，由下游地区补偿上游地区一定的资金，作为环境污染治理成本的替代成本。[②]

4. 自然保护区生态补偿。自然保护区的建立，限制了当地农户权利的行使，由此造成的损失主要包括两部分：一部分是不能将保护区

① 宋蕾：《矿产开发生态补偿理论与计征模式研究》，中国地质大学2009年博士学位论文，第32页。
② 王燕：《水源地生态补偿理论与管理政策研究》，山东农业大学2011年博士学位论文，第52页。

内的自然资源用作生产经营，农户失去该笔经济收入；另一部分是家庭生活和农业所需的自然资源无法获得，如保护区内的林木、动植物不能为生活和农业所用，增加家庭生活成本和农业成本。尤其是在偏远保护区，当地主要是依靠柴火作为生活燃料，未建立保护区之前居民可砍伐林木用作柴薪，但权利被限制后只能从别处获取或者购买。对于保护区的珍稀野生动物，自我国大力开展保护野生动物活动，建立相应的保护区以来，捕杀野生动物的行为得到有效遏制，居民因被禁止狩猎而受到的损失可忽略不计。但野生动物时常会袭击或者啃食农作物，尤其是保护区附近的村庄农田会遭受到严重损失，导致人身或者财产损害。国家划定自然资源保护区，应当对居民的上述损失予以补偿。[①]

此外，在区域性生态补偿中，确定受偿地区的补偿标准，可参考同等发展水平地区的生产总值，即对比相邻或者上游地区的居民可支配收入，结合本地区往年财政收入，得出受偿地区的利益损失。但是，我国存在区域发展不平衡不充分的问题，致使该标准不能普遍适用于各个区域。因此，生态补偿的范围应该包含前述的投入及损失，并根据各地实际情况进行调整。

生态补偿标准可以通过核算和协商的方式加以确定，两者的适用范围有所差别。涉及多区域或者国家的生态补偿，应采取核算方式，但工程浩大且计算复杂。协商的方法适用范围小，但可充分表达主体的真实意愿。

三、自然资源物权受限下生态补偿的方式

自然资源物权受限下生态补偿的方式以市场化的手段为主。生态补偿市场化，是自然资源物权人将改善生态环境作为交易内容所进行

---

① 戴其文：《广西猫儿山自然保护区生态补偿标准与补偿方式探析》，《生态学报》2014 年第 17 期。

的经济活动，国际上的购买生态服务即生态补偿市场化的体现。生态补偿市场化建立在科斯定理的基础上，能够弥补生态的外部不经济性，促进了庇古理论的完善。科斯定理提出，在自然资源物权明晰的市场中，若交易成本较小，以市场交易的方式，从而实现帕累托最优，能够形成合理资源配置的市场环境，达到有效保护环境的目标。①值得注意的是，生态补偿市场化的主体资格，受到自然资源物权的限制，即必须一方是享有自然资源物权的所有人或者使用人，并且自然资源物权人在履行合约时，应在自然资源物权的限制范围内进行。

目前我国的生态补偿主要依靠财政转移支付和专项基金进行，尤其是纵向的财政转移支付占据很大比重，而已有的补偿方式主要是供应受偿主体资金、实物等物质性补偿，以扶持项目形式的补偿比较缺乏。自然资源物权受限下生态补偿市场化，可将自然资源物权的经济价值以生态补偿融资的形式表现，并在市场环境中创造多种融资手段，增加生态补偿资金来源的灵活性，充分弥补受偿主体的损失，并且保障后续生态补偿工作能够顺利实施。因此，充分利用自然资源物权受限下的生态补偿与生态融资的内在联系，加强自然资源物权制度改革，建立多种生态补偿方式，是完善我国生态补偿机制的关键所在。

此外，自然资源物权交易亦是生态补偿市场化的一种方式。该体系现已逐步建立，如排污权、碳汇权都成为实践中自然资源物权交易的典范。以排污权为例，企业通过技术改良，减少自身排放的污染物，企业可将未排放的排污指标转让给其他排污者以获利。但排污权的交易应受到自然资源物权的限制，即不得损害公共利益。自然资源物权交易体系可以保障生态建设者的投资得到回报，促进产业的生态化，从而减少污染和破坏，实现经济的可持续发展。

---

① ［美］罗纳德·H.科斯等：《财产权利与制度变迁——产权学派与新制度学派译文集》，刘守英等译，上海人民出版社2014年版，第3—58页。

因此在自然资源交易市场中，生态补偿的主体和补偿标准只有建立在明晰的自然资源物权制度下，才能合理界定，生态补偿才能确保实施到位。因此，以自然资源物权受限为基础建立起完善的生态补偿机制，缓解环境保护和经济发展之间的冲突，助力推进人与自然的和谐共处。

第三节　我国现行自然资源物权受限下生态补偿现状和存在的问题

党的十八届三中全会提出，生态补偿制度是生态文明建设的重要内容。新修订的《环境保护法》亦明确规定，国家建立、健全生态补偿制度。《环境保护法》作为调整生态补偿的基本法律，仅对生态补偿作出了原则性的规定，[①] 而我国还未出台《生态补偿法》，现有生态补偿法律依据散见于有关环境的单行法中，这种缺乏上位法的局限使得实践中出现某些无法可依的尴尬局面。此外，生态补偿在私法领域尤其是在关于自然资源物权的规定中并未体现，导致无法运用私法手段对生态补偿进行调整，市场化的生态补偿制度也无法顺利开展。总体而言，我国还没有完全确立起生态补偿制度，亦未形成谁开发谁保护、谁受益谁补偿的利益调节机制，还没有充分发挥对生态环境保护的作用。

一、我国现行自然资源物权受限下生态补偿的现状

虽然我国生态补偿制度起步晚，但在国家高度重视下，各地区、

---

① 《中华人民共和国环境保护法》第31条规定："国家建立、健全生态保护补偿制度。国家加大对生态保护地区的财政转移支付力度。有关地方人民政府应当落实生态保护补偿资金，确保其用于生态保护补偿。国家指导受益地区和生态保护地区人民政府通过协商或者按照市场规则进行生态保护补偿。"

各部门相应开展生态补偿的建设工作，现已初步形成了制度框架，各个自然资源领域都取得了重要进展。

（一）生态补偿分类开展

由于我国自然资源丰富，由此开展的生态补偿工作会因资源的不同而有所调整，主要集中于森林、草原、湿地、水源、海洋等方面。自然资源物权限制下的森林生态补偿，主要用于公益林的保护，东部地区的补偿标准高于西部地区，其中北京市还对护林员每月发放补助金。除此之外，各地方财政分拨资金，设立专项基金用于补偿禁牧减畜、退耕还湿等因环保造成的经济损失。在流域方面，重点开展横向补偿，根据水质优良程度决定是否发放补偿资金，若水质符合标准则由受益者的下游给予建设者的上游补偿。同时沿海省市安排征收海洋工作，对于失海渔民的补偿政策是扶持其创业以及补贴生活费用。

此外，我国的自然资源法律制度正在不断完善当中，现已进行自然资源统一确权登记。《办法》确定了各类自然资源的所有权主体，以往不动产登记具有溯及力，不会影响原物权人的权益。此项工作的开展，有利于进一步明晰权利主体，以便完善自然资源物权体系，最终确定生态补偿的主体。

（二）政府主导生态补偿

我国的生态补偿模式，由政府统领全局，即中央或者地方人民政府根据某一地区的环境现状，发布相应的环境保护规划或者政策，并以国家公权强制力作为保障，政府部门采取多种形式的行政手段实行生态补偿，包括财政补贴、政策扶持、项目投资、税费改革等。其中，政府主要以财政转移支付的方式进行生态补偿，分为中央对地方的一般性转移支付和专项转移支付，省级人民政府基于生态补偿目的对本辖区下级人民政府的转移支付，还包括同级人民政府之间的横向转移支付，该转移支付以省级人民政府为主体展开。当前，我国生态补偿的财税执行绝大多数为纵向，而生态补偿资金在同级人民政府间的流动比较少有。

政府主导的生态补偿模式具有以下特点：资金来源单一，由中央政府或者地方政府收取费用或者来自财政收入；受偿主体是地区政府和企业，生态环境保护以工程建设的方式实施；采取财政拨款的形式，发放生态补偿资金，该财政拨款并不专款专用，其他环境保护工作如污染预防与治理，都会使用该笔款项。

（三）设立相应激励制度

生态补偿的激励制度，可以有效刺激自然资源物权人参与保护环境的活动，减弱行政管理的强制约束力。例如，财政部出台有关草原保护的奖励补助意见，达到草畜平衡或者明显改善环境的，以每年每亩 2.5 元的标准奖励牧民，给予地方绩效考核奖励。在自然保护区内亦实行奖励政策，以鼓励致力于生态修复和改善民生的行为人。但不足的是，我国生态补偿的激励制度并未渗透到各个自然资源领域内，这是我国自然资源物权受限下生态补偿制度需完善之处。

二、我国现行自然资源物权受限下生态补偿存在的问题

现有的生态补偿机制建设虽然取得了一定成果，但由于这项工作开展较晚，且现实利益关系的错综复杂以及有限的认知规律能力，都增加了实施的工作难度，这就导致在法律制定上，有关生态补偿的规定比较零散。而我国的自然资源物权制度亦未真正建立，不能给生态补偿提供指导，造成了一些矛盾和问题。

（一）自然资源生态补偿法律体系不够健全

我国现有环境保护单行法中，仅有零散关于自然资源生态补偿的内容，但并不全面和规范，以及缺少实践的可操作性。同时，由于未制定统领性的法律，各法律法规无法形成统一的体系，导致生态补偿在前述的补受偿主体、补偿范围、标准、方式等方面存在缺陷。自然

资源生态补偿法律体系的不够健全，具体表现如下：

1. 我国的自然资源物权体系相对混乱，主要是以《民法典》为基础，各自然资源单行法、司法解释加以具体规定。《民法典》中的规定多具有原则性，无法具体调整自然资源物权关系，各类有关环境资源法的单行法中，注重对环境资源的管理，忽略了自然资源物权的私法性质，使我国自然资源的物权属性仍未得到明确，"物权法定原则"亦无法得到体现。即使现有法律已确定国家和集体是自然资源的所有者，但对于权利的主体和内容并未明确，权利边界还没做出具体界定。生态补偿的权利基础源于自然资源物权，因其权利基础尚处于模糊状态，造成生态补偿不到位现象时有发生。

2. 确定了自然资源物权的私法属性，但自然资源法律制度的不完善，使得公权较多渗入自然资源权利认定和流转的过程中，权利人所享有的自然资源物权也会受到极大的限制，而国家施行生态补偿机制时，亦未能针对这类权利人因限制而致损的利益进行补偿，最终会降低权利人保护环境的积极性。

3. 《环境保护法》的重心在于治理污染，却忽略了预防以及保护，所以旧法中未涉及有关生态补偿的规定。新修订的《环境保护法》第31条虽已提及生态补偿制度，但比较笼统，只能作为原则性指导。目前我国各单行法中均有关于生态补偿的条文，但缺乏关于整个生态系统补偿统一而完整的规定，未能形成体系化的生态补偿制度。在适用过程中，容易产生地域或者部门之间的冲突、矛盾，不利于理解，影响执行效果。

综上所述，我国还未出台《生态补偿法》，并以此对生态补偿相关内容进行全面、系统规范。目前我国有关生态补偿的内容仅在一些原则性的规定中有所涉及，而且散见于单行法律条文中，甚至还有重合和矛盾之处，容易导致在生态补偿实践中遇到法律冲突无上位法可依的状况。若没有一套健全的生态补偿法律制度，划分不清地域或者部门的补偿职责，就会降低生态建设者以及牺牲者保护生态的积极程度，从而引发更为严重的生态破坏。

（二）补偿主体不合理

一般而言，生态补偿主体概念是指须担负生态补偿责任，向权益受到侵害的相对人给付补偿的责任主体。当前，国家是生态补偿法律规定中的补偿主体。但是只对补偿主体进行规定还不足以应对实际需求，这在实际操作中具有现实难度，例如受偿主体应向国家哪个具体部门提出补偿要求，国家行政部门遇到类似纠纷时往往会推卸自身责任，相互推诿致使受偿主体求偿困难。通过对涉及生态补偿的法规条文整理，对于生态补偿主体及具体负责部门的规定大概可以分为三种类型：一是仅仅只规定由国家进行补偿，但没有对具体补偿负责部门进行说明；二是规定国家进行补偿，由某级政府负责具体补偿事由；三是规定国家补偿，哪个部门做出具体行政行为即由该部门负责补偿事由。

从当前对于补偿具体部门规定来看，直接规定国家补偿而不对具体补偿负责说明的居多，后面两种情况较少；从规定补偿具体部门相关条文所属法律文件的位阶角度，在法律中有对具体补偿负责部门规定的居多，而在法规及规章中对此规定较少。由此可知，当前我国具体负责生态补偿部门的相关规定存在一定随意性。根据《中华人民共和国立法法》规定，行政法规规定的是为执行法律的规定而需要制定的事项和国务院行政管理职权的事项，部门规章规定属于执行法律或国务院的行政法规、决定、命令的事项。执行上位法的下位法律反而规定得不如上位法清晰明确。这些法律制度层面存在的不足将会直接造成在实践操作中出现有法难依的现实困境。同时，从一般情况来看，中央及地方各级政府的财政资金较为充裕，而具体行政部门的财政资金比较紧张，无法完整向受偿主体支付补偿资金。① 因此，从当

---

① 陈晓勤：《我国法律法规规章涉及行政补偿规定现状及实证分析》，《中共福建省委党校学报》2009 年第 10 期。

前对于生态补偿机关的制度设计看，存在一定问题，现实可操作性不够强。

（三）受偿主体范围狭窄

生态补偿应当是重新平衡相关利益主体关系的过程，生态补偿法律关系的主体、权利义务都应当在条文中明确规定，然而在前述分析中可知，目前生态补偿规定中，可获得生态补偿的主体划分不够明确，范围不够广泛。由于我国生态补偿法律未成体系，零散的规定致使补偿过程可能遗漏某些受偿主体，忽略了该受偿主体为生态建设所作出的贡献。即使已有生态补偿规定，由于规定的原则性较强，不能对实践中调整各主体的权利义务关系提供指导，容易造成各方互相推诿责任，进而酿出"公地悲剧"的苦果。

（四）补偿方式过于简单

我国自然资源生态的补偿方式在目前的形势下不足以解决问题。特别是资金来源渠道和补偿手段都较为匮乏。国家及地方各级政府的金额支出和与之有联系的收费是中国自然资源生态补偿资金的绝大部分源头。而各级政府则基本上是通过财政转移支付以及设立专项生态环境保护基金之途径进行生态方面的补偿。但是实际上，目前存在的自然资源税费和自然资源生态补偿在设立初衷上存有很大差别，此外制度设计还不完善，很难具体成为自然资源生态补偿资金之源头。从其他角度来说，财政转移支付的生态补偿模式存在许多有缺陷的地方：1. 资金的周转存在难处。有限性是国家财政的特点，一旦全部地方的生态补偿都由政府财政转移来支撑，会对国家的财政支出形成很大的压力，生态补偿资金不足以填补是其必然结果。2. 补偿不高效。财政转移支付在程序上是较为烦琐的，特别是很多政府部门都会接触到，而且还必须通过各级审查，资源合理配置很难在短期内完成，从而使得补偿效率变得非常低。3. 公平性存疑。自然资源的合理保护及对生态环境的治理是财政转移支付的主要宗旨，但我国实际上并未对使用生态系统服务功能的人采取收费措施，换句话说，生态服务的享有者自由地享有生态资源，不需要支付任何对价，对于生态正义的目标是很难达成的。

实际上，我国在目前已经出现了一些如水权交易、签订环境协议等运用市场机制的方法来实现生态补偿。然而，生态补偿资金中社会资金来源的占比较少，收集资金的来源少使得生态补偿资金难以储备完善，从而无法真正保障生态补偿的平稳健康发展。

总而言之，仅仅是凭借国家及各级政府的财政资金投入是不能很好地满足其长时间需要的。自然资源生态补偿现存的最根本的核心是补偿金能否稳定稳量地提供，所以我们应当拓展补偿资金的收集来源，扩大补偿的手段，让补偿方式更加丰富。

（五）补偿标准不确定

自然资源物权受限下生态补偿的补偿标准，是决定自然资源生态补偿机制是否具有合理性的重要因素。我国生态补偿的法律条文中，并未确定具体的生态补偿标准，主要是源于补偿标准内容的差异性和技术性问题。

我国地域跨越多个经纬度，每个地区的生态环境和发展水平各有不同，但生态补偿项目又是采取统一的标准，没有综合分析不同地区在经济、环境方面的差异，致使地方原有的生态补偿政策与项目中要求的补偿标准产生矛盾，引发区域不平衡，致使执行补偿难以顺利开展。另外，还有存在补偿数额偏低的现象，并未将自然资源物权所有人特别是使用人的意愿考虑在内，最终使得当地农民、牧民、企业团体所能得到的经济补偿与生产活动产生的经济效益不对等，从而影响权利人响应并参与生态文明建设的热情。若普遍存在不具体的补偿标准，会造成对受偿主体的补偿不到位，生态补偿制度就不能发挥激励作用。

此外，由于传统物权法注重自然资源本身的经济性，忽略了自然资源的生态利益，因此在现实生活中，自然资源物权受限下的生态补偿只注重补偿自然资源物权人的财产损失，很少考虑到对其生态价值进行补偿。生态价值的补偿缺位除了法律制度原因，还存在技术性困难。由于无法精确量化优质生态环境制造的社会效益和生态恶化对社会的损害，如此便难以确定自然资源物权限制下生态补偿的补偿标准。

第四节　我国自然资源物权受限下 生态补偿制度的完善

一、国外生态补偿立法和实践

发达国家和地区的生态补偿立法和实践较为成熟，主要做法是：

（一）制定相关的法律法规

一些目前各个国家和地区关于生态补偿的规定，多散见于有关环境保护法和政策中。美国在各单行法中，涉及很多生态补偿内容，尤其《农业法案》大量条文都是关于生态补偿的，体现了对农业在环保事业中的重视程度。《日本森林法》规定，被划定为保安林的所有人，国家和受益团体、个人会对其予以适当的补偿。《瑞典森林法》规定，若某林地被征收为自然保护区，则由国家承担林地所有人的经济损失。德国黑森州《森林法》为促进公众参与有利生态效益的活动，明确了林主在其所有的林地被认定为防护林，由此遭受的损失可获得补偿。其他国家和地区亦有相似规定，对于国有和集体林，法国政府还予以免税，私有林的经营也有相应优惠政策。

（二）建立环境税收制度

环境税收是基于保护环境的目的，推动绿色生产，对自然资源开发、利用者征收的税。西方发达国家和地区始于 1970 年，大力推行税制的绿色改革。外国环境税以能源税为主，税收种类繁多。如荷兰政府征收的环境税多达十几种，包含以"污染"和"保护"为内容的税种。[①] 总体而言，发达国家和地区的环境税是以污染物为分类标准，如废气税、垃圾税等。目前，经合组织的国家和地区建立了较为完善的环境税收制度，这些国家和地区进一步对污染物进行细分，并列为新的税种，将税收收入专用于改善生态质量。

(三) 实施生态补偿保证金制度

在生态环境保护中，较常使用生态补偿保证金制度，该制度具备一定的经济性质，能够制约污染和激励环保行为，并预防风险，生态补偿效果较好。当下，对于具有损害生态环境倾向的经济行为，保证金制度可以有效防范其发生。该类经济行为的主体应当向有关部门交纳一定数额的保证金，才能被许可经营。[②] 主要适用于矿产资源中，在矿山的开采结束之后，矿主如果能按要求恢复其生产区域内的生态功能，保证金则予以退还，反之将被没收用作修复环境或者补偿相关利益群体。

(四) 充分发挥政府和市场的互补作用

国外生态补偿的方式主要是购买生态系统服务，其中政府为最大的购买方，购买费用占据较大的财政支出比重，如法国、马来西亚、德国。美国在建设生态环境保护中，则长期使用采取退耕等保护性政策手段，政府作为买方，所支付的资金用于补偿退耕还林所产生的机会成本，[③] 使得农民主动配合退耕，从而增加森林覆盖面积，改善生态质量。尽管生态效益以政府为主导购买，但各个国家和地区亦允许

① Pagiola Stefano. Payments for environmental services in Costa Rica. In: Ecological Economics, 2008, 65 (4), 712 -724.

② Robert Costanza. The value of the world's ecosystem services and natural capital. In: Nature, 1997, 387.

③ Cuperas . J. B. Assessing Wildlife and environmental Values in cost benefit analysis: start. In: Journal of Environmental Management, 1996 (2), 8-16.

市场交易生态服务，在市场竞争机制下，可以获得更多生态补偿资金，国家仅需对市场交易行为进行宏观调控以防止垄断。

伴随着对生态服务价值的深入研究，人们逐渐认识到生态服务所具有的共享性，并愿意向生态服务提供者支付报酬，包括地方政府和非政府组织，"搭便车"现象得到一定遏制，减少了因生态退化带来的不利影响。因维持生态系统服务所需的投资巨大，目前亦在积极寻找对应的补偿方式，现已融入较多的市场交易类型，如在生态标记中，由消费者购买具有该类标记的农产品等。

根据上述国际上对生态补偿实践的梳理可知，国外的生态补偿主要以单行法律为制度基础，结合税收和市场化的形式展开，鼓励民众积极参与生态保护。由于我国的生态补偿以政府为主导，市场化手段不多，因此可引入购买生态服务这种模式，作为我国生态补偿的补充，亦可保证生态补偿资金来源的充足。同时，由于我国还未建立矿产资源生态保证金制度，可以借鉴国外相关的立法建设和实践操作。

二、完善我国自然资源物权受限下生态补偿机制的具体措施

针对我国自然资源物权受限下生态补偿现状存在的问题，结合国际经验的同时立足于国情，完善我国自然资源物权受限下生态补偿机制的措施主要围绕生态补偿的主体、范围、方式、标准以及法律制度层面，以自然资源物权角度调整生态补偿法律关系，以期解决现实中补偿主体不清晰、补偿资金短缺或者不到位等现象。

（一）构建生态补偿法律制度

生态补偿建立在自然资源物权制度基础之上，因此构建生态补偿法律制度需先行完善自然资源物权的制度。自然资源物权应当确定具体权利主体，进一步明晰自然资源物权人的权利义务，并以此构建科学的系统化生态补偿法律制度，通过在法律条文中对生态补偿的主

体、补偿标准、补偿方法等内容进行规定，明确政府在自然资源生态补偿中的职权和职责。同时，政府应当专门设立生态补偿监管的机构，在生态补偿过程中严格监管每个程序环节，并监督补偿资金的流动去向，及时对违法行为予以制止和制裁，以保障自然资源物权受限下生态补偿的实施效果。

此外，如何运行生态补偿的程序亦是该制度的重要内容。在生态补偿的市场化交易中，双方当事人直接根据交易协议履行各自的义务，若有一方当事人存在违约行为，可直接按照合同法中有关违约责任的规定进行处理。但在政府主导型的生态补偿中，应当按照一定的程序才可获得补偿。首先是生态补偿的受偿主体向政府提出生态补偿的申请，对于特定主体的生态补偿，政府经过审核确认无误后，从财政收入中支付受偿主体的补偿费用，在政府拒绝予以生态补偿时，受偿主体可依法提起行政诉讼。但若生态补偿涉及多个领域，尤其是区域间的生态补偿，应当以政府为代表，向生态受益者提出申请。生态受益者收到申请后应展开积极的调查，认真并全面审查补偿主体与受偿主体提供信息的真实性，经专业机构评估后确定生态补偿的标准。随后应召开会议，双方主体应针对生态补偿的方式、标准进行协商。若协商达成一致，按照当事人的意思表示签订协议。在无法形成统一协议时，可向国务院申请仲裁。此外，最终形成的补偿协议应予以公告，将生态补偿置于群众的监督之下。

（二）增加生态补偿主体

在全国范围的生态补偿中，补偿的主体应当是国家，而在一定区域内的生态补偿，则由地方承担生态补偿的责任。

1. 国家。许多国家和地区法律规定及工作实践中，几乎全部的生态补偿义务都由国家承担，国家是首要的补偿主体。国家作为主要的补偿主体，经常出现在生态补偿的法律关系中。近几年来，我国中央财政不断加大生态补偿投入，累计已超千亿元。国家代表所有公民的公共利益，应当提供公共环境服务，并且享有自然资源的所有权，决定了国家为补偿主体的角色定位。不仅如此，国家具有雄厚的财政实力和行政调配的高效性，对于落实生态补偿政策具有优势。因此，国家有义务并有能力进行生态补偿。

2. 地方。地方管理当地事务，自然包括对于辖区内生态环境的保护，作为行政管理者，地方应当维护当地居民的各项利益，因此地方亦须纳入生态补偿主体范围。特别是在流域生态补偿中，地方的生态补偿作用至关重要。因受偿主体的地理位置通常处于河流的上游地段，一般为自然资源丰富但欠发达地区。上游对生态环境的维护，而使下游即经济发达地区，享受了生态效益，但下游地区并未付出任何代价。上游地区的维护成本得不到补偿而越发贫困，下游地区持续无偿受益，发展更加迅猛，结果地区之间的不平衡越拉越大。因此，地方应作为本地区生态受益者的代表，有义务补偿公民、法人和其他组织作出的贡献和牺牲。

3. 企业。企业是生态补偿最终的主要付费者。政府在生态补偿工作中所担当的角色及所承担的责任固然重要，但是最重要的生态补偿主体应该是生产性企业。特别是那些能源型的企业，这些企业主要依靠消耗自然资源获得利润，且为取得利益的最大化，时常过度开发利用或者在法定限度内尽可能多地获取自然资源。

4. 自然人和社会组织。自然人作为生态补偿主体时，应注意防止扩大自然人承担生态补偿的责任。自然人享有基本的环境权，对于生活所必需的环境消费，不需要为此给付生态补偿费。社会组织由于是向公众提供保护环境的公益性服务，其资金来源主要依靠收取会费、社会捐赠以及政府拨款等，在社会组织进行生态补偿时，应注重补偿资金的公开性，保障补偿到位。

（三）扩大受偿主体范围

自然资源物权限制下生态补偿的受偿主体为，被征收征用者、生态建设者和生态牺牲者。国家在征收征用工作中，已对该群体进行补偿，但往往忽略了受偿主体还包括生态建设者和生态牺牲者，因此自然资源物权受限下生态补偿机制应该将该类主体纳入受偿范围。

1. 生态建设者。生态建设者对其所属的自然资源投入大量的人力和物力进行建设和维护，改善了生态环境，国家应当对其给予适当的补偿。但由于现有法律未规定生态建设者有权向国家请求支付补偿的权利，同时缺乏实际可操作的法律程序，以政府决定的方式才能最终确认其是否获得生态补偿。在我国实际情况中，生态建设者请求生态补偿的权利，未能受到重视。若该增加生态效益的行为得不到相应的补偿，生态建设者的积极性将大大受挫，也不利于减轻政府承担的保护环境压力。

2. 因生态保护需要而发展受到限制的居民。基于维护生态系统的考虑，国家会限制某些地区或居民的经济行为，以保障实现环保的目标，如为保证下游优良的水质而开辟的自然保护区，几乎保护区内的经济行为都受到禁止，严重影响保护区内的居民生活秩序和就业，国家应当对保护区的居民提供一系列的生态补偿，确保保护区居民的正常生活。

3. 排他性生态产品、环境奢侈品及环境限额的提供者。由于该类主体的自然资源物权明确并且可以提供给其他社会主体，主要是通过交易的渠道获得，提供者与接受者间达成合同协议，除其成本外，合同的标的额还应涵盖生态补偿所需的支付费用。在这一关系中，补偿法律关系的主体比较明确，可直接根据合同约定进行补偿。

（四）采用多元化补偿方式

我国生态补偿方式以政府为主导，实践中补偿资金不足、补偿效率不高，最终难以实现生态正义，因此，在完善政府补偿手段的同时，应当引入市场机制，两者相互配合而形成多元化的生态补偿方式。

1. 完善政府补偿。现阶段，首先政府主要以财政转移和生态保护专项基金实行生态补偿。需注意，在政府支付生态补偿金时，应增加生态补偿的专项财政支出，中央对地方或者上级对下级生态补偿时应考虑当地的财政能力，减少地区之间对生态保护投入的差别。同时，发展中地区作为生态建设者和生态牺牲者，对发达地区提供生态环境服务，发达地区应该对发展中地区进行生态补偿，实现区域间生态利益的再分配，缩小区域间的差距，最终保障人与自然的可持续发展。对于生态保护专项基金，可根据中央或者地方当年的生产总值进行调整，其占财政支出的比例亦应适当提高，确保能及时发放补偿款项并切实补偿到位。

其次在环境保护或者生态补偿的相关政策方面，也应该因地制宜。经济发达地区在开发资源、发展经济的过程中，享受了更多自然资源，该受益者应当对其享受的利益承担起应有的义务。经济落后地区除了要满足经济发展的需要之外，还肩负保护环境的重担。因此在制定区域政策时，应倾向于经济落后地区，对其加大生态补偿力度，以促进经济落后地区对生态环境的维护。

最后我国可考虑实行生态补偿保证金制度。对企业征收保证金，可有效促使企业进行资源技术改革，保障生态系统功能正常运行，生态补偿保证金与生态补偿税费可一同纳入生态保护专项基金，从而解决补偿资金不足的问题。

2. 引入市场机制。自然资源物权制度明确，以及收费合理的高效率交易市场，是建立生态补偿市场化方式的条件。生态补偿方式通过交易获得经济利益，可以有效刺激各相关利益人积极参与生态补偿。同时，市场交易模式还能进行创新，如私人之间的直接补偿，可减少交易成本，鼓励补偿者和受偿者之间自主协商，转让自然资源使用权，完成生态补偿的市场交易。在合同内容方面，当事人除应协商主体外，还应针对补偿的内容进行讨论。双方依照各自关于生态补偿的意思表示平等协商，最终达成一致协议，在此过程中法律应提供程序性的保障。值得注意的是，政府也可作为订立生态补偿合同的主体，通过与专门从事生态保护企业的合作，从而实现经济、社会、生态效益的统一。

此外，自然人在耕地上种植绿色产品时，可以交易手段获得补偿。如对于绿色食品和环境保护产品，其价格要高于一般产品，消费者可自行选择是否购买，农户由此取得绿色食品高出一般产品的差价，最终实现个人对耕地保护者的生态补偿。

（五）确定生态补偿标准

生态补偿范围的大小，取决于受偿主体的损失和国家的综合国力。合理的生态补偿范围，可帮助填平受偿主体的损失。针对生态保护者的补偿，应当根据其损失进行确定：一是直接损失或者间接损失，即损失的是生态保护者的现有利益。在生态补偿可以全部或者几乎弥补其为环保所受损失时，生态保护者才有继续维护生态平衡的动力。二是机会成本，如生态牺牲者因放弃发展机会而损失的预期利益。另外，多种补偿方式相结合的补偿，可保障补偿资金的充足。

1. 对生态建设者的补偿内容。对于生态建设者的补偿，具体可包括以下内容：（1）自然资源的使用费，由于我国实行自然资源有偿使用制度，生态建设者在改善环境过程中需先支付使用费，而后政府根据自然资源使用情况进行退还或者部分退还。（2）环境保护激励奖金。除自然资源的使用费外，政府还应支付额外奖励，以激励生态建设者更好地履行环境保护义务。（3）环境保护成本分担补助。恢复生态功能过程中的实施成本将获得政府的补助，但补助额须根据建设者所产生的生态利益与成本的比例进行确认。（4）其他激励。政府还可提供其他财政激励补偿，以鼓励建设者乃至社会群众加入环境保护事业中。

2. 对生态牺牲者的补偿内容。对于生态牺牲者的补偿，主要针对牺牲者的损失。一般来说，计算牺牲者的损失，应该包括直接损失和机会损失等。直接损失客观存在，通常是在增益性生态保护中给权利人造成的损失，如在征收征用中，自然资源由于无法移转而使所有人或者使用人利益致损。机会成本则是指因改善生态环境而限制自然资源物权人的行使，从而损害了自然资源物权人的可期待利益。所以对牺牲者的补偿应当填平其所受损失，尤其对补偿直接损失中，补偿应当保障居民能够维持正常生活，具体标准可参考当地消费水平，并且跟踪后续补偿情况，切实保护居民利益。

综上，基于民法的公平理念，应当对生态建设者和生态牺牲者的损失予以填平，但由于两者本身创造的生态效益大于其损失，对高于损失的生态效益，受益者亦确切享受到了，应当为此付出一定的费用，而且给予适当奖励更有利于激励他们积极维护生态和保护环境。若生态建设者和生态牺牲者对生态所作的贡献突出，按照贡献的大小分级设立奖励，若产生的生态效益仅由相邻者享有，可按照损失的一定比例再额外补偿，具体奖励的设定可根据当地的经济发展水平予以确定。

第六章　自然资源损害法律责任

第一节　自然资源损害法律责任概述

一、自然资源损害概述

（一）自然资源损害的概念

尽管学界对于何谓损害众说纷纭，但对这些说法有共同之处，即损害是对主体的权利或者受法律保护的利益造成不利影响的事实状态。值得注意的是，侵权行为并不是造成损害的唯一方式，其他诸如行政行为、法律事实、合法经营行为等亦可能造成损害，相应地，侵权责任亦不是损害救济的唯一方式，多种救济方式并行才更有利于自然资源的保护。

观察国外的立法经验，与自然资源损害较为接近的法律有以下两部。一是欧盟 2004 年《预防和补救环境损害的环境责任指令》，该指令指出，环境损害是对受保护物种和自然栖息地顺利保育状况的延续或保持产生的重大不利影响，且该对环境的损害不包括对人身或财产的损害。二是美国 1990 年《油污法》，该法规定，自然资源损害是指自然资源的损害、毁灭、损失或使用损耗。二者都将自然资源损害定义为对自然资源自身的不利影响，是一种区别于传统环境侵权损害的新型损害。

关于自然资源损害，我国仅在海洋环境污染损害、环境污染损害的规定中有所涉及。值得注意的是，2015 年由中共中央办公厅和国务院办公厅发布的《生态环境损害赔偿制度改革试点方案》中有相近的规定："生态环境损害，是指因污染环境、破坏生态造成大气、地表水、地下水、土壤、森林等环境要素和植物、动物、微生物等生物要素的不利改变，以及上述要素构成的生态系统功能退化。"

目前我国仅对以自然资源作为媒介对第三人的财产权、人身权造成损害情形适用侵权法、环境保护法的形式加以保护，而对自然资源自身价值（包括经济价值和生态价值等非经济价值）受到损害情形的法律保护存在缺失，这与可持续发展的目标不甚相符。因此，亟须在立法中明确界定自然资源损害。

综合以上几点，自然资源损害是指对淡水、海洋、土地、矿产、森林、草原等受我国现有单行自然资源法规范和调整的自然资源造成的损害、毁灭、损失等不利影响的事实状态。

（二）自然资源损害的特征

自然资源损害的原因是人为原因。换言之，自然原因引起的自然资源损害不在讨论的范围，其原因在于法律关系的主体是构成法律关系的要素之一，单纯由自然原因造成的损害无损害主体，法律责任无从谈起。人为原因可以是自然人、法人或者非法人组织的原因。

自然资源损害的对象是自然资源自身。区别于传统环境侵权所保护的人身损失、财产损失和精神伤害，在自然资源损害救济制度下，保护的对象是自然资源自身。这是因为在绝大多数情况下，伴随环境侵权发生的自然资源自身的损害往往更加巨大，不仅包括庞大的经济价值损害，而且包括不可逆的生态价值灭失，在资源日渐稀缺紧张的今天，对自然资源自身损失的法律保护刻不容缓。

自然资源损害的证明是复杂的、困难的。一方面，侵权主体难以确定。自然资源损害的主体往往并非单一主体，随着生产生活社会化的进程加快，多个主体之间的责任难以准确划分，再加上自然资源损害结果的显现是一个长期过程，具有潜伏性，侵权主体在这一过程中变化和消失亦是常事。另一方面，自然资源价值评估存在难度。目前我国还没有确立一个权威可靠的自然资源价值评估体制，对于自然资源损害价值的认定存在较大的不确定性，这无疑为法律责任的确定和证明加大了难度。

（三）自然资源损害的类型

依不同的分类标准，自然资源损害可以分为不同类型。其中，最为典型的是按照不同类型的自然资源，将自然资源损害分为土地损害、矿产损害、森林损害、生物损害、海洋损害、水资源损害等。较为重要的分类，还包括：一是按照自然资源受损害的原因，将自然资源损害分为突发性自然资源损害和累积性自然资源损害；二是按自然资源损害的性质，将自然资源损害分为财产性损害和生态性损害；三是按损害行为的性质，将自然资源损害分为投入（污染）性损害和取出（开发）性损害等。可见，自然资源损害类型多样，损害原因、损害性质、行为性质的不同，都会对最终法律责任的确定产生一定的影响。

二、我国自然资源损害法律责任现状和存在的问题

（一）我国自然资源损害法律责任现状

从我国自然资源损害案件数量来看，自然资源破坏情况并不容乐观。以土地违法案件和矿产违法案件为例，《2017 中国土地矿产海洋资源统计公报》表明，仅 2017 年一年，我国发现土地违法案件 7.52 万件，涉及土地面积 2.98 万公顷，同比分别增长 1.6% 和 10.7%。立案查处违法用地案件 4.81 万件，涉及土地面积 2.36 万公顷，同比分别增长 2.2% 和 8.9%。收回土地 1939.3 公顷，罚没款 12.62 亿元。同时，全年立案查处矿产违法案件 5407 件，同比增长 22.2%。结案

4905 件，同比增长 13.1%。罚没款 2.96 亿元。①

我国大多数自然资源损害案件以承担行政法律责任或者刑事法律责任形式结案。以 2018 年我国自然资源部公开通报的 16 起自然资源违法案件为例，在这 16 起案件中，仅有河北省沧州市黄骅港综合保税区二期填海项目行政处罚案、广东省湛江市坡头区碧海生态渔业专业合作社未经批准占用海域案、新疆维吾尔自治区阿克苏地区李某毁林开垦案这三起海洋、林业案件的处理结果中有"恢复海域原状""恢复植被"的资源恢复责任内容，其余案件均以行为人承担责令停止损害、没收违法所得、罚款等行政责任，涉嫌犯罪的，依法追究刑事责任，以及对违法的行政机关工作人员进行行政处分的形式结案。②

（二）我国自然资源损害法律责任存在的问题

我国自然资源损害案件的查处，重行政法律责任和刑事法律责任，而轻民事法律责任。这与我国单行自然资源法律中有关法律责任的规定是分不开的。我国《水法》《森林法》《土地管理法》《矿产资源法》等自然资源立法中规定的法律责任承担方式，大多数情形下仅有行政法律责任和刑事法律责任的规定，仅在部分条款中有补救性措施的规定，极少数条款涉及民事责任的承担。

立法上的不完善直接导致了司法上的适用困难。客观地说，在法律上未对自然资源损害的民事责任进行完整可行的规定之前，通过行为人行政法律责任和刑事法律责任的承担，最大限度地对危害自然资源的行为进行了惩罚，达到了较为有力的震慑效果，对预防此类损害行为具有较大作用。但亦应当注意到，在该种模式下重处罚而轻救济，并未对自然资源自身的经济和生态损失进行有效的救济，仍停留在对受损第三人进行损害赔偿救济层面，且存在罚款与损失不符、执

---

① 中华人民共和国自然资源部：《2017 中国土地矿产海洋资源统计公报》，http：//gi. mlr. gov. cn/201805/t20180518_ 1776792. html.，2018 年 10 月 9 日访问。

② 中华人民共和国自然资源部：《公开通报 16 起自然资源违法案件新闻发布会》，http：//www. mlr. gov. cn/xwdt/jrxw/201806/t20180623_ 1939135. htm.，2018 年 10 月 9 日访问。

行困难、专款不能专用等情形，仍需要结合民事法律责任进一步完善自然资源损害的法律体系。

三、构建我国自然资源损害法律责任制度的理论基础和必要性

（一）构建我国自然资源损害法律责任制度的理论基础

美国 1953 年《外大陆架土地法修正草案》（OCSLA）将"对自然资源的损害、破坏"以及"对自然资源使用价值的损失"列入政府请求赔偿。在因油污泄漏引起的经济损失赔偿请求中，确认了自然资源损害的可赔偿性。我国亦进行了有益的尝试，2015 年由中共中央办公厅、国务院办公厅发布的《生态环境损害赔偿制度改革试点方案》中，就规定了试点省级政府可对违反法律法规造成生态环境损害的单位或个人要求进行生态环境损害赔偿的制度，自然资源损害是生态环境损害的重要表现形式之一，适用该规定。构建我国自然资源损害民事责任制度的理论基础主要是：

1. 构建我国自然资源损害法律责任制度，是自然资源损害担责原则的必然结果。只有让造成环境污染或者生态破坏的主体承担法律责任，才能真正实现法律上的公平正义。从自然资源损害角度来看，就是要让自然资源损害的实施者而非政府、社会来承担自然资源损害的民事赔偿责任，做到"谁破坏、谁赔偿"。

2. 构建我国自然资源损害法律责任制度，是政府履行自然资源保护职责的必然要求。国家自然资源所有权是自然资源损害救济请求的实体权利基础，我国《宪法》（第 9 条第 1 款、第 10 条第 1 款和第 2 款）、《民法典》（第 247、248、249、250、251、252 条）均规定了矿藏、水流、海域、城市的土地、国有农村和城市郊区的土地，以及除集体所有外的森林、山岭、草原、荒地、滩涂等自然资源，还有法定野生动植物资源等的国家所有制度。根据公共信托原则，可由政府代表公共利益行使国家所有权。在自然资源损害案件中，则可由资源的

主管机关或者当地人民政府代表公共利益行使自然资源损害救济赔偿请求权。

（二）构建我国自然资源损害法律责任制度的必要性

传统环境侵权理论下救济效果不够。我国《民法典》侵权责任编仅规定了对人身和财产造成损害的污染行为的民事责任，并未提及对自然资源受损部分的责任承担问题。在资源日益匮乏、人们的环保意识逐渐觉醒的今天，我们应当认识到坚持自然资源无价值论将给资源保护带来不利后果，充分肯定自然资源自身的经济和生态价值成为必然趋势。对自然资源的损害同样需要赔偿救济。由于自然资源损害行为本质上是一种侵权行为，受民法调整，且其对应的民事法律责任亦起到平衡整个责任制度体系的作用。同时，对严重损害自然资源的行为人，还应依法追究其刑事法律责任。因此，自然资源损害法律责任制度的构建是无法回避的问题。

传统行政责任救济模式下局限性明显。一方面，传统行政救济责任模式下，出于决策理性的要求，对自然资源损害行为责任人的确定、致害行为与自然资源损害结果之间的因果关系的证明都必须达到明确及存续的标准。然而自然资源损害本身所具有的隐蔽性和复杂性的特性，决定了确定其责任人的难度较高、因果关系证明复杂多元的特点，若仅采用行政救济责任，则会出现大多数自然资源损害因不符合行政救济标准而得不到救济的情形。另一方面，由于自然资源损害民事赔偿制度的缺失，使得实践中的违法成本远低于守法成本，行为人在违法和守法之间进行利益衡量之后宁愿选择承担违法的行政责任，对自然资源的保护作用大打折扣。此外，自然资源行政法律责任还存在执行难、重处罚而轻救济、重事后轻预防、专款难以专用等问题，仅仅依靠现有的行政救济手段难以解决，具有较大的局限性。

因此，构建我国自然资源损害法律责任制度是实现生态文明建设目标的必由之路。

第二节　自然资源损害行政法律责任和刑事法律责任

一、自然资源损害行政法律责任

由于自然资源具有公共物品属性，人们在对其开发、利用时会出现浪费、损害等现象，因此需要公法规制人们开发、利用自然资源的行为，又因为自然资源与公共利益密切相关，政府的主要职责就是保护公共利益，因此自然资源的保护需要行政法进行规制。另外，行政主体由于有保护公共利益的义务，若监督管理不力或者不作为导致自然资源出现损害，行政主体亦应承担相应的行政法律责任。可见，自然资源损害行政法律责任是指行政相对人的行为对自然资源造成威胁或者损害所应承担的行政方面的法律责任；行政主体因不履行自然资源法中行政法律的义务或者违反自然资源法中行政法律规范而应承担的行政方面的法律责任。

（一）现行自然资源行政法律责任存在的问题

现行自然资源损害行政法律责任分为两种，一种是行政处罚，即具有管理自然资源职责的行政主体对威胁或者损害自然资源但其行为尚不构成犯罪的行政相对人作出的行政制裁；另一种是行政处分，即行政主体内部针对具有违法失职行为的公务员的一种惩戒措施。关于行政主体的行政法律责任，大多最终落实到直接责任人员身上，这种方式虽然可以促使直接责任人员积极履行职务，但是直接责任人员并不是以自己的名义履行职务，而是以行政主体的名义，由其承担行政责任亦会显失公平。

1. 行政处罚措施缺乏补偿性。与民事法律责任的补偿性功能和刑事法律责任的惩罚性功能相比，行政法律责任应兼具补偿与惩罚两个方面的功能。但是自然资源损害行政法律责任承担方式中的行政处罚措施只具有惩罚性，事后的严厉惩罚并不能对自然资源的损害进行实质性的补偿。自然资源的价值尤其是生态价值不能因为对行政相对人的行政处罚而得到恢复，生态系统很难再得以平衡。

2. 行政处罚措施缺乏事先预防性。由于自然资源损害的不可逆性、治理的不经济性及潜在性，使得在保护自然资源时事先预防损害的发生至关重要。（1）自然资源损害具有不可逆性，自然资源分为不可再生资源和可再生资源，对于不可再生资源来说，即使是合法合理地利用，亦只能是从有到无的下坡过程，无法再恢复，而一旦被破坏，原有的价值亦无法充分发挥；（2）自然资源损害的治理具有不经济性，自然资源损害会带来一系列的后续恢复费用，并且在长时间内不能为公众提供其原有的生态价值，再加上自然资源具有整体性，一种自然资源受到损害，其他的自然资源的生态功能也会受损；（3）自然资源的损害具有累积性、潜在性和缓发性，科技的滞后性使得自然资源的损害更加隐蔽，正是由于自然资源损害的这些性质，在发现自然资源受到损害时为时已晚，恢复周期长甚至不能恢复。现行的行政处罚措施甚至无法达到事先预防自然资源损害的目的，这对自然资源的保护是不利的。

3. 权力机关对行政机关的问责相对较弱。我国《宪法》规定，中央行政机关由全国人民代表大会产生，受其监督，对其负责，因此全国人民代表大会有权对负有保护自然资源的行政机关进行监督和问责。但是基于我国的现实情况，全国人民代表大会一年开一次会且开会时间较短，并且全国人民代表大会常务委员会立法工作多，很难对行政机关进行全面充分的监督。此外，我国现行法律的规定更注重强调政府的管理职权，对行政机关因未履行职权或者违法履行职权而引起的行政法律责任重视不够。这些都使得自然资源无法得到很好的保护。

4. 环境行政公益诉讼制度不完善。环境公益诉讼是为了保护自然人的公共环境权利和利益而进行的诉讼活动，现行法律规定的环境公益诉讼制度包括环境民事公益诉讼和环境行政公益诉讼，但两者内容还不够完善，实践中适用会出现许多问题，如环境行政公益诉讼存在不足。自然资源具有整体性和不可分割性，自然资源的损害并不是单个主体的直接利益受损，而是不特定多数公众的利益的损失，可能与某个公众并没有直接利害关系，因此将公众排除在行政公益诉讼的起诉主体范围之外使得行政公益诉讼的起诉主体范围过小，难以很好地保护自然资源。行政诉讼法规定的行政公益诉讼主体只有人民检察院和有资格的组织。在公众发现自然资源损害时，若该自然资源损害与其自身无利害关系，他就只能通过向有关行政机关举报来实现自己的权利，在行政机关不履行职责情形下，该行为人的权利往往就难以实现。同时，本应能预防的自然资源损害亦无法得到救济。

（二）自然资源损害行政法律责任的完善

完善我国自然资源损害行政法律责任制度，应从以下几个方面着手：

1. 构建行政补偿制度。行政补偿制度是指根据法律规定，在自然资源损害的责任人无法确定，或者已经确定而责任人无能力承担自然资源损害导致的赔偿责任时，行政主体将以环境税、环境费等形式征集的基金补偿给受害人以及自然资源本身的制度，行政主体保留对自然资源损害责任人的追偿权。该制度是自然资源本身得以弥补和恢复的有利途径，是政府基于福利行政的理念确立起来的。它将对自然资源损害的赔偿由责任人转嫁给全体被征收环境税、环境费等费用的自然人，这亦从侧面体现了自然资源是全体自然人的公共利益，并且保留对责任人的追偿权亦是"污染者负担原则"的体现。

2. 完善对保护自然资源的行政主体的问责机制。加强对自然资源具有监督管理职责的行政主体的问责，才能保证行政主体及时、全面、准确地履行保护自然资源的职责。并且行政主体执法直接接触公众利益，代表了人民政府的形象，因此行政主体在执法时遵循合法性原则、合理性原则，认真履行行政职责至关重要。（1）要在法律中明确行政主体未及时履行职责或者违法履行职责时的行政责任，具体规定行政主体履行职责的程序。（2）设立专门的监督机构，监督行政主体的职责履行，落实问责制度。（3）树立正确的行政主体治理自然资源的观念，树立预防为主的保护原则，加强行政主体的责任意识，坚持社会进步、经济发展与环境保护三者协调发展，不再只以经济为考核行政主体的指标，确立综合、科学的评价体系，指引行政主体正确履行职责。

3. 完善政府信息公开制度。政府信息公开是指政府将在管理公共事务中得到的信息，依法通过法定程序在法定时间通过法定方式向社会公开，方便自然人、法人和非法人组织获取和使用，依法接受社会监督的制度。在自然资源保护过程中，为了更好地监督具有管理自然资源的行政主体是否正确履行自己的职责，要完善政府信息公开制度。（1）明确政府信息公开的范围，区分政府信息中可以公开的信息和保密信息，细化依职权公开的信息和依申请公开的信息的种类；（2）明确政府信息公开的行政主体，为行政主体履行职责确立依据，亦为以后行政主体未履行职责或者未正确履行职责而追究行政法律责任明确责任主体；（3）明确法律责任和救济制度，法律责任是促使行政主体及时正确公开信息的重要途径，并且明确救济制度有利于社会更好地对行政主体的行政行为进行监督，即运用多种方式保证自然人、法人和非法人组织举报制度，如网络邮箱、投诉信、投诉电话等，并且健全答复机制，健全行政复议、行政诉讼等救济制度。

4. 健全社会监督自然资源管理的各种途径。每个人都有享受自然资源带来的各项利益的权利，都有权监督和干预任何破坏、损害自然资源的行为，自然人为了实现其享受自然资源的权利，应该通过各种途径自由平等地参与对自然资源的管理，是民主原则在自然资源保护中的应用，亦是环境行政公益诉讼制度的理论基础。

（1）完善自然资源行政公益诉讼制度。自然资源行政公益诉讼是指适格的原告在自然资源已经受到损害或者有损害之虞时，向人民法院提起诉讼，要求侵害人停止侵害行为，保护自然资源的诉讼制度。该制度的建立是实现自然人参与自然资源管理的重要途径，激发自然人参与自然资源事务管理的积极性，对实现民主、公平具有重要作用。

（2）完善自然资源行政公益诉讼，应该适当扩大自然资源行政公益诉讼的原告资格范围，合理界定自然资源行政公益诉讼被告和案由，确立诉前禁令制度，构建庭前告知程序。第一，自然资源的利益具有广泛性和整体性，属于全体社会公众，每个公民都有维护自然资源合理开发、利用及不受损害的权利和义务，因此，为维护自然资源不受损害，自然资源行政公益诉讼的原告资格范围应该扩展到全体自然人和社会组织。但是，为节约司法成本，防止滥诉，亦应对原告资格做出一定的限定，而不是无限扩大原告资格范围。限定条件应为原告在起诉之前已经告知有关的行政主管机关，但该行政机关不履行自己的职责。第二，合理界定自然资源行政公益诉讼的被告和案由。行政主管机关应认真审慎地履行职责，但由于法律对行政主体行政责任规定得不完善，行政主管机关在履行自然资源保护职责时经常不作为或者不正确履行自己的职责，因此，为了更好地进行监督，自然资源行政公益诉讼应将具有保护自然资源职责的行政主管机关作为被告；自然资源的损害具有不可逆转性、累积性的特点，对自然资源的保护应以预防为原则，因此，在法律确定受案范围时应考虑到该因素，不能以自然资源还未受到实质性损害就裁定不予受理，应在行为人的行为对自然资源造成现实危险时才可提起诉讼。而诉讼请求则是请求人民法院判决具有相关职责的行政主管机关正确履行保护自然资源的职责。第三，为了防止自然人和社会组织的滥诉，节约司法资源，自然人和社会组织提起自然资源行政公益诉讼的前提条件是事前已告知具有保护自然资源职责的行政主管机关，为真正落实事先告知程序，应规定告知的形式以书面告知为形式要件，如此一来，可督促行政主管机关及时履行行政职责，以减少诉讼成本，提高效率。第四，自然资源的损害以预防保护为原则，并且自然资源的损害具有不可逆转性，故对自然资源损害的事先预防比事后补偿更加重要，由于诉讼时间比较长，等到人民法院作出裁判之时，自然资源的损害也许已经形成或者扩大，因此有必要在自然资源行政公益诉讼中确立诉前禁令制度，禁止行为人继续做出损害自然资源的行为。

二、自然资源损害刑事法律责任

自然资源是社会建设、经济发展的物质基础，但自然资源不仅有经济价值，更多的是生态功能，对自然人的生存有着重要意义。自然资源损害本质上是对不特定多数人的公共环境资源法益的侵害，是对自然人、法人和非法人组织环境权的侵犯。

对于自然资源损害刑事法律责任，学界有不同的认识。有人认为，自然资源损害刑事法律责任是指违反自然资源法中的刑事法律规定，违法开发、利用自然资源，造成自然资源严重损害，应当承担的刑事方面的法律责任。[1] 也有人认为，自然资源损害刑事法律责任是指违反自然资源法律法规的规定，非法开采自然资源，对生态环境和自然资源造成破坏，已经触犯刑律而应当承担的刑事方面的法律责任。[2] 还有人认为，自然资源损害刑事法律责任就是指自然资源违法行为人因实施破坏自然资源的犯罪行为所应承担的刑事法律后果。[3]

---

[1] 戚道孟：《自然资源法》，中国方正出版社 2005 年版，第 199 页。
[2] 张梓太：《自然资源法学》，科学出版社 2004 年版，第 105 页。
[3] 孟庆瑜、刘武朝：《自然资源法基本问题研究》，中国法制出版社 2006 年版，第 308 页。

上述关于自然资源损害刑事法律责任的定义各有不足：前两种观点认为对自然资源造成损害的手段仅为"违法开发、利用"或者"非法开采"，忽略了野生动物资源的非法狩猎等损害手段，并且这两种观点都认为承担刑事法律责任的前提条件是对自然资源和生态环境已经造成了实质性损害，这与自然资源保护的预防性原则是相悖的，不利于自然资源的保护。第三种观点忽视了行政主体的刑事法律责任，即行政主体在履行保护自然资源方面的行政职责时，因不作为或者是玩忽职守造成自然资源损害扩大或者对自然资源的威胁转化成实质性危害结果而应承担的刑事法律责任。

综上，自然资源损害刑事责任是指自然人、法人或者非法人组织违反自然资源法中的刑事法律规定、行政主体不履行或者不完全履行保护自然资源的职责，使得自然资源受到损害或者有损害之虞时，依法应当承担刑事方面的不利后果。

（一）现行自然资源损害刑事法律责任存在的问题

对于自然资源损害刑事责任的规定主要集中于1997年《刑法》第二编分则第六章第六节"破坏环境资源保护罪"，还有一些规定散见于其他章节，如第三章"破坏社会主义市场经济秩序罪"中"走私珍贵动物及其制品罪""走私珍稀植物及其制品罪"，第九章"渎职罪"中"违法发放林木采伐许可证罪""环境监管失职罪"等，以及普通犯罪亦可能引发的与自然资源保护有关的犯罪行为，如专门针对森林资源的"放火罪"。虽然相比1979年《刑法》，1997年《刑法》已经有较大的进步，设立专章对自然资源和生态环境进行刑法保护，有一个较为清晰的立法体系和框架，并对几种重要类型的自然资源实现了刑法保护，都是值得肯定的，但依然存在一些不足。

1. 刑法对自然资源的生态功能重视程度不够。关于自然资源损害刑事法律责任的规定主要集中于1997年《刑法》第二编分则第六章"妨害社会管理秩序罪"第六节，可以看出受以前经济社会发展优先、环境生态保护让位于经济发展观念的影响，对自然资源和生态环境的保护依然是置于社会发展管理之后的，究其根本原因，还是对自然资源生态功能的重视程度认识不足。自然资源不仅具有经济价值，还具有生态功能，当自然资源损害行为虽然未对社会管理、人的生命、健康和财产造成损害，但对自然资源本身的生态功能造成了某种损害，特别是这种损害已经超过了生态环境的承载能力时，若此种情形下不对自然资源损害行为进行惩罚，则是对自然资源损害行为的放纵，不利于保护自然资源。另外，在刑法的具体规定中，亦能看出刑法对自然资源的生态功能不够重视。如刑法规定盗伐、滥伐林木罪以"数量较大"作为定罪标准，便是忽视了林木的生态功能，林木具有涵养水源、净化空气、调节气候等作用，仅仅以数量为标准定罪量刑，不利于对自然资源的长效保护。

2. 对自然资源的保护范围较窄。（1）刑法规定的自然资源的类型不全面。现行刑法规定保护的自然资源包括矿产资源、林木资源、珍稀动植物资源等，而对湿地资源、遗传资源等自然资源并没有相应的规定，如此一来，会让许多犯罪分子乘机损害未被纳入刑法规定的自然资源，但这些自然资源大多都是不可再生资源，以至于许多客观上存在并时常发生的损害自然资源的行为由于刑法规定不完善而得不到规制。（2）法律规制的损害自然资源的手段范围过于狭窄，如对于矿场资源的规制的损害手段，刑法仅规定了两种，一种是未取得采矿许可证而擅自采矿的行为，另一种是采取破坏性的方法采矿的行为，而其他损害矿产资源的行为，如虽已取得采矿许可证但是未按照许可的范围进行采矿造成损害的行为等，刑法并没有相应规定。

3. 未能体现预防为主的保护原则。现行法律中大多数规制自然资源损害行为的规定都以行为造成危害结果为构成要件，这与环境保护中的预防为主原则是相悖的。如刑法规定的非法采矿罪、破坏性采矿罪，均以情节严重或者达到造成矿产资源严重破坏的程度才会进行刑事处罚。这种事后性的惩罚措施，虽然对其他行为人有威慑作用，但对保护自然资源、恢复自然资源来说作用微乎其微。

4. 自然资源单行法中的指引条款与刑法罪名不能一一对应。我国已经对许多类型的自然资源制定了相关单行法，其中对刑事责任的指引条款在刑法中并没有对应的行为规制。如在《草原法》中规定的破坏草原资源行为在《刑法》中并没有对应的法律责任，而是通过司法解释按照非法占用农用地罪进行刑事处罚，如此一来，忽视了草原资源的生态功能；《矿产资源法》中规定在超越批准的矿区范围采矿，拒不退回矿区范围，造成矿产资源破坏的行为，应对直接责任人员追究刑事法律责任，但《刑法》中并没有规定该行为的刑事责任种类、罪名等相关事项。

(二) 自然资源损害刑事法律责任的完善

刑法是保护自然资源的最后一道防线，是惩罚犯罪、保护不特定多数人的公共资源法益的重要部门法；刑法责任是法律责任中最严厉的一道防线，而我国现阶段对自然资源的刑法保护依然注重的是自然资源的经济价值，对生态价值重视不够，故首先要转变对自然资源保护的态度，才能对刑事责任进行更好的完善，才能更好地保护自然资源。

1. 完善刑事责任实施机制。在自然资源管理过程中，大多是以行政执法方式处罚行为人，而刑事案件受理少。为了保护自然资源，不能以行政处罚代替刑事处罚，应加大刑事处罚对自然资源的制裁力度，行政机关在执行自然资源保护职责时，若发现该行为构成犯罪，依法应负刑事责任的，应及时移送公安机关或者人民检察院，落实行为人的刑事责任。

2. 增加危险犯和行为犯的刑事责任。危险犯是指行为人实施某种行为造成法律上规定的危害结果，造成某种危险状态，即将其看作既遂犯。对危险犯和行为犯规定刑事责任，体现了保护自然资源的预防为主的原则，而不是等到自然资源发生实质性损害结果之后再加以制止，这是由自然资源损害的不可逆转性和累积性所决定的。若自然资源损害刑事责任已造成实质性损害结果为要件，危害结果将是公众利益的巨大损失并且极有可能是不可挽回的，在这种情形下，将自然资源处于危险状态作为犯罪的构成要件，提前采取遏制危害结果发生的行为，就有助于控制自然资源的损害。原因在于，一方面将危险行为按既遂犯处理可以提前制止危害结果的发生，另一方面从主观方面看，对危险犯来说，损害结果的发生对行为人来说是结果加重情节，行为人亦会尽量避免危害结果的发生，以此起到预防自然资源受到损害的结果。

3. 审慎适用刑事责任。刑法规定了损害自然资源的刑罚，是最严厉的部门法。在规定损害自然资源刑事法律责任时应考虑到保持刑法的谦抑性，合理确定适用刑事法律责任的范围。但有学者认为由于环境犯罪是新型犯罪，因果关系的认定复杂，应确定适用因果关系推定原则[①]，尽可能将损害自然资源的行为纳入刑法规制的范围，如此一来，刑法的适用范围就会被无限扩大。刑法最重要的功能是惩罚责任人，但同时也要保障法益，该法益包括责任人的法益和自然资源所属的公众的法益。而且，根据刑法疑罪从无的原则，也应对自然资源损害行为人审慎适用刑事责任。

4. 完善不同类型的自然资源损害的刑事责任。自然资源单行法中的指引条款应在刑法中有对应的刑事责任，完善刑事责任体系，才可以更好地对损害自然资源行为进行惩罚，保护自然资源。(1) 全面规定自然资源损害刑事处罚种类，现行刑法规定的自然资源损害行为的刑事处罚主要有罚金刑和自由刑，虽然有罚金，但是罚金并不是用来恢复自然资源，因此现有刑罚并不会对自然资源的恢复有所裨益。为

---

① 肖剑鸣等：《环境犯罪论》，《山东社会科学》2005 年第 8 期。

了在刑事责任中更好地体现保护自然资源的生态功能，应更多地规定追究行为人的恢复原状等责任，如此才能更加直接地实现对自然资源损害的救济，如责令损害森林资源的行为人成倍补种林木。（2）提高自然资源损害刑事处罚力度，在现行刑法中损害自然资源行为的刑事法律责任普遍是三年到十年有期徒刑，这和损害自然资源造成的巨大后果相比处罚力度并不高。为了提高对损害自然资源行为人的威慑力，使他们不敢亦不能再损害自然资源，应当提高自然资源损害刑事处罚力度。（3）自然资源种类繁多，每种自然资源的保护方式有其特殊性，在刑事立法时应尽可能将保护自然资源的方式细化，对应的刑事责任尽可能规定全面。

第三节　自然资源损害民事法律责任

一、自然资源损害民事法律责任设置

（一）自然资源损害民事法律责任的功能定位

行政法律责任、刑事法律责任与民事法律责任相互区别，决定了三者在功能和作用上有明确的分工，不能相互替代。构建自然资源损害民事法律责任体制离不开对它的功能进行一个清晰的定位。自然资源损害本质上属于一种民事侵权责任，对它功能的定位与侵权责任法的功能研究密切相关，我国侵权责任法的主要功能包括赔偿功能、救济功能和预防功能，换言之，是对损害的填补与预防功能，自然资源损害民事法律责任的功能亦在于对受到损害、毁灭、损失的自然资源进行弥补、赔偿、救济，以及预防类似的损害行为的发生。[1] 具体而言，自然资源损害的行政法律责任和刑事法律责任的功能在于打击自

---

[1]　王泽鉴：《侵权行为法》（第 1 册），中国政法大学出版社 2009 年版，第 36 页。

然资源领域的违法犯罪行为，具有重惩罚轻救济的特征，而自然资源受到的损害仅凭行政法律责任和刑事法律责任难以得到有效救济。而民事法律责任可以和行政法律责任和刑事法律责任并行，更加全面地对自然资源损害进行救济。当损害行为未达到承担行政法律责任和刑事法律责任程度时，通过追究其民事法律责任，既对受损自然资源进行补偿救济和填补责任空白，也进一步起到预防类似损害行为发生的作用。

（二）自然资源损害民事法律责任的设置模式

自然资源损害民事法律责任不适合制定行政法规进行调整的设置模式。主要理由是：1. 该模式下自然资源的范围过窄。行政法规是对法律内容具体化的一种主要形式，其对自然资源保护范围的界定无法突破《民法典》的规定。换言之，行政法规无法实现自然资源国家所有权的具体化并加以有效救济。2. 该模式下国务院立法权限不足。有关行政法规不宜超过现有法律中已有的原则性规定，目前我国并未制定有关自然资源损害原则性规定的法律，国务院立法权限亦不足以支持其对相关规定进行创制。3. 该模式下行政管理职权存在局限性。自然资源损害民事法律责任的追究具有民事损害赔偿的私法特征，且事关归责原则、举证责任、诉讼制度等司法规则，以传统的行政管理方式难以实现有效救济。

自然资源损害民事法律责任不宜采用单行资源法分别规定的设置模式。目前我国没有自然资源基本法，但制定了如《水法》《森林法》《土地管理法》《矿产资源法》等单行自然资源法。有学者建议在单行法中加入自然资源损害民事法律责任的相关内容，这样既可以缩短立法周期，又可以较好地对接现有的自然资源管理体制。但值得注意的是，该种做法并未从根本上解决我国目前面临的资源保护难题，部门之间的相互推诿、各单行资源法之间的重叠和冲突规定、缺乏上位法的指导等现象频发，正是暴露了这种模式的缺陷。因此，进行系统化的立法具有现实紧迫性。

自然资源损害民事法律责任无法适用在传统民法、侵权责任法、环境资源法中加以调整的设置模式。传统民法、侵权责任法调整平等主体间的人身关系和财产关系，是纯粹意义上的私法。尽管自然资源损害民事法律责任具有私法性质，但自然资源保护事关公共利益，一旦遭受损害，由政府等公权力机关代表国家（公众）行使救济权，具有较为明显的公法特征，与传统民法、侵权责任法理论内核存在冲突，不能简单地加以适用，必须加以适当修正。传统环境资源法与之相比，仅在归责原则和举证责任分配上有所放宽，并未解决适用难题。现有模式下保护的是特定的受到损害的自然人、法人和非法人组织的人身和财产利益，自然资源本身的损害即公共利益的损失得不到有效救济。应当认识到，自然资源损害是一种新型的环境损害，需结合我国国情探索专门制定自然资源基本法，用以解决自然领域法律关系。

（三）自然资源损害民事法律责任的设置原则

自然资源损害民事法律责任的设置应当遵循一定的立法原则，具体来说，一是预防和修复并重原则。预防和修复是自然资源保护的两个阶段，强调各主体自然资源损害预防义务，就是在自然资源损害风险出现之前加以防范和排除，即使损害无法避免，也应注重受损自然资源的功能修缮和恢复，即以功能修复为主、经济赔偿为辅，只有预防和修复并重，才能满足自然资源经济和生态价值保护的根本需要。二是区别归责原则和责任方式原则。自然资源损害民事法律责任制度是基于私法路径的具有公法特征的特殊制度，归责原则不能简单适用于传统环境侵权的规定，而应当加以修正适用。另外，由于自然资源的具体种类各异，其民事责任的承担也不能一概而论，必须做到有针对地规定合理的责任承担方式，如补种树木的责任承担方式只适合森林资源受损的情形。三是注重公益与公众参与原则。自然资源国家所有制下，对自然资源的破坏就是对公共利益的损害，而自然资源独特的生态价值同样具有公共性，这决定了自然资源损害制度下，应更加注重公益、鼓励公众参与，实现法律争议。

二、自然资源损害民事法律责任的归责原则及构成要件

（一）自然资源损害民事法律责任的归责原则

我国《民法典》《环境保护法》并未明确规定自然资源损害民事法律责任归责原则。一方面，《民法典》仅就环境污染责任采用无过错责任的归责原则进行了特别规定，自然资源损害不同于环境污染，无法直接适用《民法典》的相关规定。另一方面，《环境保护法》将环境侵权的范围由原来"污染环境"扩大为"污染环境和破坏生态"，试图通过援引《民法典》方式对破坏生态行为的法律责任认定同样适用无过错责任的归责原则的做法，实有不当扩大《民法典》适用范围之嫌，无法做到逻辑自洽。

单行自然资源法律中关于自然资源损害民事法律责任的归责原则没有统一规定。观察各单行环境资源法可以发现，多数有关资源损害民事责任的条款均附随在刑事法律责任或者行政法律责任条款之后，遑论明确民事法律责任的归责原则了，仅有部分将"违法性"作为民事法律责任成立的要件。值得注意的是，《矿产资源法》《水土保持法》《水法》中已尝试追究自然资源损害行为民事法律责任适用不以违法性和以过错为构成要件的严格责任原则。

通过对国外一些较为成熟的立法经验进行总结可以发现，无论是美国《环境反应、赔偿和责任综合法》还是欧盟《环境责任指令》均对存在破坏自然资源高度危险性的行为适用无过错责任的归责原则，这种对自然资源损害领域归责原则的放松，是对自然资源损害进行终局赔偿或者补偿，以及预防此类行为发生的必然要求。

在自然资源损害民事法律责任的认定上，宜采用无过错责任原

则。（1）自然资源损害具有较大的社会危险性，一旦发生，将对人们的生产和生活产生严重的不利影响，符合民法上危险责任的特征。（2）自然资源损害案件具有潜伏性、复杂性、整体性等特征，决定了自然资源损害民事法律责任的过错认定存在较大难度。（3）存在合法自然资源开发、利用行为导致自然资源损害的情形，尽管行为人不存在过错，但导致了严重的自然资源损害结果，若以过错为归责前提，则既不符合"损害担责原则"，亦不利于对受损自然资源进行损害修复和补偿。无过错责任是社会化大生产背景下保护弱者的归责原则，适用该归责原则无疑是对自然资源保护的最佳选择。

（二）自然资源损害民事法律责任的构成要件

在无过错责任原则下，自然资源损害民事法律责任的构成要件主要包括：

1. 自然资源损害行为。自然资源损害行为是指造成自然资源损毁、灭失等不利影响的行为。在无过错原则下，不要求该损害行为必须具有违法性，换言之，即使是对自然资源进行合法开发、利用，只要造成了自然资源损害结果或者危险，都是自然资源损害民事责任构成要件中的自然资源损害行为。

2. 自然资源受到损害或者有受损害之虞。争议焦点在于，自然资源有受损害之虞能否作为民事责任的构成要件？答案是肯定的。这主要是从有利于预防自然资源损害的发生的角度考虑，前已述及，预防自然资源损害结果的发生是构建自然资源民事法律责任机制的重要功能之一，由于自然资源损害结果的发生是长时间累积造成的，造成损害结果之后进行救济不足以达到资源保护的目的，在有损害危险之时追究行为人责任，既缩小了损害的范围，又起到了预防损害的作用。

3. 自然资源损害行为与自然资源损害事实或者危险之间有因果关系。由于自然资源的损害原因具有多元、复杂的特征，宜结合盖然性规则来推定有相当因果关系。具体到自然资源损害案件中，就是若无该自然资源损害行为，则不会产生自然资源损害事实或者危险的结果，具备条件关系，且该行为通常能产生此类自然资源损害，具有相当性，由于自然资源损害因果关系证明的客观难度较大，原告对这种联系的证明程度仅需达到某种程度的盖然性即可。在这种情形下，被告的证明责任加重，需举出不存在因果关系的全部反证，才能不承担民事法律责任，这在一定程度上打击了从事自然资源开发、利用主体的积极性。根据比例原则的要求，规定自然资源损害民事法律责任的免责事由以减轻被告压力，显得十分必要。根据免责事由的类型不同，可以将它分为诸如依法执行职务、紧急避险、正当理由，以及诸如受害人过错、第三人过错、不可抗力等外来原因。其中，值得一提的是，只有当这些事由是在一定限度内，如职务行为有合法授权、行为在授权范围内、具有必要性的限度，或者是造成最终损害结果的唯一原因，如第三人过错、不可抗力为最终原因时，才可以免除行为人的自然资源损害民事法律责任。

三、自然资源损害民事法律责任的实现

（一）自然资源损害民事法律责任实现的方式

我国目前并无针对自然资源损害民事法律责任实现方式的专门规定，传统民法、侵权责任法、环境法中有关责任方式的规定仍有一定的借鉴意义。

1. 损害赔偿无疑是自然资源损害民事法律责任最主要的实现方式。一方面，对自然资源的永久性损害导致自然资源不能再被恢复，由此受损的自然资源生态价值只能用金钱进行赔偿。另一方面，即使该自然资源能够被修复，但是自然资源的恢复往往是一个漫长的过程，在这段时间内其减少甚至是丧失了向自然人、法人和非法人组织提供服务的功能，应当受到经济补偿。因此，确定自然资源损害赔偿的范围就显得十分必要。我国法律并未对自然资源损害的范围进行明

确界定，实践中亦少有支持自然资源自身损害赔偿要求的判决。如此，美国由《石油污染法》《清洁水法》《环境反应、赔偿和责任综合法》等法律构建的自然资源损害赔偿制度中对自然资源损害赔偿范围的界定，就具有很大的参考价值和借鉴意义。美国法律将自然资源自身的修复费用、资源修复期间的过渡期损失费用、对受损自然资源进行各类确认、识别与筛选的评估费用这三部分的费用纳入自然资源损害赔偿范围中，既做到了对自然资源损害的全面赔偿，也具有相应的合理性。除此之外，关于惩罚性赔偿金的规定和做法，即对主观上存在重大恶意、客观上对自然资源造成严重损害的行为人处以一定限度的惩罚性赔偿金，在补偿自然资源损害的同时惩戒严重破坏自然资源的行为人。能否引入我国相关损害赔偿范围，值得探讨。简言之，自然资源损害赔偿的范围应当包括：自然资源本身的经济价值、生态价值、清理或者清除损害的费用、损害评估、治理、研究、检测、修复措施论证等必要合理的附随性支出费用。

2. 其他诸如停止损害、恢复原状、补偿、赔礼道歉等实现方式，需结合个案中特定自然资源的特性有针对性地加以适用。具体而言，停止损害适用于一切自然资源损害事故，且必须达到彻底、有效的停止程度；恢复原状适用于自然资源损害程度较轻且存在恢复损害之前状态可能性的情形，一般用于森林之类可更新自然资源受损的情形，如要求毁林行为人补种树木；补偿作为一种补充性的责任承担方式，既可由行为人承担，亦可将内部责任外部化由社会进行填补性承担，后者只有弥补功能；赔礼道歉等方式可选择性适用，一般法中以此达到受害人精神上的满足，在自然资源损害案件中作用不大。

（二）自然资源损害民事法律责任的承担主体

自然资源损害民事法律责任的承担主体，是指应对自己损害自然资源或者造成自然资源损害危险的行为承担损害赔偿、恢复原状等民事法律责任的人。与传统环境侵权中自己责任、行为责任下行为人仅对自己造成的环境污染或者生态破坏之行为承担责任的做法有所不同，自然资源损害民事法律责任的主体应作适当的扩大，即由行为责任向危险责任转变，这是由降低确定致害行为人难度、减轻致害行为人赔偿经济压力的考虑决定的。国外的相关做法中，如美国《环境反应、赔偿和责任综合法》使用了"潜在责任方"一词，主张当除石油外危险物质泄漏或者存在泄漏之危险时，当前处置危险物质时船舶或者设施的拥有、营运或者管理者，借助第三人设施处置危险物者或者为该行为安排运输者，泄漏或者存在泄漏危险的装有危险物质的装置的负责运输者，作为潜在责任方，对危险物质的泄漏造成的损害承担连带责任，救济权行使主体可以向上述主体中的一人、数人或者所有人主张损害赔偿。① 应当注意的是，这里的危险物质泄漏是具有高度危险性的活动，因此，借鉴到自然资源损害领域时，需对该自然资源损害行为的危险性程度加以限制，才能符合比例原则的要求。

我国自然资源损害民事法律责任的承担主体的确定，可以分为以下两个部分：一般地，自然资源损害主体是单一的，根据传统环境侵权做法，采取自己责任，即"谁损害，谁承担"；由于自然资源损害发生原因往往具有群体性、长期性、聚合性的特征，在损害主体是多元情形下，可以借鉴美国经验，对多个损害主体实行连带责任，最大限度地使受损的自然资源能够得到赔偿。值得一提的是，由于自然资源损害的发生是长时间累积而成的，对于损害发生之前的自然资源破坏行为，一方面可以追究行为人的危险责任，对有造成自然资源损害之紧迫危险的行为追究其法律责任；另一方面可以有条件地对从事过有关经营行为的单位追责。

（三）自然资源损害民事法律责任的救济权主体

基于不同的历史条件和法理依据，各个国家和地区对自然资源损

---

① 王树义：《美国自然资源损害赔偿制度探析》，《法学评论》2009 年第 1 期。

害民事法律责任的救济权主体规定各不相同。比如，基于公共信托理论、国富说的美国《环境反应、赔偿和责任综合法》《石油污染法》赋予联邦、州政府就自然资源损害请求赔偿救济的权利。基于政府是使用公权力保护公众权利的主体的意大利法律规定，国家或者地方政府具有相应的索赔权利。欧盟《环境责任白皮书》《关于预防和补救环境损害的环境责任指令》中规定，国家作为公共权力机构具有第一位的索赔权，公益团体在国家未行使或者不当行使该权利之时才有第二梯度的索赔权。

我国有关自然资源损害民事法律责任的救济权主体的规定并不明确。仅在《中华人民共和国海洋环境保护法》中规定了行使海洋环境监督管理权的部门能够代表国家提起损害赔偿之诉，其他单行环境资源法律中没有相似规定，生态环境部门仅有监督管理的权利，无法代表国家行使救济权。[①] 学界有关自然资源损害民事法律责任救济权的来源说法各异。有的主张该救济权来自政府的行政管理职能，更多地主张该救济权是自然资源国家所有制度下的必然结果。前者注重的是对自然资源损害的行政救济，后者则从追究自然资源损害行为人民事法律责任角度出发，阐述该制度存在的理论基础。应当认识到，当国家成为自然资源损害民事法律责任的救济权主体时，该救济权不再是私法上的权利，而是一个适用私法规则的公法上请求权。在具体执行过程中，由政府代表国家行使救济权，当政府怠于行使自然资源损害民事法律责任救济权时，人民检察院可以代替政府成为特殊的救济权行使执行机关。特别地，当上述救济权的执行机关出现失灵时，亦应允许符合条件的环境保护组织就自然资源的生态价值部分代表公共利益提起民事公益诉讼。出于防止滥诉的考量，自然人不宜作为此类诉讼的请求权主体，但仍可将向自然资源主管机关提出意见未得到有效

---

① 张梓太、王岚：《我国自然资源生态损害私法救济的不足及对策》，《法学杂志》2012年第2期。

解决作为自然人提起民事公益诉讼的前提条件，以此探索个人起诉的可行性。

（四）自然资源损害民事法律责任实现的制度保障

构建自然资源损害民事法律责任机制，为确定损害责任人、救济权主体、责任承担的方式等提供了法律依据，但离真正实现对受损自然资源的切实救济还存在一定的距离，必须制定配套的确保责任实施的机制。

1. 完善自然资源损害纠纷处理机制。仲裁、诉讼是权利救济的基本方式，在自然资源损害案件中亦不例外。应当允许政府在其自由裁量权范围之内将相关自然资源损害纠纷提交仲裁，以更加迅速、高效的方式解决，节省诉讼费用，避免因诉讼时间跨度较大导致的期间利益损失。值得一提的是，我国《生态环境损害赔偿制度改革试点方案》创新性地规定了在政府、企业、公众之间的磋商制度，以磋商这种非对抗性质的多方合意代替传统的诉讼方式，体现了新的自然资源保护理念下多元共治思想的实现。自然资源涉及公共利益，该种纠纷处理方式应以公共利益最大化为宗旨合理确定政府裁量的限度。

2. 建立自然资源损害民事法律责任社会化机制。自然资源损害具有复杂性、严重性的特点，有时候难以或者来不及确定损害责任人，或者即使确定了损害责任人，但由于该损害行为造成的损害结果较大，导致责任主体无力承担相应损害赔偿义务，自然资源损害得不到有效救济。这时就需要将自然资源损害法律责任进行适当分散，并建立合适的责任社会化机制。具体而言，就是在将自然资源损害内部化到损害行为人之后，通过自然资源损害责任保险、生态保证金等方式将该损害责任分散给多个主体进行承担。除此之外，由政府出资设立并管理专项公共补偿基金，弥补民事责任主体承担自然资源损害恢复赔偿责任上资金能力的不足，亦是可行的解决方式之一。

3. 确立实现自然资源损害民事法律责任的程序制度保障。前已述及，自然资源损害的客体包含了具有公共性的生态价值损害，这决定了自然资源损害案件的诉讼程序不能简单搬用普通民事诉讼程序。司法实践中，受直接利害关系原则的影响，对自然资源自身救济原告资格的认定存在限制，这需要通过在自然资源损害民事案件中引入公益诉讼方式加以解决。

主要参考文献

一、专著类

1. 《马克思恩格斯选集》（第 2、3 卷），人民出版社 1974 年版。

2. ［法］勒内·达维德：《当代主要法律体系》，漆竹生译，上海译文出版社 1984 年版。

3. ［美］阿兰·兰德尔：《资源经济学》，施以正译，商务印书馆 1986 年版。

4. 佟柔主编：《民法原理》，法律出版社 1986 年版。

5. ［美］E. 博登海默：《法理学——法哲学及其方法》，邓正来、姬敬武译，华夏出版社 1987 年版。

6. 肖乾刚：《自然资源法》，法律出版社 1992 年版。

7. ［意］彼得罗·彭梵得：《罗马法教科书》，黄风译，中国政法大学出版社 1992 年版。

8. 周枏：《罗马法原论》（上册），商务印书馆 1994 年版。

9. 钱明星：《物权法原理》，北京大学出版社 1994 年版。

10. 刘文等：《资源价格》，商务印书馆 1996 年版。

11. 梁慧星：《民法总论》，法律出版社 1996 年版。

12. 戴星翼：《走向绿色的发展》，复旦大学出版社 1998 年版。

13. 杨建顺：《日本行政法通论》，中国法制出版社 1998 年版。

14. 马俊驹、余延满：《民法原论》（上），法律出版社 1998 年版。

15. 梁慧星主编：《中国物权法研究》（上），法律出版社 1998 年版。

16. 王利明：《物权法论》，中国政法大学出版社 1998 年版。

17. 谢在全：《民法物权论》（上册），中国政法大学出版社 1999 年版。

18. ［美］埃莉诺·奥斯特罗姆：《公共事物的治理之道——集体行动制度的演进》，余逊达等译，上海三联书店 2000 年版。

19. 张俊浩主编：《民法学原理》，中国政法大学出版社 2000 年版。

20. 魏振瀛主编：《民法》，北京大学出版社 2000 年版。

21. 梁慧星：《中国物权法草案建议稿——条文、说明、理由及参考立法例》，社会科学文献出版社 2000 年版。

22. 史尚宽：《物权法论》，中国政法大学出版社 2000 年版。

23. 陈英旭：《环境学》，中国环境科学出版社 2001 年版。

24. 梁慧星：《民法总论》，法律出版社 2001 年版。

25. 王利明：《中国物权法草案建议稿及说明》，中国法制出版社 2001 年版。

26. 高富平：《物权法原论》（上），中国法制出版社 2001 年版。

27. 王泽鉴：《民法物权》（第 1 册），中国政法大学出版社 2001 年版。

28. ［英］朱迪·丽丝：《自然资源：分配、经济学与政策》，蔡运龙等译，商务印书馆 2002 年版。

29. 李宜琛：《日耳曼法概说》，中国政法大学出版社 2002 年版。

30. 邱聪智：《民法研究》（一），中国人民大学出版社 2002 年版。

31. 周林彬：《物权法新论》，北京大学出版社 2002 年版。

32. 许明月、胡光志：《财产权登记法律制度研究》，中国社会科学出版社 2002 年版。

33. 曹明德：《生态法原理》，人民出版社 2002 年版。

34. ［德］费希特：《自然法权基础》，谢地坤、程志民译，商务印书馆 2004 年版。

35. 费安玲等译：《意大利民法典》（2004 年），中国政法大学出版社 2004 年版。

36. 梅仲协：《民法要义》，中国政法大学出版社 2004 年版。

37. ［德］鲍尔、施蒂尔纳：《德国物权法》（上册），张双根译，法律出版社 2004 年版。

38. 张梓太：《自然资源法学》，科学出版社 2004 年版。

39. ［法］卢梭：《社会契约论》，何兆武译，商务印书馆 2005 年版。

40. 高富平：《中国物权法：制度设计和创新》，中国人民大学出版社 2005 年版。

41. 戚道孟主编：《自然资源法》，中国方正出版社 2005 年版。

42. 渠涛编译：《最新日本民法》，法律出版社 2006 年版。

43. 桑东莉：《可持续发展与中国自然资源物权制度之变革》，科学出版社 2006 年版。

44. 孟庆瑜、刘武朝：《自然资源法基本问题研究》，中国法制出版社 2006 年版。

45. 梁慧星、陈华彬：《物权法》，法律出版社 2007 年版。

46. 王利明等：《中国物权法教程》，人民法院出版社 2007 年版。

47. 张梓太：《自然资源法学》，北京大学出版社 2007 年版。

48. 中国生态补偿机制与政策课题组：《中国生态补偿机制与政策研究》，科学出版社 2007 年版。

49. 王泽鉴：《民法总则》，北京大学出版社 2009 年版。

50. 崔拴林：《论私法主体资格的分化与扩张》，法律出版社 2009

年版。

51. 王泽鉴：《民法物权》，北京大学出版社 2009 年版。

52. 王泽鉴：《侵权行为法》（第 1 册），中国政法大学出版社 2009 年版。

53. 谢高地主编：《自然资源总论》，高等教育出版社 2009 年版。

54. 刘灿等：《我国自然资源产权制度构建研究》，西南财经大学出版社 2009 年版。

55. 邱秋：《中国自然资源国家所有权制度研究》，科学出版社 2010 年版。

56. 周珂：《我国民法典制定中的环境法律问题》，知识产权出版社 2011 年版。

57. 崔建远：《准物权研究》，法律出版社 2012 年版。

58. 崔建远主编：《自然资源物权法律制度研究》，法律出版社 2012 年版。

59. 黄锡生：《自然资源物权法律制度研究》，重庆大学出版社 2012 年版。

60. 陈家宏等：《自然资源权益交易法律问题研究》，西南交通大学出版社 2012 年版。

61. 朱庆育：《民法总论》，北京大学出版社 2013 年版。

62. 王利明：《物权法研究》，中国人民大学出版社 2013 年版。

63. 黄萍：《自然资源使用权制度研究》，上海社会科学院出版社 2013 年版。

64. 刘云生：《物权法》，华中科技大学出版社 2014 年版。

65. ［英］艾琳·麦克哈格等主编：《能源与自然资源中的财产和法律》，胡德胜等译，北京大学出版社 2014 年版。

66. ［美］罗纳德·H. 科斯等：《财产权利与制度变迁——产权学派与新制度学派译文集》，刘守英等译，上海人民出版社 2014

年版。

67. 陈卫佐译注：《德国民法典》，法律出版社 2015 年版。

68. 施志源：《生态文明背景下的自然资源国家所有权研究》，法律出版社 2015 年版。

69. 于海涌、赵希璇译：《瑞士民法典》，法律出版社 2016 年版。

二、论文类

1. 谢庄、王彤文：《产权变更登记不应是商品房买卖合同成立的要件》，《法学评论》1996 年第 6 期。

2. 姜文来：《关于自然资源资产化管理的几个问题》，《资源科学》2000 年第 1 期。

3. 孔繁华：《准行政行为》，《贵阳师范专科学校学报》2000 年第 2 期。

4. 王洪亮：《不动产物权登记立法研究》，《法律科学》2000 年第 2 期。

5. 吕忠梅：《环境权力与权利的重构——论民法与环境法的沟通和协调》，《法律科学》2000 年第 5 期。

6. 吕忠梅：《关于物权法的"绿色"思考》，《中国法学》2000 年第 5 期。

7. 孙宪忠：《确定中国物权种类以及内容的难点》，《法学研究》2001 年第 1 期。

8. 李爱年：《论自然资源保护法体系的完善》，《湖南师范大学学报（社会科学版）》2001 年第 1 期。

9. 裴丽萍：《水权制度初论》，《中国法学》2001 年第 2 期。

10. 曹明德：《法律生态化趋势初探》，《现代法学》2002 年第 2 期。

11. 崔建远：《水权与民法理论及物权法典的制定》，《法学研究》

2002 年第 3 期。

12. 毛显强等：《生态补偿的理论探讨》，《中国人口·资源与环境》2002 年第 4 期。

13. 崔万安等：《自然资源的价值确定与实现》，《科技进步与对策》2002 年第 7 期。

14. 朱岩：《论请求权》，《判解研究》2003 年第 3 辑。

15. 崔建远：《准物权的理论问题》，《中国法学》2003 年第 3 期。

16. 崔建远：《论渔业权的法律构造、物权效力和转让》，《政治与法律》2003 年第 3 期。

17. 吕忠梅：《如何"绿化"民法典》，《法学》2003 年第 9 期。

18. 皮宗泰、王彦：《准行政行为研究》，《行政法学研究》2004 年第 1 期。

19. 曹明德：《论我国水资源有偿使用制度——我国水权与水权流转机制的理论探讨与实践评析》，《中国法学》2004 年第 1 期。

20. 屈茂辉：《物权公示方式研究》，《中国法学》2004 年第 5 期。

21. 杨利雅：《自然资源的"物"性分析——对自然资源保护物权立法客体的分析》，《经济与社会发展》2005 年第 2 期。

22. 胡田野：《准物权与用益物权的区别及其立法模式选择》，《学术论坛》2005 年第 3 期。

23. 戴谋富：《论中国自然资源物权体系的构建》，《长沙理工大学学报（社会科学版）》2005 年第 3 期。

24. 杜群：《生态补偿的法律关系及其发展现状和问题》，《现代法学》2005 年第 3 期。

25. 章鸿等：《自然资源物权与民事物权之比较——兼谈自然资源物权制度的构建模式》，《国土资源科技管理》2005 年第 5 期。

26. 赵惊涛：《科学发展观与生态法制建设》，《当代法学》2005 年第 5 期。

27. 肖剑鸣等：《环境犯罪论》，《山东社会科学》2005 年第 8 期。

28. 张广荣、刘燕：《探矿与采矿权权利流转立法刍议》，《南京师范大学学报（社会科学版）》2006 年第 2 期。

29. 郑云瑞：《论西方物权法理念与我国物权法的制定》，《上海财经大学学报》2006 年第 3 期。

30. 李秀海：《论我国不动产物权登记制度的完善》，《黑龙江政法管理干部学院学报》2006 年第 3 期。

31. 谢地：《论中国自然资源产权制度改革》，《河南社会科学》2006 年第 5 期。

32. 邱之岫：《野生动物侵权法律探讨》，《行政与法》2006 年第 5 期。

33. 李爱年、刘旭芳：《生态补偿法律含义再认识》，《环境保护》2006 年第 10 期。

34. 杜群：《生态保护及其利益补偿的法理判断——基于生态系统服务价值的法理解析》，《法学》2006 年第 10 期。

35. 吴春岐：《不动产物权登记的权利限制功能》，《山东师范大学学报》2007 年第 1 期。

36. 黄锡生、杨熹：《设立自然资源物权之初探》，《重庆大学学报（社会科学版）》2007 年第 2 期。

37. 梁慧星：《不宜规定"野生动物属于国家"》，《山东大学法律评论》2007 年第 4 期。

38. 程守太、邓君韬：《整体生态价值——经济法域价值取向之匡正与补充》，《生态经济》2007 年第 5 期。

39. 潘伟尔：《论我国煤炭资源采矿权有偿使用制度的改革与重建（上）——我国煤炭资源采矿权有偿使用制度现状与问题》，《中国能源》2007 年第 9 期。

40. 黄锡生、蒲俊丞：《我国自然资源物权制度的总体构想》，

《江西社会科学》2008 年第 1 期。

41. 常鹏翱：《民法中的物》，《法学研究》2008 年第 2 期。

42. 胡鸿高：《公共利益的法律界定——从要素解释的路径》，《中国法学》2008 年第 4 期。

43. 王利明：《〈物权法〉与环境保护》，《河南省政法管理干部学院学报》2008 年第 4 期。

44. 晏波：《矿业权不同转让方式比较》，《中国矿业》2008 年第 5 期。

45. 骆军：《我国不动产登记错误的法律救济体系探究》，《社会科学家》2008 年第 6 期。

46. 王树义：《美国自然资源损害赔偿制度探析》，《法学评论》2009 年第 1 期。

47. 朱庆育：《意志抑或利益：权利概念的法学争论》，《法学研究》2009 年第 4 期。

48. 高飞：《论集体土地所有权主体之民法构造》，《法商研究》2009 年第 4 期。

49. 吴真：《自然资源法基本概念剖析》，《中州学刊》2009 年第 6 期。

50. 陈晓勤：《我国法律法规规章涉及行政补偿规定现状及实证分析》，《中共福建省委党校学报》2009 年第 10 期。

51. 曹明德：《对建立生态补偿法律机制的再思考》，《中国地质大学学报（社会科学版）》2010 年第 5 期。

52. 屈茂辉、刘敏：《国家所有权行使的理论逻辑》，《北方法学》2011 年第 1 期。

53. 向明：《不动产登记程序研究》，《宁夏社会科学》2011 年第 7 期。

54. 李锴：《论我国林地地役权制度的完善》，《江西社会科学》

2011 年第 8 期。

55. 胡建森、张效羽：《有关对物权行政限制的几个法律问题——以全国部分城市小车尾号限行为例》，《法学》2011 年第 11 期。

56. 王利明、周友军：《论我国农村土地权利制度的完善》，《中国法学》2012 年第 1 期。

57. 张梓太、王岚：《我国自然资源生态损害私法救济的不足及对策》，《法学杂志》2012 年第 2 期。

58. 郭武、郭少青：《并非虚妄的代际公平——对环境法上"代际公平说"的再思考》，《法学评论》2012 年第 4 期。

59. 谢根成、翟军利：《不动产登记机构统一设置新探》，《东莞理工学院学报》2012 年第 8 期。

60. 彭成信：《自然资源上的权利层次》，《法学研究》2013 年第 4 期。

61. 巩固：《自然资源国家所有权公权说》，《法学研究》2013 年第 4 期。

62. 税兵：《自然资源国家所有权双阶构造说》，《法学研究》2013 年第 4 期。

63. 董金明：《论自然资源产权的效率与公平——以自然资源国家所有权的运行为分析基础》，《经济纵横》2013 年第 4 期。

64. 王旭：《论自然资源国家所有权的宪法规制功能》，《中国法学》2013 年第 6 期。

65. 蔡卫华：《不动产统一登记，究竟为了什么?》，《国土资源》2013 年第 12 期。

66. 王克稳：《论自然资源国家所有权的法律创设》，《苏州大学学报（法学版）》2014 年第 3 期。

67. 马永欢等：《自然资源资产管理的国际进展及主要建议》，《国土资源情报》2014 年第 12 期。

68. 戴其文：《广西猫儿山自然保护区生态补偿标准与补偿方式探析》，《生态学报》2014 年第 17 期。

69. 尹鹏程：《市县级不动产统一登记信息平台建设探讨》，《国土资源信息化》2015 年第 2 期。

70. 王磊、肖安宝：《中国特色社会主义生态文明建设思想研究综述》，《理论导刊》2016 年第 5 期。

71. 何立华：《产权、效率与生态补偿机制》，《现代经济探讨》2016 年第 1 期。

72. 刘雨桦：《自然资源所有权统一确权登记研究》，《中国不动产法研究》2016 年第 2 期。

73. 刘连泰：《"土地属于集体所有"的规范属性》，《中国法学》2016 年第 3 期。

74. 尹田：《民法基本原则与调整对象立法研究》，《法学家》2016 年第 5 期。

75. 陈丽萍等：《国外自然资源登记制度及对我国启示》，《国土资源情报》2016 年第 5 期。

76. 《中国国土资源报》编辑部：《国土资源部解读〈自然资源统一确权登记办法（试行）〉》，《国土资源》2017 年第 1 期。

77. 张素华：《〈民法总则草案〉（三审稿）的进步与不足》，《东方法学》2017 年第 2 期。

78. 王丽欣、崔涛：《自然资源统一登记中的测绘地理信息支撑作用》，《测绘工程》2017 年第 8 期。

79. 齐培松：《创新的"晋江经验"——福建省晋江市开展自然资源统一确权登记试点工作纪略》，《国土资源通讯》2017 年第 19 期。

80. 张富刚：《自然资源与不动产登记制度改革的协同创新》，《中国土地》2018 年第 2 期。

81. 余莉等：《自然资源统一确权登记、不动产登记和全国土地调查的工作关系探讨》，《林业建设》2018 年第 2 期。

82. 齐培松：《掌声为福建响起——自然资源统一确权登记"福建试点经验"》，《自然资源通讯》2018 年第 2 期。

83. 李丽莉：《生态文明体制下自然资源产权登记制度的思考》，《国土资源》2018 年第 3 期。

84. 魏易从、曹建君：《自然资源统一确权登记成果质量控制研究》，《矿山测量》2018 年第 3 期。

85. 刘守君：《自然资源登记收件》，《中国房地产》2018 年第 16 期。

三、博士论文类

1. 马永平：《土地权利与登记制度选择》，南京农业大学 2002 年博士学位论文。

2. 杨三正：《宏观调控权论》，西南政法大学 2006 年博士学位论文。

3. 陈星：《自然资源价格论》，中共中央党校 2007 年博士学位论文。

4. 宋蕾：《矿产开发生态补偿理论与计征模式研究》，中国地质大学 2009 年博士学位论文。

5. 赵春光：《我国流域生态补偿法律制度研究》，中国海洋大学 2009 年博士学位论文。

6. 李永宁：《生态利益国家补偿法律机制研究》，长安大学 2011 年博士学位论文。

7. 王燕：《水源地生态补偿理论与管理政策研究》，山东农业大学 2011 年博士学位论文。

8. 赵红梅：《促进我国铝产业可持续发展的财税政策研究》，财政部财政科学研究所 2013 年博士学位论文。

9. 熊玉梅：《中国不动产登记制度变迁研究（1949—2014）》，华东政法大学 2014 年博士学位论文。

10. 唐孝辉：《我国自然资源保护地役权制度构建》，吉林大学 2014 年博士学位论文。

11. 王彦：《自然资源财产权的制度构建》，西南财经大学 2016 年博士学位论文。

四、外文类

1. United States v. Willow River Power Co. , 324 U. S. 499, 510. (1945) .

2. Berman v. Parker. 348 U. S. 26, 33 (1954) .

3. Paul A. Samuelson. The Pure Theory of Public Expenditure. The Review of Economic and Statistics, Volum 36, Issue 4, The MIT Press (Nov. 1954) .

4. Garrett Hardin, The Tragedy of the Commons, 162 Science. 1234, 1248. (1968) .

5. Laurence Berger, The Public Use Requirement in Eminent Domain, 57 Oregon L. Rev. 203, 205. (1978) .

6. Jan G. Laitos, Water Right, Clean Water Act Section 404 Permitting, and the Taking Clause, 60 U. Colo. L. Rev. 905 (1989) .

7. Michael Gregory, Conservation Law in the Countryside 110. Tolley Publishing Company Limited. (1994) .

8. Cuperas . J. B. Assessing Wildlife and environmental Values in cost benefit analysis：start. In：Journal of Environmental Management, 1996 (2) .

9. Robert Costanza. The value of the world's ecosystem services and

natural capital. In: Nature, 1997.

10. Zigmunt J. B. Plater, Robert H. Abrams. William Goldfarb, Robert L. Graham, Environmental Law and Policy: Nature, Law, and Society (Second Edition), West Group (1998).

11. David Lametti, The Concept of Property. Relations through Objects of Social Wealth, 53 Diversity of Toronto Law Journal. 325, 378. (2003).

12. Pagiola Stefano. Payments for environmental services in Costa Rica. In: Ecological Economics, 2008, 65 (4).

后　记

　　本书是国家社会科学基金 2014 年度重点项目《生态文明建设与自然资源法制创新研究》成果，其部分内容有修正。

　　本书是集体创作的结晶。具体分工如下：叶知年、郑云鹄（第一章）；郑清贤（第二章），叶知年、吴承哲（第三章），叶知年、方汤琳（第四章），叶知年、林烨（第五章），叶知年（第六章）。最后，由我负责统稿。

叶知年

图书在版编目（CIP）数据

生态文明建设与自然资源法制创新／叶知年等著
. -- 北京 ： 中国法制出版社，2024.8
ISBN 978-7-5216-2641-4

Ⅰ. ①生… Ⅱ. ①叶… Ⅲ. ①生态环境建设-研究-
中国②自然资源保护法-研究-中国 Ⅳ. ①X321.2
②D922.604

中国版本图书馆 CIP 数据核字（2022）第 064963 号

策划编辑：杨 智　　　　　责任编辑：胡 艺　　　　　封面设计：杨鑫宇

生态文明建设与自然资源法制创新
SHENGTAI WENMING JIANSHE YU ZIRAN ZIYUAN FAZHI CHUANGXIN

著者／叶知年等
经销／新华书店
印刷／北京虎彩文化传播有限公司
开本／640 毫米×960 毫米　16 开　　　　　印张／18　字数／208 千
版次／2024 年 8 月第 1 版　　　　　　　　2024 年 8 月第 1 次印刷

中国法制出版社出版
书号 ISBN 978-7-5216-2641-4　　　　　　　　　　　　定价：69.80 元

北京市西城区西便门西里甲 16 号西便门办公区
邮政编码：100053　　　　　　　　　　　　　　传真：010-63141600
网址：http://www.zgfzs.com　　　　　　　**编辑部电话：010-63141816**
市场营销部电话：010-63141612　　　　　　**印务部电话：010-63141606**

（如有印装质量问题，请与本社印务部联系。）